U0343616

2009 年 9 月 23 日，作者（左一）与“杂交水稻之父”袁隆平在南陵县探讨超级稻的配方施肥技术。

作者在田间观察农作物生长情况。

2010 年 8 月 20 日，就国家给予晚稻财政补贴对农业生产的影响一事，作者接受中央电视台记者采访。

作者与同事在油菜测产后合影。

作者与同行观察水稻结实情况。

2011 年 7 月 6 日，因停电，农民冒着酷暑在室外听作者讲课，而且无一人走开，令作者十分感动。

作者积极从事农业科技推广，荣获“安徽省农业科技推广先进工作者”称号。

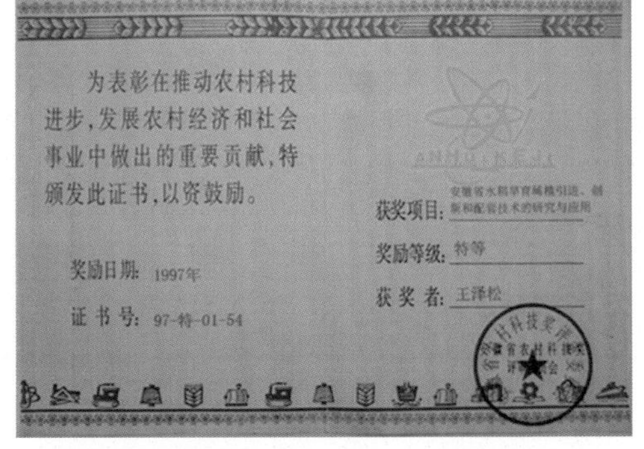

为表彰在推动农村科技进步，发展农村经济和社会事业中做出的重要贡献，特颁发此证书，以资鼓励。

奖励日期：1997年

证书号：97-特-01-54

获奖项目：

奖励等级：特等

获奖者：王泽松

作者在推动农村科技进步，发展农村经济和社会事业中做出了重要贡献，荣获安徽省农业科技特等奖。

WANGZESONG
NONGYE KEJI WENJI

王泽松农业科技文集

王泽松◎著

安徽师范大学出版社
·芜湖·

责任编辑：孙玉洁　　责任校对：孔令清
装帧设计：丁奕奕　　封面题签：袁隆平

作者简介：

王泽松，祖籍安徽省含山县，1949年6月出生于安徽湾沚，1956年随父母北迁到辽宁省抚顺市，1968年下放到辽宁省黑山县，1971年回到安徽省含山县农村继续插队生涯。1978年通过自学考上大学，1982年毕业后被分配到安徽省南陵县从事农业技术推广工作至今。2005年成为南陵县第一位农技推广研究员，2013年退休。在专业技术方面发表论文40多篇，获奖30余次，其中1997年获得安徽省农村科技特等奖；在楹联、诗词创作等方面亦获奖30余次，发表文章数十篇。

图书在版编目（CIP）数据

王泽松农业科技文集/王泽松著．—芜湖：安徽师范大学出版社，2016.2
ISBN 978-7-5676-1172-6
Ⅰ.①王…　Ⅱ.①王…　Ⅲ.①农业技术—文集　Ⅳ.①S-53

中国版本图书馆CIP数据核字（2015）第020026号

王泽松农业科技文集
王泽松　著

出版发行：安徽师范大学出版社
芜湖市九华南路189号安徽师范大学花津校区　　邮政编码：241002
网　　址：http://www.ahnupress.com/
发 行 部：0553-3883578　5910327　5910310（传真）　E-mail：asdcbsfxb@126.com
印　　刷：浙江新华数码印务有限公司
版　　次：2016年2月第1版
印　　次：2016年2月第1次印刷
规　　格：787mm×1092mm　1/16
印　　张：19.625　插页：1
字　　数：430千
书　　号：ISBN 978-7-5676-1172-6
定　　价：45.00元

自　序

我这个人大概天生就与农业有不解之缘。1949 年 6 月，我出生在江南的一个小镇，家附近就有个菜园子。1954 年，长江发大水，冲毁了我们的家园。父亲将我们从江南送到江北含山县的一个镇上，然后自己到东北去谋生。我家东侧就有一块菜地，1955 年夏，妈妈在菜地边上种了一棵南瓜苗。我当时才 6 岁，但听说过“庄稼一枝花，全靠肥当家”这句古谚，于是在南瓜秧子边上挖了一个小坑，在坑里屙了一泡屎，然后用土盖了起来。那个南瓜后来长得特别大，据说有好几十斤重，妈妈还特别奇怪：“今年这个南瓜怎么长得特别大?”她绝对想不到那是她儿子的“杰作”。1956 年，我们随着妈妈到东北抚顺去投靠爸爸。东北的家离著名的西露天矿特别近，那里就有些勤劳的人在周边的土地上种大豆、玉米等农作物，颇有收获，我们经常在那里钻来钻去。小学期间因“勤工俭学”种过黄豆，中学期间在老师带领下经常到农村干农活。1968 年，一阵“上山下乡”的浪潮终于把我们送到了农村，真正与农村、农业、农民打成一片了。我先是下放到辽宁省黑山县，1971 年春，全家回到安徽，所以，东北的大豆、高粱、玉米，南方的水稻、小麦、油菜，我全都种过，但那是在生产队长的带领下被动地种庄稼。1977 年初冬，恢复高考，我报考了文科，虽然成绩很好，但由于一些原因没有考上。1978 年，我改考理工科，终于考上了大学，学的就是农学专业。1982 年 8 月毕业后，我被分配到安徽省南陵县，从此更与农业结下了不解之缘。

我一来到南陵，就赶上了第二次全国土壤普查工作（第一次是在 1958 年）。我先是从事野外测绘，随后进入化验室从事土壤养分含量检测工作，首先发现的是南陵县土壤中的磷素特别缺乏（钾素当时还没有化验到）。过了几个月，正好县广播站来农业局求稿，我第一篇稿件便是《南陵县磷肥知识讲座》。那时才出校门，书生气十足，想把有关磷素知识作一全面介绍，同时考虑到是为农民写的，又要有科普性，因此写得很长，为系列稿件。县广播站也很重视，播了很长时间，可惜那稿件现在已经找不到了。从此以后，我为广播站写稿便一发不可收拾，一直写到八十年代末。

1984 年春节后，我被安排到基层农技站工作，两年以后，我又被调到乡政府，从事的都是农业技术的推广工作。1988 年春，我被调到现在的单位——南陵县农业技术推广中心，从事品种试验、良种繁育的工作，算是将学校学到的书本知识与下放期间学到的实际操作技能彻底地结合起来了，这为我后来写作科研论文和科普性文章，为给农民传授科学种田知识打下了坚实的基础。我先后经历了南陵县的国家优质米基地建设、商品粮基地建设，参与了吨粮田工程，水稻旱育稀植技术的引进、改造与创新，粮食丰产工程，长江中下游地区双季稻高产技术配套工程建设，测土配方施肥等项目的实施，个中甘苦自是不必细说，国家也给了我很多的荣誉和待遇。我倒是觉得，基层工作造就了我这个“全才”。毛泽东同志于1958年亲自定下的关于农业的“八字宪法”——土、肥、水、种、密、保、管、工，在我的文集中都有这方面的实践总结。

本文集所收录文稿，既有公开发表的学术论文，也有内部报刊刊发的文章；既有个人的技术工作总结，也有代为机关起草的技术工作总结；既有独撰的文章（绝大部分），也有少量合著的文章（均在合适的地方署有合作者姓名）；既有公之于众的文章，也有致领导的农业科技建言；既有署真实姓名，也有署笔名周华的；既有标注来源或者成文时间的，也有当时疏于记载没有标注成文时间的等，所以文稿体例差别较大。为了保证原稿的原真性，结集出版时依旧保持原稿模样，没有改动原稿。

与世间任何事物一样，农业科学也是在不断发展的。本文集中的某些内容和技术措施，在当时是正确的，但现在看来有些已经过时，因此请读者在阅读或在生产实践中，有批判地阅读和选择。限于作者水平，文中还可能存在这样或那样的错误，恳请广大读者、专家学者不吝赐教！关于分篇的问题，见仁见智，本文集目前的分篇系一孔之见，也请读者指教。

本文集成书之际，我有幸请到“杂交水稻之父”袁隆平院士为本书题写了书名，使本书增色增辉，对此万分感谢！感激他对我们基层农技推广工作者的体贴、关心和信任！还有我的同事杨淮南先生、潘有珍女士在成书过程中对书稿做了细致的校对工作，在此一并表示感谢！

2015年12月

目　录

农业科学实验篇

水稻种植技术篇

技术规程篇

小麦种植技术篇

油菜种植技术篇

其他作物种植技术篇

土壤肥料篇

植物保护篇

逐月农事篇

建言立论篇

农业科学实验篇

水田地膜花生—双季晚稻配套栽培

南陵县试点试验情况总结

根据安徽省农牧渔业厅农业局的统一部署，在芜湖市农技站的指导下，南陵县何湾区农技站承担了“水田地膜花生—双季晚稻配套栽培”的试验，现将情况总结如下：

一、试验材料及结果

关于试验材料及结果等各项数据记载见表1至表6。

表1　水田地膜花生—双季晚稻配套栽培试验·花生部分记载表1

记载项目		单位	承试单位或个人编号				
			1	2	3	4	5
花生品种			粤油116				白沙
面积		亩	2.7	2.0	0.4	1.0	2.1
地膜厚度		mm	0.014	0.014	0.014	0.014	
畦宽		cm	170	180	180	170	180
行距×株距		cm	40×25	25×25	22×20	25×25	30×25
播种量		kg/亩	15	15	15	15	20
划膜	初日	月/日	4/15	4/17	4/17	4/15	4/15
放苗	持续天数	天	5	1	1	6	5
缺苗率		%	17	30	12	7	11
基肥	化肥	名称	普钙	碳铵+普钙			普钙
	数量	kg/亩	37	5+17			17
	农家肥	名称	土杂肥+灰肥	沼气渣+土杂肥		土杂肥	沼气渣+土杂肥
	数量	kg/亩	1 500	500+1 500		1 500	500+1 500
田间持水量	播种期	%	75	95	85	80	75
	苗期	%	70	80	75	80	70
	花针期	%	70	75	75	70	70
	鼓粒期	%	70	70	70	70	80
	成熟期	%	75	70	75	75	80

注：1亩约等于666.7m²。

表 2　水田地膜花生—双季晚稻配套栽培试验·花生部分记载表 2

记载项目	单位	承试单位或个人编号				
		1	2	3	4	5
花生生育期记载内容						
播种期	月/日	均是 3/27				
出苗期	月/日	4/8—4/12	4/10—4/15			4/15
齐苗期	月/日	4/30 前后				
初花期	月/日	5/12 前后				
盛花期	月/日	5/31 前后				
结荚期	月/日	6/15—6/30				
饱果期	月/日	7 月上旬—下旬				
成熟期	月/日	7 月下旬				
收获期	月/日	7/26	7/28			
全生育期	天	120	122			
花生饱果期记载内容						
叶色		绿黄	绿	绿	绿黄	渍黄
主茎叶片数	片	32	52	52		40
株高	cm	50	50	50		36
侧枝长度	cm	46	45	45		32
绿叶数	片	144	184	184		196

注：全生育期是指从播种至成熟而不包括收获的时间，表 5 同此。

表 3　地膜花生考种表

记载项目		单位	承试单位或个人编号					总和	加权平均值	说明
			1	2	3	4	5			
①密度		穴/亩	5 800	8 960	12 725	9 280	8 000	64 750	7 900	按土地实际利用面积折算
②成苗率		%	83.3	70	80	93	89		71.7	
③成苗穴数		穴/亩	4 814	6 272	10 180	8 630	7 120	46 425	5 664	
④平均株数		株/穴	1.8	1.6	1.8	1.8	1.6		1.75	5 穴平均
⑤成苗数		株/亩	8 665	10 035	18 320	15 500	11 380	63 900	7 800	⑤=③×④
⑥单穴总果数		个	38.1	30.6		38.2	36.8		35.9	
⑦单穴饱果数		个	31.4	26.1		31.6	32.2		30.3	
⑧其中双仁果		个	25.8	19.0		23.0	22.4		22.6	
⑨双仁率		%	66.7	62.1		60.2	60.9		63.0	
⑩百果重		g	152.8	150.0		148.5	131.8		149.4	
⑪百仁重		g	51.77	51.5		50.5	43.5		49.3	
⑫出仁率		%	66.26	65.33		65.1	66.1		65.7	
⑬单穴产量		g	48.00	39.15		46.94	42.44		45.33	
⑭果数		个/kg	654	667		673	763		673.4	
⑮理论亩产		kg	276.4	350.8	498.1	435.6	763.0		341.6	⑮=⑬×①
⑯按成穴算单产		kg/亩	231.1	245.5	398.5	405.1	302.2		180.0	⑯=⑬×③
⑰按成穴算总产		kg	624.0	491.0	159.4	405.1	634.6		180.0	⑰=⑯×⑱
实收	⑱面积	亩	2.7	2.0	0.4	1.0	2.1	8.2		
	⑲总产	kg	616	497	143	402	632	2 290	279.3	
	⑳亩产	kg	228.1	248.5	350.8	402	301		279.3	

表4　地膜花生与早稻经济效益比较表

记载项目	单位	承试单位或个人编号					总和	加权平均值	说明
		1	2	3	4	5			
面积	亩	2.70	2.00	0.40	1.00	2.10	8.20		
每亩用膜量	kg/亩	7.22	7.50	7.50	7.80	7.80	61.67	7.52	地膜4元/kg
单位面积成本	元/亩	66.21	73.20	62.42	64.67	67.67	556.91	67.91	不包括投入的农家肥及用工，只包括种子、地膜、农药、化肥
花生产值	元/亩	273.72	298.20	420.96	482.40	361.20	2 744.75	334.72	花生售价1.20元/kg
花生纯收入	元/亩	207.51	225.00	358.54	417.73	293.53	2 187.84	266.81	花生纯收入 = 花生产值 - 单位面积成本
早稻纯收入	元/亩	85.20	85.20	85.20	85.20	85.20	698.64	85.20	早稻纯收入 = 325 kg/亩 × 0.308 元/kg - 成本14.90元
按表3理论亩产算纯收入	元/亩	262.87	354.76	535.30	458.05	339.73	2 748.77	335.22	纯收入 = 理论亩产产值 - 单位面积成本
按表3⑯成穴算总产和纯收入	元/亩	211.11	221.40	415.30	421.45	294.97	2 246.80	274.00	纯收入 = 产值 - 成本

表5　水田地膜花生的后茬—双季晚稻生育期记载表

记载项目	单位	承试单位或个人编号			
		1	2	3	5
品种		六优C堡	矮洛	矮洛	威优64
播种期	月/日	6/28	6/7	6/7	6/25
出苗期	月/日	7/2	6/12	6/12	7/1
移栽期	月/日	7/28	7/28	7/28	7/23
最高分蘖期	月/日	8/28	8/28	8/28	8/25
拔节期	月/日	8/28	8/28	8/28	8/25
始穗期	月/日	9/11	9/15	9/15	9/3
齐穗期	月/日	9/18	9/25	9/25	9/10
成熟期	月/日	10/25	11/12	11/12	10/20
全生育期	天	119	158	158	117

表 6　水田地膜花生的后茬—双季晚稻考种表

记载项目	单位	承试单位或个人编号				总和	加权平均值
		1	2	3	5		
品种		六优 C 堡	矮洛	矮洛	威优 64		
株高	cm	81.0	69.2	58.1	62.0		
穗长	cm	16.5	13.7	15.0	18.5		
穴数	万穴/亩	2.56	2.18	2.00	1.67		
穗数	穗/穴	10.7	20.0	22.0	11.4		
有效穗数	万穗/亩	27.43	43.60	44.00	19.00		
每穗总粒数	粒/穗	80.0	39.5	41.8	60.5		
每穗实粒数	粒/穗	73.4	36.2	35.5	56.5		
结实率	%	91.67	91.65	84.90	93.40		
理论单产	kg/亩	549.0	364.8	356.1	318.8		
实收面积	亩	2.7	2.0	0.4	2.1		
实收总产	kg	1 274.4	600.0	140.0	672.0	2 686.4	
实收单产	kg/亩	472.0	300.0	350.0	320.0		373.1

二、试验的几点说明

（一）关于本试验“承试单位或个人编号”的说明

（1）何湾乡合村行政村建楼队，闻粉香；
（2）何湾乡呈祥行政村杨湖队，涂继财；
（3）何湾乡合村行政村建楼队，田小牛；
（4）何湾乡合村行政村朱冲队，刘爱民；
（5）何湾乡合村行政村建楼队，王志宏；
（6）何湾乡何湾村农科队。

（二）变动情况

承试双季晚稻的只有4户，即（1）、（2）、（3）、（5），（4）、（6）均未栽双季晚稻。

（1）~（5）户对应表1至表6“承试单位或个人编号”1~5号田，第（6）号承试单位因故停试，故未列出。

三、对试验结果的分析与看法

（一）关于产量

在本试验中，花生总面积为31.4亩，理论总产量为7 926 kg，平均亩产252.4 kg；若按实际成穴计算，总产量5 645.6 kg，平均亩产180 kg；若根据实收数字，总产量为5 631 kg，平均亩产为179.3 kg。

双季晚稻，共栽7.2亩，理论总产量3 013.8 kg，平均亩产418.6 kg；实收数字，总产量为2 686.4 kg，平均亩产373.1 kg。

（二）关于经济效益

从表4看，每亩花生的纯收入比早稻净增122.31～332.53元，比相同面积早稻多收入1.44～3.9倍（不包括施用农家肥和用工）。按理论数据计算，收入增加更多。实践证明，“水田地膜花生—双季晚稻”栽培模式是一项很有发展前途的茬口安排。

（三）对试验的看法

1. 首先要合理密植，保证有足够的基本苗数，这是取得高产的关键

根据栽培模式的要求，理论上每亩花生为10 000穴，但实际上达到8 330穴即可，因留畦沟10%～17%；以成苗率为83.3%（即5/6）计，合每亩约7 000穴，以花生每穴45 g计，合每亩315 kg。一般情况下，花生单穴产量差异不大（变幅为39～45 g)，关键在于最终的成苗数，总体上，成苗数高的产量就高，反之则低。

在本试验中，1号田因密度小而单产较低，导致总产量较低，3～5号田因密度合理，成苗率高，因而总产量高。

2. 植物保护等配套措施需跟上

各田块播种前因无药物拌种，均遭受到不同程度的鼠害，其中1号田因鼠害造成缺苗率达15%。因无除草剂如拉索或除草醚，各田在花生生长后期草荒较严重。这是因为阳光透过地膜后，虽可灼伤一部分杂草，但杂草亦可将地膜撑起，下面的杂草可继续生长。看来，除草剂非要不可。

钼酸铵拌种，既可增产，又利早熟，但无货，非常可惜。2号田因施氮肥过多，造成花生后期徒长，因无缩节胺或维生素B_9而难以控制。

至于防治病害，因该站有多菌灵供应，所以虽有病害发生，但造成的危害很小。

（成文于1985年11月）

油菜强弱雄蕊花药诱导率的差异

油菜是十字花科植物。十字花科的四强二弱雄蕊不是随意形成的，而是长期自然选择的结果。既然在同一花朵内雄蕊有强弱之分，它们的花粉在愈伤组织内的诱导率方面就可能存在差异，在强弱雄蕊的花粉细胞形态上也可能有区别。实验的结果证明了强弱雄蕊间的确存在这方面的差异。

甘蓝型油菜强雄蕊花粉的发育程度较高，无论是自花授粉还是异花授粉，都比弱雄蕊具有优势。但实验结果表明，在花粉愈伤组织的诱导率方面，强弱雄蕊与上面所说的优势恰恰相反，弱雄蕊花粉诱导率高于强雄蕊，而且在花粉细胞形态特征上，两者存在明显的差别。

一、材料与方法

供试材料有常规品种、品系和杂交一代（F_1）三个材料。在油菜盛花期前后，采集花药备用。各品种（系）是：(1) 皖西1307——该所常规育种参加区域试验的品系。原始亲本来源于日本的“矮南瓜”，1981年区试比对照增产1.6%和18%，有较强的生长优势。(2) 洛雷斯——自西德引进的无芥酸品种。(3) 皖西1307×洛雷斯——杂交一代（F_1）。

在接种前一天采集花蕾，用洁净塑料袋装好，置于3～5 ℃冰箱内冷贮17小时。接种时用0.1%升汞（$HgCl_2$）溶液处理10分钟，然后用无菌水在超净工作台内冲洗两遍，以无菌纱布包好并吸干花蕾表面的多余水分。

以 N_6 培养基为去分化培养基，每升附加2,4－二氯苯氧乙酸（2,4－D）2 mg，NAA（萘乙酸）0.5 mg，KT（激动素）0.5 mg，蔗糖5%，琼脂0.8%；再分化培养基仍以 N_6 为基本培养基，每升附加NAA 0.3 mg，KT 2 mg，IAA（生长素）0.3 mg，蔗糖2%，琼脂0.8%。

以上两种培养基配制后分别装于试管内，在1.1 kg/cm^2 压力下，灭菌20～25分钟。

接种花药后，在暗室中培养于23～28 ℃温度下。在愈伤组织形成后（接种后的第15天规定为统一计数日期），进行计数。通过细胞学观察，取供诱导用的花蕾的花药，强弱雄蕊分别用醋酸洋红染色压片，观察花粉母细胞所处的发育阶段及其形态。

试验设计取两因素随机区组，重复两次。花药取样随机，每个品种（系）每次重复设置5支试管，每管10～20个花药。以每管为单位进行计数，统计愈伤组织诱导率。全部观察值经反正弦转换（角度值）后进行方差分析。

二、结果与分析

（一）强弱雄蕊间诱导率的差异

通过试验与统计可以看出，油菜花药可诱导愈伤组织，短雄蕊比长雄蕊平均诱导率提高14.16%，而杂交一代提高的幅度更大，达22.11%。试验结果可参阅表1、表2和表3。

表1　油菜四强二弱雄蕊诱导率反正弦值

品种		长雄蕊									
		I					II				
皖西 1307	p（%）	50.00	35.71	50.00	50.00	50.00	47.37	87.50	68.75	56.25	62.50
	$\sin^{-}\sqrt{p}$	45.00	36.70	45.00	45.00	45.00	43.49	69.30	56.01	48.59	52.24
皖西 1307×洛雷斯（F_1）	p（%）	50.00	56.25	75.00	47.62	50.00	31.25	61.11	56.25	60.00	56.25
	$\sin^{-}\sqrt{p}$	45.00	48.59	60.00	43.63	45.00	33.99	51.42	48.59	50.77	48.59
洛雷斯	p（%）	62.50	50.00	62.50	64.29	38.46	84.62	50.00	50.00	50.00	62.50
	$\sin^{-}\sqrt{p}$	52.24	45.00	52.24	53.30	38.33	66.61	45.00	45.00	45.00	52.24
品种		短雄蕊									
		I					II				
皖西 1307	p（%）	80.00	68.75	60.00	75.00	86.67	50.00	75.00	61.54	81.25	81.25
	$\sin^{-}\sqrt{p}$	63.43	56.01	50.77	60.00	68.58	45.00	60.00	51.67	64.34	64.34
皖西 1307×洛雷斯（F_1）	p（%）	81.25	75.00	75.00	56.25	76.92	81.25	100.0	71.43	56.25	68.75
	$\sin^{-}\sqrt{p}$	64.34	60.00	60.00	48.59	61.29	64.34	90.00	51.69	48.59	56.01
洛雷斯	p（%）	53.75	66.67	56.25	56.25	64.71	43.75	75.57	62.50	68.75	61.11
	$\sin^{-}\sqrt{p}$	46.91	54.74	48.59	48.59	53.55	41.41	62.42	52.24	56.01	51.42

表2　油菜强弱雄蕊诱导率的比较（平均）

转换	雄蕊种类	皖西 1307	皖西 1307×洛雷斯（F_1）	洛雷斯	平均（%）
反正弦转换 $\sin^{-}\sqrt{p}$	强雄蕊	48.63	47.56	49.53	48.57
	弱雄蕊	58.41	61.09	51.59	57.03
反正弦转换 $\sin^{-}\sqrt{p}$	强雄蕊	56.32	54.51	57.86	56.22
	弱雄蕊	72.57	76.62	61.40	70.38

注：表中强弱雄蕊诱导率平均值70.38%及56.22%等，系由反正弦平均值转换成百分数（p）而来。

表3　方差分析

变异来源	平方和	自由度	均方	F值	显著性
品种间	157.42	2	78.71	1.16	
强弱雄蕊间	1 072.64	1	1 072.64	15.85**	$F_{0.01}$（1，54）=7.12
交互作用间	341.72	2	170.86	2.52	$F_{0.05}$（2，54）=3.17
机　误	3 654.96	54	67.69		
总变异	5 526.74	59			

强弱雄蕊间存在极显著差异，达显著性的概率大于99%。品种间的差异不显著，品种与雄蕊间的交互作用也不显著，所以品种间各试验组合不再作新复极差测验。原来设计的两个区组，因在计算时是以试管为单位统计诱导率（观察值），故不分析区组间的方差。以固定模型期望值作F测验。

（二）强弱雄蕊花药的细胞学观察

花粉经过醋酸洋红压片后，通过镜检（镜检放大675倍）观察花粉母细胞的发育阶段及其形态特征，估测细胞数量及质量等，以比较强弱雄蕊间的差异。

通过镜检发现，弱雄蕊花粉母细胞的阶段发育似乎比强雄蕊要快一些。前者以双核初期和朦胧状态（由单核靠边期向双核初期过渡的阶段）居多。无论在形态特征、染色反应还是细胞数量大小等方面，强弱雄蕊间都存在差异（表4）。

表4　同一花蕾内强弱雄蕊花粉母细胞比较

雄蕊种类	处于单核靠边期花粉母细胞数量	处于过渡和达到双核初期花粉母细胞数量	染色反应	形状	形体	内容物质
强	多	少	浅	圆及椭圆	大	疏松
弱	少	多	深	近圆	小	紧密

三、小结与讨论

（一）小　结

（1）在同一试验培养条件下，强弱雄蕊（长短雄蕊）之间愈伤组织诱导率存在极显著差异，短雄蕊的诱导率高于长雄蕊。对此可参看表2中反正弦角度值转换成百分数（p）的平均值及各品种的平均诱导率。

（2）杂交一代（F_1）及优良品系花粉愈伤组织的诱导率，明显高于一般品种。如杂交一代（皖西1307×洛雷斯）及皖西1307（品系）都是未定型的品系，其短雄蕊的诱导率均高于定型品种洛雷斯，即76.62%及72.57%均大于61.40%，而皖西1307与杂交一代（F_1）之间的差异不显著。

（二）讨　论

（1）诱导油菜花药的材料应选择杂交一代（F_1）花药进行去分化培养，诱导率较高。低世代的未定型品系的诱导率也比一般品种高，有时也可采用。

（2）短雄蕊花药的诱导率高于长雄蕊，这一点，本试验的结果是可以证实的。但是否在诱导时都要采用弱雄蕊花药呢？这要根据实际情况，根据特定的研究目的决定。

（这是笔者与同学丁孝雄1982年所写的毕业论文，由唐祥发、刘以福二位指导教师领衔发表，实习地点在安徽省六安农科所。本文刊登于《安徽农业科学》1988年第3期第51－53页。）

水稻试验总结

笔者为安徽省种子管理站等单位承担水稻试验工作有二十多年的时间（1988—2012 年），在这期间，本单位还自行安排了一些试验，并且都有试验报告提交，以下三篇文章仅是部分总结。

1990 年度单季稻生产试验总结

笔者单位于 1990 年继续进行了单季稻生产试验，试验情况参见表 1。

南陵县是全国优质米基地县之一。笔者单位本年度单季稻供试品种（系）基本是优质稻或特种稻，有兴趣的单位和个人可以引种试验或推广。鉴于表中所列数据已经比较详实，故下面只对某些品种或品系提出概括性的看法，不作详细论述，同时欢迎大家根据实践经验提出自己的见解。

一、初试新品种

（1）荆糯六号。是 1990 年从湖北省荆州地区农科所引进的原种试种。5 月 19 日播种，9 月 25 日成熟，全生育期 129 天，系早熟籼糯，前期长势好，但 8 月 31 日遇 15 号台风部分发生倒伏，倒伏部分亩产 360 kg，未倒伏部分亩产 463 kg；中抗白叶枯病。米粒细长，长宽比为 1 cm：0. 28 cm＝3. 6：1，为一优质籼糯。荆糯各种表现均强于本地籼糯当家品种——长粒糯。

据蒲桥乡农科站秦步胜、周季同志介绍，他们已连续种植 4 年，反映良好。

（2）特青二号。由广东省农科院水稻所黄耀祥同志用叶青伦与特矮杂交育成，从安徽省农科院引进试种。5 月 9 日播种，9 月 10 日成熟，全生育期 124 天，属早熟品种；成熟前 10 天因遇台风有 15% 面积出现倾斜，成熟时遇连续 7 天的阴雨天气，无法收割和晾晒，有部分穗上发芽，造成减产。即使如此，亩产仍为 420. 3 kg。黄塘乡试种结果亩产高于 500 kg。

1990 年春，省种子管理站发文说该品种有水稻检疫性病害——细菌性条斑病，但试种结果表明无此病。此外，1990 年 6 月 8 日到南陵县为芜湖市病虫害防治短训班授课的南京农业大学植保系许志刚教授在谈及细菌性条斑病时曾说，该病一般发生在北纬 30°以南地区，北纬 30°～33°为适存区，但难以流行。是否如此，待继续观察。

（3）70507。是江苏省农科院粮作所育成的常规中籼新品系，分两期播栽。后栽

表 1　1990 年度单季稻试验记载表

品种	播种期	移栽期	密度	穴数	基本苗	抽穗期		株高	有效穗	成熟期	全生育期	有效穗	穗长(cm)
	(月/日)	(月/日)	(cm×cm)	(穴/亩)	(万/亩)	始(月/日)	齐(月/日)	(cm)	(穗/穴)	(月/日)	(天)	(万/亩)	
荆糯六号	5/19	6/18	23.3×15	19 048	8.10	8/11	8/18	110.0	12.1	9/25	129	23.05	19.2
亚优 2 号	5/19	6/18	23.3×13.3	21 428	5.357	8/6	8/13	121.7	10.0	9/26	130	21.43	20.8
协优 63	5/19	6/18	23.3×13.3	21 428	5.357	8/14	8/20	120.3	10.7	10/4	138	22.93	22.8
70507（后期）	5/19	6/18	23.3×13.3	21 428	9.00	8/14	8/21	110.7	10.8	9/28	132	23.14	23.6
上农香糯	5/19	6/18	23.3×13.3	21 428	7.07	8/12	8/20	105.3	9.6	9/26	130	20.57	19.7
上农黑籼	5/19	6/18	23.3×13.3	21 428	8.14	8/6	8/12	97.5	9.8	9/17	121	21.00	18.3
上农黑糯	5/19	6/18	23.3×13.3	21 428	7.07	8/23	8/28	108.8	5.8	10/20	154	12.43	
E164	5/19	6/18	23.3×13.3	21 428	9.00	8/18	8/27	112.1	9.4	10/8	142	20.14	
特青二号	5/9	6/5	23.3×13.3	21 428	4.50	7/26	7/31	110.0	10.8	9/10	124	23.14	19.4
70507（前期）	5/9	6/5	23.3×11.7	24 490	6.86	8/6	8/11	114.8	10.2	9/10	124	24.98	23.1
中育 87－1	5/9	6/5	23.3×12.6	22 675	6.35	8/2	8/8	103.5	9.4	9/17	131	21.32	20.5
上农香粳	5/19	6/18	23.3×11.7	22 456	7.92	8/14	8/19	84.0	11.4	10/12	146	25.60	13.9
531	5/19	6/18	23.3×11.7	22 890	9.27	8/13	8/18	102.3	10.2	10/2	136	23.35	22.3
536	5/19	6/18	23.3×12.2	23 444	10.00	9/6	9/15	110.7	10.1	10/10	144	23.67	23.4
511	5/19	6/18	23.3×12.5	22 890	10.50	8/10	8/15	91.7	9.1	9/10	114	20.83	
503	5/19	6/18	23.3×12.0	23 844	9.00	9/10	9/17	110.9	10.1	10/12	146	24.08	19.2

续表

品种	每穗总粒数（粒）	每穗实粒数（粒）	结实率（%）	千粒重（g）	理论亩产（kg/亩）	实际亩产（kg/亩）	抗病性			落粒性	倒伏性		
							稻瘟病	纹枯病	白叶枯病		倒伏期（月/日）	倒伏比例（%）	倒伏程度
荆糯六号	130.0	104.0	80.0	25.4	644.0	463.0	1 级	轻	中抗	易	8/31	30	伏
亚优 2 号	114.9	73.2	69.8	24.2	379.6	351.4	无	中	中抗	易			
协优 63	92.3	80.1	86.9	33.0	606.1	485.5	无	轻	抗	易			
70507（后期）	133.1	104.9	76.1	29.6	698.6	503.6	无	轻	抗	易			
上农香糯	66.8	40.0	60.0	30.2	246.8	220.9	1 级	中	中抗	中	8/31	15	斜
上农黑籼	102.6	70.1	68.0	21.2	311.6	270.0	无	中	中抗	易	8/31	10	斜
上农黑糯						139.5	无	中	高感	中	8/31	10	斜
E164						333.3	无	轻	中抗	易			
特青二号	127.2	106.3	83.7	25.2	619.9	420.3	1 级	轻	高抗	易			
70507（前期）	124.7	77.2	61.9	27.1	471.4	384.5	无	中	中抗	易			
中育 87－1	113.5	94.5	83.3	28.3	570.2	397.4	无	中	高抗	易			
上农香粳	88.1	74.0	84.0	27.0	511.5	384.6	无	轻	高抗	难			
531	85.2	66.7	78.3	31.6	492.1	352.6	无	中	中抗	易			
536	83.0	64.5	77.7	37.1	594.4	448.7	无	轻	高抗	易			
511						350.0	无	中	中抗	易			
503	75.4	51.8	68.7	29.8	419.6	396.2	无	轻	高抗	易			

秧的明显优于先栽秧的，亩产503.6 kg，居各参试种首位；高抗白叶枯病，轻感纹枯病，无稻瘟病和稻曲病；米质为一级，米粒细长，长宽比为0.96 cm∶0.26 cm = 3.7∶1。可以推广。

（4）中育87－1。由中国水稻研究所育成。5月9日播种，6月5日移栽，9月17日成熟，全生育期131天，亩产400 kg；8月底因遇台风有10%倒斜，高抗白叶枯病，中感纹枯病，无稻瘟病及稻曲病发生；米粒椭圆。建议示范和推广。

二、上农系列品种

下面将要介绍的是上海农学院培育的系列特种优质稻，均已试种两年。

（1）上农黑籼。为一内外俱黑里透红的优质米品种。1990年在市场上每千克稻价1.20元，每千克米价2～3元，依然供不应求。含有丰富的蛋白质、氨基酸、维生素B_1、B_2及铁、锌、磷等微量元素；以一至二成的黑米与八至九成的白米煮成的饭呈紫红色，有股淡淡的药香味。稻谷碾成的糙米的利用价值较高。

它的生育期较短，完全可以作双晚栽培，特别是接西瓜茬口，其单产不低于作中稻，本县向山村已有成功经验。笔者所在单位将其作中稻，亩产270 kg，因后期中感白叶枯病。广德县种植亩产351 kg。

（2）上农黑糯。该稻从出芽到收割，叶片都是紫黑色；米的表皮为黑色，米心仍为白色，须碾成糙米方为黑色糯米，亦可作八珍饭。因该品种生育期较长，又重感白叶枯病，到10月12日收割时，该稻下部中感纹枯病，上部剑叶的70%因感白叶枯病已死，叶的30%仍为绿色，灌浆饱满已无指望，故带青割倒。本准备淘汰，但据了解，本县石铺乡先进村农民张益满用我们的秧带回去栽，因未感白叶枯病，亩产400～450 kg，所以觉得还有点儿利用价值。

（3）上农香糯。该品种多灾多难，除遇台风、病害外，还因香气招虫，但成熟时米质表现不杂；中感白叶枯病和纹枯病，有1%的穗颈瘟；亩产220.9 kg，去年为亩产260 kg。

（4）上农香粳。1989年因苗期洪水淹没后重发，亩产仅260 kg，1990年亩产384.6 kg；收获时秸青籽黄，未感染任何病虫害，属高产、优质、多抗品种，但难脱粒。

三、特种系列香稻

下面介绍的5个品系均是南京丘陵地区农科所育成的一系列特种香稻，均已种植3年。

（1）511。在参试品种中，它可能是熟期最早、生育期最短的中稻，全生育期仅114天；它成熟时，清香飘逸，极受田鼠青睐。1988年栽种30平方米仅收3 kg；1989年亩产175 kg；1990年快要成熟时，我们不得不在其周围撒上毒稻作“保护圈”，但仍有部分田鼠拼死越过保护圈取食，亩产350 kg。该品系也可作双季稻栽培。

（2）503。该品系生育期最长，抗病性最强，但单产却并不最高，每亩仅396.2 kg。据观察，主要是因为该品系籽粒成熟度不一致；每穗实粒中，黄熟占63.6%，千粒重29.8 g，青粒占36.4%，千粒重22.0 g，米质优且香味浓郁；每穗总粒数为32～137粒，差异极大，这种现象在以往两年尚未发现，可能是在退化；米粒细长，长宽比为0.98 cm：0.3 cm＝3.27：1。

（3）531。熟期比503早10天，中抗白叶枯病和纹枯病，单产略低，其余同上。

（4）533。为一香糯稻，这是它的特点，其余表现同上，表1中未列。

（5）536。在这五个品系中，536可以说是连续三年表现最佳，集高产、优质（香米）、多抗于一身；米粒既长又宽，长宽比为1 cm：0.33 cm＝3：1，千粒重37.1 g，极具推广价值。

四、其　他

（1）亚优2号与协优63。据许多报刊和会议介绍，亚优2号系籼粳亚种间远缘杂交种，亩产量比汕优63高10%～15%，但我们试种结果不理想，亩产仅351.4 kg。此外，还有抽穗很不整齐，到收割时还有些分蘖长出，灌浆速度不一致，且中感白叶枯病和纹枯病等表现。

相反，它的对照品种协优63却表现高产抗病，亩产485.5 kg，比亚优2号高38%。同栽一块田内，相互毗邻，田间管理措施相同，但仍有此差距。

（2）E164。由安徽省农科院水稻所育成。用的是1989年的陈种60 g，只栽了8平方米，亩产333.3 kg。系初试，拟待继续观察。

1990年度双季晚稻生产试验总结

笔者单位于1990年6月至11月继续进行了双季晚稻生产试验。现将生产试验情况记载表列在后面（表1），供参考，并希望有兴趣的单位和个人可以引进试种示范或推广。鉴于表中所列数据已经比较详实，故下面只对某些品种或品系提出概括性的看法，不作详细论述，同时欢迎大家根据实践经验提出自己的见解。

一、常规粳稻

（一）中熟品种

中粳23。已连续种植3年，均表现良好；属中熟品种，亩产380 kg，高抗白叶

表 1　1990 年度双季晚稻试验记载表

品种	播种期	移栽期	密度	穴数	基本苗	抽穗期		成熟期	全生育期	有效穗		株高	穗长
	（月/日）	（月/日）	（cm×cm）	（穴/亩）	（万/亩）	始（月/日）	齐（月/日）	（月/日）	（天）	（穗/穴）	（万/亩）	（cm）	（cm）
中粳 23	6/15	7/27	16.7×13.3	3.0	23.4	9/10	9/15	11/4	141	13.3	39.9	98.5	12.8
鄂宜 105	6/15	8/1	16.7×13.3	3.0	25.2	9/11	9/14	11/5	140	14.2	42.6	80.7	14.8
祥湖糯	7/10	8/5	16.7×13.3	3.0	25.2	9/13	9/18	11/5	117	10.0	30.0	78.5	11.7
秀水 37	7/10	8/5	16.7×13.3	3.0	23.4	9/13	9/18	11/7	119	11.0	33.0	82.4	10.9
秀水 664	7/10	8/5	16.7×13.3	3.0	23.4	9/13	9/18	11/5	117	10.9	32.7	81.6	15.4
春江一号（早）	6/11	7/17	16.7×13.3	3.0	12.6	9/9	9/16	11/16	157	13.8	41.4	102.5	15.8
春江一号（MET，迟）	6/11	8/2	16.7×13.3	3.0	12.8	9/11	9/18	11/16	157	12.0	36.0	91.5	13.2
春江一号（CK，迟）	6/11	8/2	16.7×13.3	3.0	20.0	9/9	9/18	11/16	157	10.5	31.5	92.5	11.7
533	6/8	8/2	16.7×13.3	3.0	25.2	8/10	8/31	10/15	129	10.4	31.2	63.5	19.2
8615（早还早）	7/17	8/2	16.7×13.3	3.0	23.4	9/2	9/8	10/16	91	9.25	27.4	83.3	17.3
84－15	6/28	8/5	16.7×13.3	3.0	25.2	9/10	9/14	10/20	114	11.2	33.6	77.6	14.4
产 917	7/10	8/3	16.7×13.3	3.0	26.1	9/12	9/17	11/10	122	10.4	31.2	79.6	15.3
产 87－98	7/10	8/3	16.7×13.3	3.0	20.1	9/10	9/15	11/8	120	11.6	34.8	95.6	14.3
82106	6/15	7/31	16.7×13.3	3.0	19.8	9/12	9/15	11/3	141	11.5	34.5	89.1	16.0
82－5	6/15	7/31	16.7×13.3	3.0	17.7	9/6	9/12	11/1	139	11.5	34.5	81.5	16.0
R817	6/15	7/31	16.7×13.3	3.0	15.0	9/12	9/15	11/5	143	9.1	27.3	78.5	14.6
华 03（再生茬）			20×13.3	2.5	5.0	9/5	9/10	10/15	75	14.5	44.7	62.2	14.9

续表

品种	每穗总粒数（粒）	每穗实粒数（粒）	结实率（%）	千粒重（g）	理论亩产（kg/亩）	实际亩产（kg/亩）	抗病性				落粒性	倒伏性		
							稻瘟病	纹枯病	白叶枯病	稻曲病		倒伏期（月/日）	倒伏比例（%）	倒伏程度
中粳 23	53.9	41.2	76.4	27.6	453.7	380	无	轻	高抗	轻	难			
鄂宜 105	69.1	53.0	76.7	27.0	493.7	355	无	轻	抗	轻	难			
祥湖糯	42.7	38.4	91.2	27.0	311.0	200	无	轻	抗	无	难			
秀水 37	51.8	39.2	75.7	26.1	337.6	320	无	轻	高抗	无	难			
秀水 664	68.0	49.3	72.4	25.0	403.0	303	无	轻	抗	无	难			
春江一号（早）	82.8	63.6	76.8	32.4	653.1	407	无	中	抗	无	很难	11/9	70	倒
斜春江一号	69.6	44.5	63.9	30.3	385.4	264	无	轻	抗	无	很难	11/9	10	斜
春江一号（CK，迟）	50.8	33.8	65.7	27.2	289.6	204	无	轻	中抗	无	很难			
533	48.4	34.3	70.9	28.0	299.6	220	无	中	感	无	易			
8615（早还早）	87.9	56.6	64.4	23.0	363.2	270	无	中	感	无	难			
84－15	46.4	39.4	85.9	26.3	348.2	300	无	轻	抗	无	难			
产 917	57.9	51.2	88.4	32.6	520.8	372.8	无	轻	高抗	无	难			
产 87－98	87.8	63.5	72.3	26.7	590.0	298.3	无	中	抗	无	难			
82106	51.1	48.7	95.3	33.5	590.6	362.3	无	轻	高抗	无	难			
82－5	68.9	52.2	75.8	29.7	560.4	320.0	无	轻	感	无	难			
R817	90.5	62.0	68.5	23.6	399.5	315.6	无	中	高抗	无	难			
华 03（再生茬）	45.7	34.8	76.0	26.7	415.3	150.3	无	轻	中抗	无	易			

枯病，纹枯病轻，抗稻瘟病，前两年较易感稻曲病；1990 年用 1% 硫酸铜浸种 2 小时，收获时，病粒率在 0.3% 以下。当然，对上述 4 种病害应采取综合防治措施，才有良好效果，建议推广。

（二）耐迟播但早熟的品种

下面几个品种是育种单位介绍的，可耐迟播，甚至可以在早熟早稻收割后立即直播用的品种。我们已连续 2 年根据育种单位的介绍于 7 月 10 日播种，8 月 5 日前后才移栽。虽然迟播迟栽，但亩产仍有 300 ~ 370 kg，事实证明是稳产的。但是如果改在 6 月下旬播种，适期移栽，单产可能更高，关键是在大田重施基肥和速效肥，促使早发多分蘖。

（1）秀水 37 和秀水 664。由浙江省嘉兴市农科所育成。已种植 2 年，其特点是抗白叶枯病、稻瘟病和褐飞虱，耐高肥，适宜在肥力水平较高的地区推广。

（2）产 917。虽然迟播迟栽，但单产最高，在初试品种中不多见；全生育期虽与感病品种栽在同一田内，但表现出抗病性强、成熟时秸青籽黄的特点，很有推广价值。该品系也是嘉兴市农科所培育成的，据培育该品系的同志介绍，该品系可在 7 月中下旬用于直播，比如用于西瓜茬口或作为常规晚稻秧苗受灾的补救措施。

二、其　他

（1）春江一号。已连续种植 3 年，属迟熟晚粳。作双晚全生育期为 157 天，作一季稻或晚稻，只要适期播栽，单产都很高。但许多农户反映它重感白叶枯病，鉴于它熟期又较迟，所以不准备推广。

（2）其他。对祥湖糯、533（香糯）、84 - 15、华 03（再生茬）、8615、产 87 - 98 等特点掌握不详，且这些品种产量表现不佳，待继续观察。

从我们目前的试验情况来看，在双晚粳、糯稻品种中，还仍以鄂宜 105 和当选晚 2 号为主。比鄂宜 105 高产且抗白叶枯病或者说可以与鄂宜 105 抗衡的品种，目前可暂定为中粳 23 和产 917 以及参加省区试的 82106、皖粳 B26（均系巢湖地区农科所育成）和 R817（旌德县农科所育成的粳糯）等。

（本试验总结写于 1990 年 12 月。在试验中，其产量均按标准亩计算，且未将落秸的稻谷计算在内。若要将落秸稻计算在内，其亩产一般增加 5% ~ 10%。）

1990 年度双季晚稻区域试验总结

为及时鉴定有关单位新育成的新品种（系）在不同生态条件下的丰产性、抗逆性及应用价值，根据2月中旬全省常规水稻良种区域协作会议讨论商定的方案，笔者所在的中心科研实验股承担了省双季晚稻新品种区试工作，现将试验结果总结如下：

一、供试品种

表1　1990年双晚季稻供试品种表

品种	品种代号	组合来源	推荐及供种单位
鄂宜105	A	农垦58系选	桐城县农科所
82106	B	20805/日晴红，续试	巢湖农科所
宣鉴87-1	C		宣城农科所
82-5	D	日晴红变异株系选	铜陵县农科所
R817	E	将粳糯矮用^{60}钴—γ射线3.5万伦辐射	旌德县农科所
皖粳B26	F	40316系选	巢湖农科所
南农402	G	南粳35/筑紫晴	南京农业大学
N036	H	灵丰/虎雷//宇皖选，续试	省农科院水稻所
舒香糯	I	黄金优/矮利3号	舒城县农科所

二、试验经过

（1）试验设计。供试品种秧田播种随机排列，不设重复；移栽至大田后，随机排列，重复3次。每小区面积20m^2，株行距13.3 cm×16.7 cm，每小区栽900穴（纵75穴，横12穴），区间不设走道，试区四周设0.3 m宽走道及保护行。

（2）秧田。试验前作为早稻秧田，一犁一耙，秧畦宽1.7 m。因秧田肥沃，故未施基肥。6月15日播种，亩净播量50 kg，湿润育秧；7月14日施接力肥，每亩用尿素3 kg；7月26日施起身肥，每亩施尿素5 kg；6月28日、7月6日、7月21日分别用25%杀虫双水剂和少量甲胺磷乳油防治稻蓟马、叶蝉等害虫；7月22日喷施二甲四氯120 mL。

（3）本田。前茬早稻是浙辐802，砂泥田土种，肥力中等，一犁一耙一耖。7月30日施基肥，每亩施尿素10 kg、碳铵20 kg、过磷酸钙15 kg、氯化钾6 kg；7月31日移栽。8月10日结合耘头交草，每亩追施尿素4 kg；9月2日每亩施穗肥4 kg；9月17日喷施多元液体复合肥，每亩0.2 kg（160 mL）；8月14日用杀虫双和甲胺磷防治叶蝉、飞虱；8月22日用杀虫双防治三代二化螟及稻纵卷叶螟；8月29日又防治一次。其余均按一般田间管理措施进行。

三、试验结果与分析

（一）产　量

全部参试品种（系）平均亩产在244.4 kg和368.9 kg之间。经变量分析，F=

4.24 > $F_{0.01}$ = 3.89，故供试品种间存在极显著差异。经新复极差测验，各供试品种间单产差异进一步清晰。亩产量仍以对照鄂宜105最高，舒香糯最低。与对照相比，除了82106、宜鉴87－1、82－5不存在显著性差异之外，其余都存在显著或极显著性差异。参见表2至表5。

（二）生育期（见表6）

9个参试品种（系）的全生育期为139～143天，其中82－5最短，为139天；鄂宜105、B26、R817、N036为143天，其余4个为141天。

（三）主要经济性状（见表7）

（1）株高。平均在67.2 cm和99.5 cm之间，其中南农402最矮，舒香糯最高，其余介于78.5～89.1 cm。

（2）单株分蘖力（最高苗数量/基本苗数量）。介于2.38～3.17个，其中舒香糯最高，其次是南农402、鄂宜105、82106、82－5、N036，最低是R817。参见表6。

（3）有效穗数。每亩有效穗数以鄂宜105和82106居首位，达34.5万；其次是82－5，34.35万，其余均未超过30万，在21.75万和28.95万之间，N036为21.75万。成穗率以R817、鄂宜105、82－5为高，分别为75.8%、74.2%和71.6%，其余介于64.2%～66.1%。

（4）穗粒性状。穗长以舒香糯最长，为19.5 cm，其余介于14.5～16.0 cm；总粒数和实粒数以N036和R817居多，分别为97.6粒和90.5粒、69.6粒和62.0粒；其余7个品种的总粒数介于51.1～80.5粒，实粒数介于48.7～57.1粒；82106的总粒数和实粒数虽然最少，但结实率却最高，为95.3%，风稻时极少秕壳，其余8个品种的结实率介于67.7%～75.9%。

千粒重也以82106最高，为33.5 g；其次是82－5，29.7 g；其余介于21.9～27.0 g。

（四）抗病虫害情况（见表6）

（1）白叶枯病。这在本地是影响水稻收成的致命伤。R817、鄂宜105和82106至成熟时，上两三片叶仍保持基本青秀，其余都是因旗叶受到不同程度感染致病。舒香糯、南农402、82－5，N036发病程度较重，白叶率100%，病指50～100，造成大幅度减产。

（2）纹枯病。均有不同程度发病，其中舒香糯、南农402、N036、R817较重，其余发病程度轻。

（3）稻瘟病。仅N036发生穗颈瘟，此病发病率60%～100%，因此造成了严重减产。

（4）倒伏状况。因鄂宜105长势最佳，穗粒状况最好，单产最高，因而虽在10

月25日的一场小风小雨中处于“倾斜”状态，却未影响产量；而舒香糯相反，中期中感纹枯病“脚秆软”，后期白叶枯病较重，籽粒不饱满，于10月25日倒伏于地面，使产量降至最低，参见表7。

（5）虫害。因防治及时，各品种（系）均基本未发生虫害。

表2　产量分析表

品种	小区产量（kg）			品种和（Tv）	折合亩产（kg）	比对照增减（%）	产量（位次）	亩日产量（kg）
	Ⅰ	Ⅱ	Ⅲ					
鄂宜105（ck）	10.9	10.8	11.5	33.2	368.9		1	2.58
82106	11.3	10.8	10.5	32.6	362.6	-1.82	2	2.57
宜鉴87-1	9.4	10.8	10.0	30.2	335.6	-9.03	3	2.38
82-5	10.3	8.5	10.0	28.8	320.0	-13.25	4	2.30
R817	8.2	10.2	10.0	28.4	315.6	-14.45	5	2.21
B26	8.5	8.2	9.5	26.2	291.1	-21.08	6	2.02
南农402	7.3	7.5	9.2	24.0	266.7	-27.70	7	1.89
N036	8.2	7.5	7.5	23.2	257.8	-30.12	8	1.80
舒香糯	8.5	6.0	7.5	22.0	244.4	-33.75	9	1.73
小区和	82.6	80.1	85.7	248.6	306.7			

表3　方差分析表

变异来源	DF	SS	MS	F	$F_{0.05}$	$F_{0.01}$
品种间	8	39.99	5.00	4.24**	2.59	3.89
重复间	2	1.75	0.875	<1	3.63	6.23
误差	16	18.84	1.18			
总变异	26	60.58				

注：今品种间 $F=4.24>F_{0.01}=3.89$，说明品种间接差异极显著。

表4　最小显著极差表

$SE=\sqrt{3\times1.18}=1.88$

p	2	3	4	5	6	7	8	9
SSR0.05，16	3.00	3.15	3.23	3.30	3.34	3.37	3.39	3.41
SSR0.01，16	4.13	4.34	4.45	4.54	4.60	4.67	4.72	4.76
LSR0.05，16	5.64	5.92	6.07	6.20	6.28	6.34	6.37	6.41
LSR0.01，16	7.76	8.16	8.37	8.54	8.65	8.78	8.87	8.95

表5 产量差异显著性

品种	品种代号	Tv	差异显著性		A—Tv	B—Tv	C—Tv	D—Tv	E—Tv	F—Tv	G—Tv	H—Tv
			5%	1%								
鄂宜105(ck)	A	33.2	a	A								
82106	B	32.6	a	AB	0.6							
宣鉴87－1	C	30.2	ab	ABC	3.0	2.4						
82－5	D	28.8	abc	ABC	4.4	3.8	1.4					
R817	E	28.4	abc	ABC	4.8	4.2	1.8	0.4				
B26	F	26.0	bc	ABC	7.2*	6.6*	4.2	2.8	2.4			
南农402	G	24.0	c	BC	9.2**	8.6*	6.2*	4.8	4.4	2.0		
N036	H	23.2	c	C	10.2**	9.4**	7.0*	5.6	5.2	2.8	0.8	
舒香糯	I	22.0	c	C	11.2**	10.6**	8.2*	6.8*	6.4*	4.0	2.0	1.2

四、品种综合评述

（1）鄂宜105。为对照品种，各种性状表现均佳，亩产368.9 kg，仍位居第一。

（2）82106。该品系由巢湖农科所培育而成，亩产362.2 kg，位居第二，比对照减产1.82%，减产差异不显著。

该品系表现：株型紧凑，茎秆较硬，抗倒，长势整齐，粒数虽然较少，但结实率、千粒重均最高；全生育期比对照早2天；高抗白叶枯病，轻感纹枯病，无稻瘟病；其余综合性状表现优良，建议扩大示范范围。

（3）宣鉴87－1。该品系由宣城农科所培育而成，亩产335.6 kg，位居第三，比对照减产9.03%，减产差异不显著。

该品系表现：株型较松散，茎秆细硬抗倒，植株不整齐，似有分离现象，籽粒成熟度不一致，有1/3的有效穗至成熟时仍有下部包颈现象；高抗白叶枯病，中感纹枯病，其他病无，比鄂宜105难脱粒（可以说是很难脱粒）；全生育期比对照早2天。虽然某些表现不太优良，但单产仍位居第三，说明该品系增产潜力很大，建议续试，并建议育种单位进一步选择和提纯复壮。该品系早栽的有可能单产更高。

（4）82－5。该品系由铜陵县农科所从日晴红变异株系中选取而成，亩产320.0 kg，位居第四，比对照减产13.25%，减产差异不显著。

该品系表现：株型较紧凑，茎秆细硬，抗倒，植株整齐，有1/3的有效穗至成熟时仍有下部包颈现象；中—重感白叶枯病，轻感纹枯病，其他病害无。鉴于该品系在我地重感白叶枯病，建议不再续试。

（5）R817。该品系由旌德县农科所育成，且系续试，亩产315.6 kg，位居第五，比对照减产14.65%，但减产差异不显著。

该品系表现：株型紧凑，叶色浓绿，茎秆硬直抗倒，长势整齐；中感纹枯病，对白叶枯病免疫，稻瘟病无；茎秆仍很青秀，建议续试。

（6）皖粳B26。该品系由巢湖农科所育成，亩产288.9 kg，位居第六，比对照

表6 省试双季晚稻品种（系）生育期记载表

品种	播种期（月/日）	移栽期（月/日）	基本苗		最高苗		单株茎蘖数（个）	抽穗期		成熟期（月/日）	全生育期（天）	整齐度		病害情况			
			（苗/穴）	（万/亩）	（苗/穴）	（万/亩）		始穗（月/日）	齐穗（月/日）			植株	抽穗	纹枯病	白叶枯病	稻瘟病	稻曲病
宣鉴 87－1	6/15	7/31	5.8	17.4	14.8	44.4	2.55	9/11	9/16	11/3	141	中	中	中	高抗	无	无
南农 402	6/15	7/31	5.3	15.9	14.6	43.8	2.75	9/6	9/11	11/3	141	齐	齐	中	抗	无	无
N036	6/15	7/31	4.3	12.9	11.05	33.15	2.57	9/6	9/11	11/5	143	齐	齐	中	中抗	中感	无
R817	6/15	7/31	5.05	15.15	12.0	36.00	2.38	9/12	9/15	11/5	143	齐	齐	中	无	无	无
鄂宜 105	6/15	7/31	5.65	16.95	15.5	46.5	2.74	9/11	9/14	11/5	143	齐	齐	轻	高抗	无	轻
82106	6/15	7/31	6.6	19.8	17.9	53.7	2.71	9/12	9/15	11/3	141	齐	齐	轻	高抗	无	无
B26	6/15	7/31	5.2	15.6	13.35	40.05	2.56	9/13	9/18	11/5	143	齐	齐	轻	高抗	无	无
82－5	6/15	7/31	5.9	17.7	16.0	48.00	2.57	9/6	9/12	11/1	139	齐	齐	轻	中感	无	无
舒香糯	6/15	7/31	4.5	13.5	14.25	42.75	3.17	9/13	9/18	11/3	141	中	中	中	中感	无	无

表7 经济性状表

品种	株高（cm）	穗粒性状							理论亩产（kg）	实际亩产（kg）	倒伏性		
		有效穗数（万/亩）	成穗率（%）	穗长（cm）	每穗总粒数（粒）	每穗实粒数（粒）	结实率（%）	千粒重（g）			倒伏日期（月/日）	倒伏比例（%）	倒伏程度
宣鉴 87－1	87.0	28.65	64.5	15.7	68.4	51.9	75.9	21.9	325.6	335.6			
南农 402	67.2	28.95	66.1	15.4	72.6	52.2	71.9	25.8	389.9	266.7			
N036	84.6	21.75	65.6	14.5	97.6	69.6	71.3	24.8	375.4	257.8			
R817	78.5	27.30	75.8	14.6	90.5	62.0	68.5	23.6	399.5	315.6			
鄂宜 105	80.7	34.50	74.2	14.8	69.1	53.0	76.7	27.0	493.7	368.9	10/25	10	斜
82106	89.1	34.50	64.2	16.0	51.1	48.7	95.3	33.5	562.9	362.2			
B26	70.0	26.10	65.2	15.0	80.5	54.5	67.7	26.2	372.7	288.9			
82－5	81.5	34.35	71.6	16.0	68.9	52.2	75.8	29.7	532.5	320.0			
舒香糯	99.5	28.20	66.0	19.5	78.9	57.1	72.4	25.8	415.4	244.4	10/25	100	伏

减产21.69%，达显著性差异。

该品系表现：株型紧凑，叶片短促而浓绿，茎秆矮壮抗倒，长势整齐；高抗白叶枯病，稻瘟病无。建议续试。

（7）其他品系。南农402、N036、舒香糯，均重感白叶枯病。另外，N036重感穗颈瘟，舒香糯易倒伏，故亩产与对照相比，减产程度极显著，建议不再续试。

表8　气象资料表

项目＼月份		6月	7月	8月	9月	10月
上旬	平均气温（℃）	24.2	28.1	28.4	25.4	18.6
	最高气温（℃）	29.3	32.6	33.1	29.3	23.6
	最低气温（℃）	19.8	24.4	25.3	22.8	15.5
中旬	平均气温（℃）	27.0	29.9	29.2	20.3	17.3
	最高气温（℃）	31.2	34.9	34.2	24.1	21.7
	最低气温（℃）	23.8	25.8	25.7	18.0	14.8
下旬	平均气温（℃）	27.8	30.9	27.6	21.7	14.5
	最高气温（℃）	31.4	36.9	31.4	25.3	31.1
	最低气温（℃）	25.1	26.5	24.6	19.2	10.2
月平均气温（℃）		26.3	29.6	28.4	22.5	16.7
常年月平均气温（℃）		24.8	28.5	28.0	22.8	16.9
降水量	上旬（mm）	30.3	129.4	69.2	39.4	1.0
	中旬（mm）	21.7	25.2	94.1	61.2	12.2
	下旬（mm）	61.4	4.7	5.2	43.9	14.9
月总降水量（mm）		113.4	159.3	168.5	144.5	28.1
常年月总降水量（mm）		185.0	182.5	156.2	129.9	68.1
月降水天数（天）		18	12	16	19	13
最大日降水量（mm）及日期（日）		26.3，7	91.4，2	63.5，18	32.6，23	13.5，24
光照时数（h）	上旬	84.7	78.0	74.2	54.4	54.5
	中旬	58.6	106.3	65.2	33.1	33.5
	下旬	68.2	118.0	72.8	26.9	63.5
	总和	211.5	302.0	212.2	114.5	151.5
	常年	175.4	228.1	230.0	160.0	171.1

（这是笔者1990年12月10日第一次承担水稻试验的总结。由于当时缺乏经验，从播种到移栽结束历时一个半月，超秧龄半个月，再高产的品种也被拖得显示不出高产特性了。）

水稻旱育秧防鼠试验效果初报

近年来，水稻旱育稀植和抛秧技术推广十分迅速，但鼠害也十分猖獗，有些秧苗因鼠害导致大部分受损，甚至“全军覆没”。如1995年6月5日，笔者随县水稻旱育稀植技术组部分成员到峨岭乡漳溪村检查中稻旱育秧情况时，看见一钱姓农户种植的秧苗长势十分整齐，但笔者3天后来检查移栽情况时，却发现全部秧苗被老鼠从根茎交界处咬断，导致无秧可栽！

为了探索较为有效的驱鼠或灭鼠方法，根据县水稻旱育稀植技术组的意见，笔者做了一组试验，共七个处理，八次重复。自1997年2月12日开始投放处理剂拌种的稻谷，分别设在菜畦边、田埂边和鼠洞附近，每小堆约10 g。老鼠吃后及时补足。投下稻谷的第二天开始调查、记载稻谷受害情况，隔日一次，至2月22日结束。按下式计算处理剂防鼠效果：

处理剂防鼠效果 =（调查期间处理剂设置总堆数 - 老鼠危害堆数）÷调查期间处理剂设置总堆数 ×100%

试验结果见下表。

水稻旱育稀植苗床防鼠试验效果统计表

试验处理	药料比	防鼠效果
1. 40% 甲胺膦乳油 1 mL 兑水少许拌稻谷 100 g，密闭半小时	1：100	80%
2. 3% 呋喃丹颗粒剂 5 g 兑水少许搅匀后拌稻谷 100 g，密闭半小时	1：20	85%
3. “金来牌”灭鼠药水 5 mL 兑水少许拌稻谷 150 g，密闭半小时	1：30	67.5%
4. 强氯精 0.1 g 兑水少许拌稻谷 100 g，密闭半小时	1：1 000	97.5%
5. 市售樟脑丸 0.1 g，处理同 4	1：1 000	87.5%
6. 市售灭鼠药“猫王牌”穿心丸，按说明书使用		0（吃净）
7. 净稻谷作对照		被吃去 85%

从防鼠效果来看，强氯精最好，达到97.5%，有效期长达20～25天，育秧最后数天可继续采用此法。强氯精浸种也有驱鼠效果，但因浓度降低一半，故持效期短。驱鼠机理就是因为强氯精那令人作呕的气味。其次为市售樟脑丸和呋喃丹，其防鼠效果分别为87.5%和85%。市售樟脑丸的防鼠机理也是因为它的气味，揭膜后，随着樟脑丸的主要成分升华为气体散逸，驱鼠效力迅速消失，故育秧后期最好结合其他方法驱鼠。用呋喃丹处理，整个育苗阶段无地下害虫危胁，呋喃丹兑水后略有异味，但笔者认为它的防鼠机理还是在于它本身具有的毒性。甲胺膦的防鼠效果为80%，防鼠机理是毒性和异味兼而有之。“金来牌”灭鼠药水的防鼠效果为67.5%，该药特点是前3天老鼠争而食之（很可能含有诱鼠剂），但3天后诱饵附近出现死

鼠，活鼠发觉“上当”即不再来取食，故对保护秧苗较有效，且持效期长达一个月，建议播种前3～5天投放。市售灭鼠药“猫王牌”穿心丸的防鼠效果为0！笔者将其中一处理剂有意投置在距离人来车往的公路10 m远处，结果是屡投屡吃。据笔者推测，此药含有强力诱鼠剂和高效麻醉（麻嘴）剂，使老鼠因“挡不住诱惑”而吸引，食毒饵后嘴即麻痹不能发出危险信号，导致老鼠源源不断来危害。从防鼠角度看，此药不宜应用。

在之后数月的有关培训班上，技术组成员（包括笔者）推荐其中有效方法，试验结果与四稻（早、中、单、双晚）旱育及抛秧育秧时表现的结果基本一致，反应良好。

（本文刊登于《中国稻米》1997年第4期第27页。）

大豆基因工程根瘤菌剂拌种对大豆生产的效应

摘　要：在从未种过大豆的改旱稻田中，用4种大豆基因工程根瘤菌剂拌种种植大豆，其效果效应排序为22－10、HN33、TA－11、HN32，与空白对照相比，达极显著水平。

关键词：大豆基因工程；根瘤菌剂拌种；产量

一、材料与过程

（一）试验材料

供试菌剂来源于华中农业大学微生物系，是该系从某些大豆根瘤菌株中截取的部分DNA片断，通过基因工程加以复制和繁殖后，添加赋型剂制成。其代号分别定为HN32、HN33、TA－11、22－10，另设空白对照（即只播种黄豆，不拌根瘤菌剂）。共5个处理，3次重复，15个小区，随机区组设计。小区面积为40 m^2（10 m×4 m）。

试验在本单位试验田进行，面积为1 000 m^2。土种为水稻土砂泥田土种，质地重壤，从未种过大豆，前两茬为单季稻—杂交油菜。土质肥沃，有机质含量为25.7 g/kg，有效磷含量为7 mg/kg，速效钾含量为40 mg/kg。

供试大豆品种为“新六青”，由安徽省农科院大豆所提供。

（二）试验过程

前茬油菜收获后即翻耕做畦，5月27日播种。播种前1天将菌剂50 g加少量水调成糊状后拌种，粘附力很强，晾1天。

各小区播种密度为0.3 m×0.3 m，每穴3粒种子，每小区444穴，折每亩6 666穴（不含畦沟）。

二、结果与分析

（一）对大豆单株根瘤数的影响

大豆根瘤数调查分两次，第一次在6月16日苗期，第二次在7月16日盛花期，对单产有直接影响。用根瘤菌剂处理大豆种，与空白相比，单株根瘤数增幅较高，为9.1%~53.5%，其中HN33拌种的大豆单株根瘤数最多，为51.4个，比空白多17.4个，增幅为53.5%；其次是22－10，单株根瘤数49.7个，比空白多16.1个，增幅为48.0%，均达显著标准；第三位是HN32，单株根瘤数44.6个，增幅为32.8%；第四位是TA－11，单株根瘤数36.6个，仅比空白多3个，增幅为9.1%。

（二）对产量和效益的影响

用根瘤菌剂处理大豆种，与空白相比，鲜豆增产幅度很高，为45.58%~74.05%，其中以HN33菌剂处理效果最好，亩产鲜豆886.7 kg，价值5 320.2元（市场价6元/kg），比空白的509.4 kg高377.3 kg，增收2 263.8元，增幅为74.05%；其次是22－10，亩产鲜豆871.7 kg，价值5 230.2元，比空白的509.4 kg高362.3 kg，增收2 173.8元，增幅为71.11%；第三位是TA－11，亩产鲜豆769.4 kg，价值4 616.4元，比空白的509.4 kg高260 kg，增收1 560元，增幅为51.04%；第四位是HN32，亩产鲜豆741.7 kg，价值4 450.2元，比空白的509.4 kg高232.3 kg，增收1 393.8元，增幅为45.59%。

大豆根瘤菌剂拌种试验产量统计表

处理	小区产量 kg/40 m²				折合	较对照增减			差异显著性	
	Ⅰ	Ⅱ	Ⅲ	平均	kg/亩	kg/亩	元/亩	%	5%	1%
HN33	63.40	51.90	44.30	53.20	886.70	377.20	2 263.80	74.05	a	A
22－10	40.40	70.40	46.10	52.30	871.70	362.20	2 173.80	71.11	a	A
TA－11	56.80	50.00	31.70	46.17	769.40	260.00	1 560.00	51.04	ab	A
HN32	52.40	37.10	44.00	44.50	741.70	232.30	1 393.30	45.59	b	A
空白	30.40	33.70	27.60	30.57	509.40				c	B

三、小　结

在从未种过大豆的稻田中用大豆根瘤菌剂拌种，单株根瘤数明显高于空白，达极显著水平。用大豆根瘤菌剂处理的大豆单产和效益明显高于对照，达极显著水平。这一试验结果不但有科研价值，而且有很高的实用价值和推广价值。

（本文刊登于《安徽农业科学》1997年第25卷第3期第269页。）

高稳系数法在品种区试中的应用研究

摘　要：运用高稳系数法（HSC 法）对 2001 年度安徽省 7 个参试点 12 个中籼杂交稻新组合的结果进行了分析，并与以往的常规方法进行了比较，证明应用 HSC 法判断区试品种的高产稳产具有可行性。

关键词：高稳系数法；育种目标

中图分类号：S511.2 * 10.38　文献标识码：A

文章编号：1005－2690（2002）06－0348－02

水稻新品种（组合）的高产稳产性是水稻育种工作者最关心的育种目标，也是进行水稻区域试验的目的。目前采用平均单产比对照增减产的百分数评估其产量水平，用新复极差法（SSR 测验）测定产量的差异显著性，用标准差、变异系数或回归系数来估算产量稳定性，但使用这些方法得出的结论往往并不能反映出参试品系（组合）的产量与稳定性之间是否相关。本文采用温振民等人首先提出的简便、实用的高稳系数（High Stability Cofficient，缩写为 HSC）法进行综合分析，并与常规分析方法进行比较，以探讨该方法应用于中籼杂交稻新组合区域试验的可行性。

一、材料与方法

（一）材　料

本文采用 2001 年度安徽省杂交新组合区域试验中的参试组合。参试组合共 12 个：协 A/8019、协 A/9019、金优 725、X07S/WH16、天协 6 号、丰两优 1 号、2301S/H7058、D 优 310、II 优 98002、抗优 98、K17A/8011 和汕优 63（ck）。参试点 7 个。按照全省统一的方案实施，小区面积 13.34 m^2，重复 3 次，随机区组排列。

（二）方　法

1. HSC（高稳系数）分析法

温振民等人提出的高稳系数法计算如下：

$$HSC_i = [(Ga - G_i) \div Ga] \times 100\% \qquad (1)$$

式中 HSC_i 表示第 i 个参试品种的高稳系数。Ga 定义为比目标品种的稳定产量 $\bar{x}$ck 增产 10%，G_i 为第 i 个参试品种的稳定产量（即遗传产量），由平均产量（即单产）$\bar{x}_i$ 与地域变异产量（即标准差）s_i 之差组成，即 $G_i = \bar{x}_i - s_i$，故上式可表示为：

$$HSC_i = [1 - (\bar{x}_i - s_i) \div 1.10\bar{x}_{ck}] \times 100\% \qquad (2)$$

由于采用百分制比较，故（2）式亦可表示为：

$$HSC_i = (\bar{x}_i - s_i) \div 1.10\bar{x}_{ck} \times 100\% \tag{3}$$

在（1）式和（2）式中，HSC 值越小，其高产稳产性越好。而（3）式则相反，即 HSC 值越大，其高产稳产性越好。按人们习惯的顺向思维来表示，本文采用（3）式。

2. 常规分析方法

平均产量 $\bar{x}$、标准差 s、变异系数 CV 等数据计算和组合间产量差异的新复极差分析法，采用一般常规通用公式。产量稳定性分析采用 Eberhart-Russell 及回归分析模式，以回归系数 b 的大小估测产量的稳定性。

二、结果与分析

（一）不同方法的统计分析结果对比

2001 年度安徽省中籼杂交稻区域试验中 12 个参试组合、7 个参试点的产量用不同的统计分析方法求出的结果见表 1。

表 1　2001 年度安徽省中籼杂交稻区试产量 HSC 法统计分析表

参试组合	平均产量 $\bar{x}$	差异显著性		较 ck	标准差 s	CV	回归分析			HSC 值	单产位次	HSC 位次
	(kg/hm^2)	5%	1%	±%	(kg/hm^2)	(%)	b	a	r	(%)		
协 A/9019	9 186.5	a	A	8.64	1 072.1	11.67	0.956 0	694.26	0.925 8	87.24	1	2
协 A/8019	9 112.8	a	AB	7.77	923.0	10.13	0.840 4	1 647.07	0.954 4	88.05	2	1
金优 725	8975.4	b	BC	6.14	1 048.8	11.69	0.981 1	260.41	0.971 2	85.22	3	3
丰两优 1 号	8 975.0	b	BC	6.14	1 169.5	13.03	1.119 3	−967.41	0.993 6	83.92	4	6
2301S/H7058	8 902.9	bc	C	5.29	1 098.3	12.34	1.042 8	−360.04	0.985 7	83.91	5	7
天协 6 号	8 897.5	bc	CD	5.22	1 052.6	11.83	0.933 4	606.10	0.920 8	84.34	6	5
X07S/WH16	8 857.5	bcd	CD	4.75	978.6	11.05	0.856 0	1 253.92	0.908 2	84.70	7	4
抗优 98	8 835.4	cd	CD	4.49	1 147.4	12.99	1.080 5	−763.19	0.977 7	82.65	8	10
D 优 310	8 832.1	cd	CD	4.44	1 118.8	12.68	1.001 6	−65.35	0.929 6	82.92	9	8
II 优 98002	8 810.4	cd	CD	4.19	1 116.6	12.67	1.059 3	−601.57	0.985 2	82.71	10	9
K17A/8011	8 755.8	d	D	3.55	1 347.8	15.39	1.227 0	−2 144.13	0.945 2	79.64	11	12
汕优 63（ck）	8 456.0	d	E	/	981.8	11.61	0.902 4	439.80	0.954 3	80.35	12	11

结果表明：用公式（3）求出的结果与单产 $\bar{x}$ 及 s、CV、回归系数 b 的排列有明显差异，除了金优 725 的单产位次和 HSC 稳居第三位外，其余 11 个参试组合的 HSC 位次均与单产位次不同。如协 A/8019 单产 $\bar{x}=9\ 112.8\ kg/hm^2$ 虽位居第二，但因其标准差 $s=923.0\ kg/hm^2$ 和变异系数 CV = 10.13% 都最低，所以它的 HSC 位次跃居第

一，说明它不但单产高，而且适应性强，适宜种植范围广；而协 A/9019 虽单产最高，但 HSC 位次却退居次席。又如 X07S/WH16，单产位居第七，但由于它的标准差和变异系数较低，所以 HSC 位次升至第四，且比 ck 增产极显著，故可进入下一轮试验。其他组合也有变化。以上分析结果表明，用 HSC 法既可说明参试组合的单产水平，又能反映其稳产性和适宜种植的广泛性，是评价分析参试作物品种（系）或组合高产稳产性的简便实用方法。

（二）$\bar{x}$、CV、s、b 值与 HSC 值的相关分析

参试组合的 $\bar{x}$、CV、s、b 值与 HSC 值的相关分析结果见表 2。

表 2　参试组合的 $\bar{x}$、CV、s、b 值与 HSC 值的相关分析

相关系数	$\bar{x}$ 与 HSC	s 与 HSC	CV 与 HSC	b 与 HSC
r	0.878 7**	-0.596 6*	-0.890 7**	-0.585 1*

参试组合的产量平均数 $\bar{x}$ 与 HSC 值呈极显著正相关，$r=0.878\ 7^{**}$，说明 HSC 法基本上可反映出参试组合的水平，但又不完全和单产位次一致，这从前面的结果分析中可以看出。除了金优 725 的单产位次与 HSC 位次一致外，其余 11 个均不一致，但又差异不大；除了 X07S/WH16 的 HSC 位次较单产位次上升了三位外（单产位次第七，HSC 位次第四），其余只相差一两个位次（本文称为“基本相符”）。同时，r 值之高也从侧面反映了本试验的误差很小。

标准差 s 与 HSC 值呈显著负相关，$r=-0.596\ 6^{*}$，说明标准差 s 越小，则 HSC 值越大。12 对数据中，有 9 对“基本相符”，仅 3 对“不符”（协 A/9019、丰两优 1 号、汕优 63）。

变异系数 CV 与 HSC 呈极显著负相关，$r=-0.890\ 7^{**}$，说明变异系数越小，HSC 值越大。12 对数据中，有 10 对“基本相符”，仅 2 对“不符”（丰两优 1 号、汕优 63）。

回归系数 b 与 HSC 值呈极显著负相关，$r=-0.585\ 1^{*}$，说明回归系数越小，HSC 值越大。众所周知，回归系数值的大小反映了供试品种（系）或组合的稳产性，且以略小于 1 且趋近于 1 为平均稳产性好。12 对数据中有 8 对“基本相符”，相对位次不超过 2。单产位次居前 7 的供试组合中，有 5 个 b 值略小于 1，表明这 5 个供试组合具有高产稳产性，并且从 HSC 位次也可以看出这一结果。

三、小　结

（一）HSC 值高者进入下一轮试验

本文中，根据 HSC 分析法得出参试组合 HSC 位次如下：协 A/8019 > 协 A/9019 > 金优 725 > X07S/WH16 > 天协 6 号 > 丰两优 1 号 > 2301S/H7058 > D 优 310 > II 优

98002 > 抗优 98 > 汕优 63 > K17A/8011。单产位次如下：协 A/9019 > 协 A/8019 > 金优 725 > 丰两优 1 号 > 2301S/H7058 > 天协 6 号 > X07S/WH16 > 抗优 98 > D 优 310 > II 优 98002 > K17A/8011 > 汕优 63。参试组合单产均比 ck 高，但因 D 优 310、II 优 98002、K17A/8011 的单产和 HSC 值均较低，未能进入下一轮试验，其余均进入下一轮试验——省级生产试验。

（二）HSC 法的可行性

HSC 法是评价作物品种高产与稳产性的有效方法之一，其计算方法简便，不仅便于指导育种工作，还易被广大种子工作者接受。

由于高稳系数法是权衡高产与稳产两个方面的统计参数（$\bar{x}$、s 和 $\bar{x}_{ck}$），故应用高稳系数法评价参试品种的高产稳产性，比单讲产量高低或单评产量稳定性要全面些，对指导水稻育种具有重要意义。只有提高单产 $\bar{x}$，降低产量标准差 s，才能提高品种的高产稳产性，这与“高产前提下的稳产、稳产基础上的高产”的水稻育种目标是一致的。因此，应用 HSC 法判断参试中籼杂优组合的高产稳产性是可行的。

参考文献

[1] 南京农业大学. 田间实验和统计方法 [M]. 北京：中国农业出版社，1991.

[2] 凌树洪，张泽生. 农业试验统计分析简明教程 [M]. 合肥：中国科学技术大学出版社，1992.

[3] 刘新华，于海富，陈晓阳. 应用高稳系数法分析水稻新品种高产稳产性 [J]. 浙江农业科学，1999 (5)：207 – 208.

（本文刊登于《种子科技》2002 年第 6 期第 348 – 349 页。）

四种统计分析方法在水稻区试中的应用与探讨

王泽松　艾可根　桂云波　宋卫兵

（安徽省南陵县农业技术推广中心　241300）

摘　要：运用回归系数法、稳定性参数法、高稳系数法和传统的新复极差法，对参加 2001 年度安徽省双季晚粳区试的新组合、新品系的高产稳产性进行了分析研究。结果表明，参试的新组合、新品系单产较高的占一半，但高产稳产的仅有 99 – 25、4003。运用四种分析方法得出的结论基本一致，但又不尽相同，故又对它们之间的关系进行了探讨。

关键词：双季晚粳；高产稳产性；分析方法

进行水稻区域试验的目的，就是选择高产稳产的水稻新品种、新品系或新组合进入下一轮区域试验或生产试验，为品种审定、推广提供依据。以往一贯采用的是新复极差法（SSR 测验），现笔者又采用回归系数法、稳定性参数（a_i）法、高稳系数（HSC）法研究了参加 2001 年度安徽省双季晚粳区域试验的各个组合、品系的高产稳产性，旨在为各地引进、推广这些新组合、新品系提供依据。

一、材料和方法

（一）供试材料和试点

供试材料共有 8 个新育成的新组合与品系（含对照 1 个，参见表 1），在合肥、舒城、铜陵、巢湖、宣城、安庆 6 个试验点进行试验。

（二）试验及分析方法

试验按安徽省种子管理站制订的统一方案进行，小区面积 13. 34 m^2，田间设计随机区组排列，重复 3 次，耕作管理同大田。高产稳产性按以下方法分析：

1. 回归系数法

先根据每个试点的主要特点计算出每个组合、品系的平均产量和全部参试组合、品系的平均产量，然后以前者为因变量，以后者（环境指数）为自变量，计算各品种之间的回归系数 b。$b<1$ 表示品种的稳定性较好，反之则差。

2. 稳定性参数法

以组合、品系的产量标准差与每个试点全部参试的产量标准差平均值（$\bar{s}_i$）计算每个组合、品系的稳定性参数 a_i（不是回归方程的截距 a），$a_i = s/\bar{s}_i$，而 $s = \sqrt{(x-\bar{x})^2/(n-1)}$。然后以 a_i 值为横坐标，以产量为纵坐标作图，沿全部参试组合、品系的平均产量划一横线，沿 $a_i=1$ 点划一纵线，构成 4 个象限，将每个组合、品系产量和 a_i 值标于图上，按其所在象限评价其高产稳产性。

3. 高稳系数法

以供试组合、品系的平均产量（$\bar{x}$）和标准差（s）与比对照增产 10% 的目标产量（$1.10\bar{x}_{ck}$）计算高稳系数（HSC_i）。高稳系数越大，表示组合、品系的高产稳产性越高。$HSC_i = (\bar{x}_i - s_i) \div 1.10\bar{x}_{ck} \times 100\%$。

二、结果与分析

（一）新复极差结果及地域变异

表 1　参试组合、品系的产量结果与地域变异

序号	参试组合或品系	平均产量 $\bar{x}$（单产）	标准差 s	CV	较 ck	差异显著性	
		（kg/hm^2）	（kg/hm^2）	（%）	（±%）	5%	1%
1	抗优 97	8 059.58	1 327.09	16.47	6.87	a	A
2	80 优 98	7 895.00	1 531.92	19.40	4.69	ab	A
3	99－25	7 795.42	1 053.86	13.52	3.36	ab	A
4	4003	7 785.00	1 088.12	13.98	3.23	ab	A
5	70 优 04（ck）	7 541.67	1 051.95	13.95	－	ab	A
6	晚粳 99	7 351.62	1 599.52	21.74	－2.44	b	AB
7	黄糯 1 号	6 606.25	1 420.32	21.50	－12.40	c	B
8	晚粳 100	6 575.00	836.70	12.73	－12.83	c	B
$\bar{x}$		7 451.19	1 238.69				

注：表中“序号”同时也是“单产位次”。

由表 1 可以看出，在参试的 8 个组合、品系中，以抗优 97 和 80 优 98 单产最高，分别比对照增产 6.87% 和 4.69%，但它们的 S 值和 CV 值也较高，属高而不稳组合；99－25、4003 单产分别比对照增产 3.36% 和 3.23%，且 S 值和 CV 值均较低，属于高产稳产品系，可以进入下一轮试验。自对照以下属于低产稳产或低而不稳品系，且晚粳 100 和黄糯 1 号与对照存在显著至极显著差异，故难以进入下一轮试验。

（二）回归系数分析

从表 2 可以看出，所有参试组合、品系的产量与同一试点全部参试组合、品系的平均产量密切相关，其相关系数均达到极显著水平，足以说明回归系数比较可靠。从回归系数值来看，99－25、4003、晚粳 100 与对照 70 优 04 的 b 值均小于 1，稳产性好，在不利的条件下也能有较好的产量或一定的收成；抗优 97、80 优 98、晚粳 99 与黄糯 1 号的 b 值均大于 1，稳产性差，对生长条件要求相当严格，需自身调节其遗传型或表现型状态以适应变动的环境，实现某些经济性状保持相对稳定的能力较差。

表 2　回归系数分析

序号	参试组合或品系	b	r	r^2
1	抗优 97	1.097 4	0.974 8**	0.950 2
2	80 优 98	1.201 8	0.929 6**	0.864 2
3	99－25	0.876 7	0.980 7**	0.961 8
4	4003	0.843 3	0.913 7**	0.834 8
5	70 优 04（ck）	0.886 7	0.993 6**	0.987 2
6	晚粳 99	1.221 0	0.900 0**	0.810 0
7	黄糯 1 号	1.174 1	0.974 5**	0.949 7
8	晚粳 100	0.686 7	0.967 6**	0.936 2

注：* 表示显著，** 表示极显著。

相关分析表明，b 值与产量仅呈弱相关，而与标准差 s、变异系数 CV 呈高度相关，$r_{b,s}=0.986\ 0^{**}$，$r_{b,cv}=0.932\ 4^{**}$，故以 b 值评价参试组合、品系的稳定性，可靠性相当高。

（三）稳定性参数分析

由表 3 和图 1 可以看出：99－25 和 4003 的 a_i 值均小于 1，$x>\bar{x}$（$\bar{x}=7\ 451.19\ kg/hm^2$），与对照 70 优 04 均落在第 II 象限中，为高产稳产品系，能较好地抵御不良环境条件；抗优 97、80 优 98 的 a_i 值均大于 1，$x>\bar{x}$，均落在第 I 象限中，产量高而不稳，在良好的环境条件下才有较大的增产潜力；其余品系单产均小于平均产量，a_i 值大于或小于 1，属低产稳产或低而不稳的品系。这与前文分析结果基本一致。

表 3　参试组合、品系的稳定性参数比较

序号	参试组合或品系	平均产量 $\bar{x}$（kg/hm^2）	a_i	象限
1	抗优 97	8 059.58	1.071 4	Ⅰ
2	80 优 98	7 895.00	1.236 7	Ⅰ
3	99－25	7 795.42	0.850 8	Ⅱ
4	4003	7 785.00	0.878 4	Ⅱ
5	70 优 04（ck）	7 541.67	0.849 2	Ⅱ
6	晚粳 99	7 351.62	1.291 3	Ⅳ
7	黄糯 1 号	6 606.25	1.146 6	Ⅳ
8	晚粳 100	6 575.00	0.675 6	Ⅲ
$\bar{x}$		7 451.19		

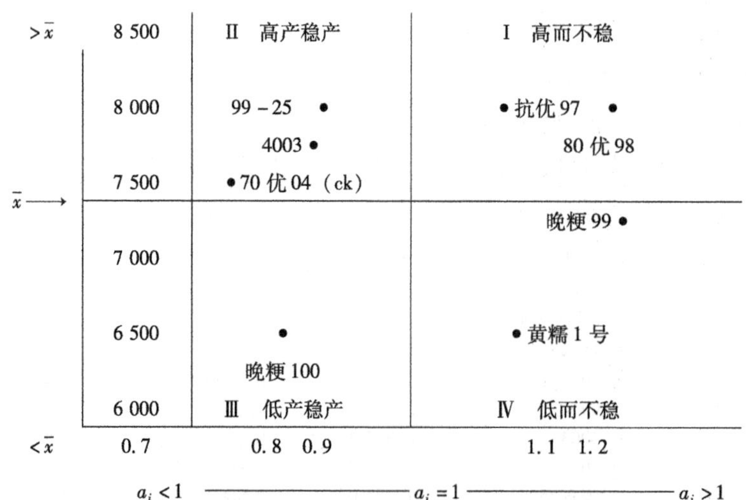

图 1　参试组合、品系高产与稳产关系象限图

（四）高稳系数分析

高稳系数与单产之间的相关系数达极显著水平，$r = 0.9099^{**}$，但又与单产位次不尽相同。表4结果显示，HSC值排列顺序为：99－25＞抗优97＞4003＞70优04＞80优98＞晚粳99＞晚粳100＞黄糯1号。在70优04前面的3个组合、品系为高而稳；80优98单产位居次席，但因地域变异产量大，HSC值居第五，只能算是高而不稳；其余为低而不稳。

表4　参试组合、品系的HSC值比较

序号	参试组合或品系	HSC值（%）	HSC值位次
1	抗优97	81.16	2
2	80优98	71.70	5
3	99－25	81.26	1
4	4003	80.73	3
5	70优04（ck）	78.23	4
6	晚粳99	71.58	6
7	黄糯1号	62.51	8
8	晚粳100	69.17	7

注：表中“序号”同时也是“单产位次”。

三、小结与讨论

（一）小　结

本文采用了四种统计方法，即传统的新复极差法与较新颖的稳定性参数法、回归系数法、高稳系数法，分别分析了参加安徽省2001年度双季晚粳区域试验的各组合、品系，得出的结论基本一致：在单产高于对照的组合、品系中，至少有2个属于高产稳产类型，即99－25、4003；在高稳系数法中，抗优97亦属高产稳产类型，80优98属高产类型；这4个组合、品系均与对照无显著性差异，可进入下一轮试验。第二年的试验方案表明，抗优97因性状突出，同时参加了该年度的区域试验和生产试验，且高产稳产优质；80优98进入生产试验；99－25、4003进入2002年度双季晚粳区域试验续试；黄糯1号、晚粳100的单产与对照有极显著差异，且低而不稳，故淘汰。以上结果表明，后三种方法与传统分析方法相比，既考察了单产因素，又考察了稳产因素，同时考虑到地域变异，而且结论与传统方法基本一致，故后三种方法用于农作物产量分析切实可行。

（二）讨　论

笔者在小结中提到用回归系数法、稳定性参数法、高稳系数法（以下分别简称b法、a_i法、HSC法）考察参加2001年度双季晚粳区试的组合、品系的高产稳产性时，得出的结论“基本一致”。“基本一致”实际上也说明了并不完全一致：如抗优97用b法、a_i法得出的结论是“高而不稳”，而运用HSC法得出的结论却是“高而稳”（其HSC值为81.16%，居第二位）；80优98用b法、a_i法得出的结论是“高而不稳”，而运用HSC法得出的结论却是“低而不稳”。这说明这三种分析方法之间存在矛盾，关联性不强。笔者对这三种分析方法的数值进行了相关性测验，结果表明，b法与a_i法之间相关极显著，$r_{a_i \leftrightarrow b}=0.985\,8^{**}$，而$a_i$法与HSC法之间、$b$法与HSC之间相关却不显著，$r_{a_i \leftrightarrow HSC}=-0.212\,8^{ns}$，$r_{b \rightarrow HSC}=-0.228\,0^{ns}$。依笔者愚见，$a_i$值与$b$值之间之所以相关极显著，可能与它们都以“1”为临界值考察有关，而HSC法却以数值从高到低来考察。若将产量因子x加进来考察，其相关关系将增加到6对，显著与否又将是一番景象，对此，希望各位行家与同仁不吝指教。

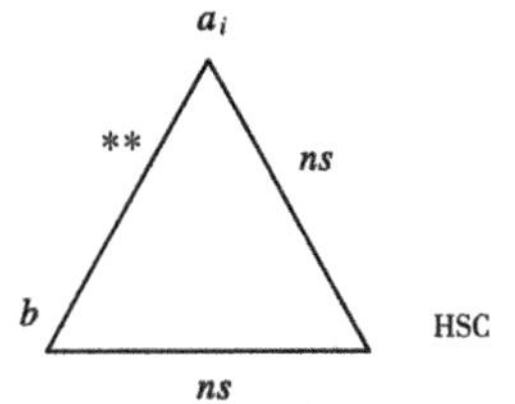

图2　b法、a_i法与HSC法的相关性

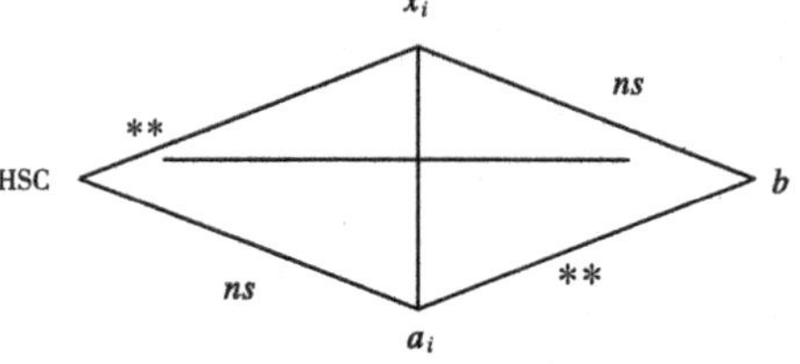

图3　b法、a_i法、HSC法与x_i法的相关性

参考文献

[1] 侯玮，丛新军，钱兆国，等．山东省西南部小麦新品种（系）高产稳产性评价［J］．安徽农业科学，2001，29（3）：298－299，305.

[2] 凌树洪，张泽生．农业试验统计分析简明教程［M］．合肥：中国科学技术大学出版社，1992.

[3] 南京农业大学．田间试验和统计方法［M］．北京：农业出版社，1991.

（本文刊登于《种子科技》2004年第2期第96－98页。）

灰色关联分析
在食用粳稻品种品质测评中的应用

王泽松　李良应　戴元华　黄　谊

（安徽省南陵县农业技术推广中心　241300）

根据农业部NY/T 593—2002《食用稻品种品质标准》的规定，食用稻品质标准共有3大类别10项指标，即：碾米品质（含糙米率、精米率、整精米率）、外观（含垩白米率、垩白度、透明度）、蒸煮品质（含碱消值、胶稠度、直链淀粉含量）以及蛋白质含量。本文运用灰色系统理论和模糊数学方法，对参加安徽省2004年区域试验的中粳品系及组合的品质共10个指标进行了灰色关联分析和综合测评，这对提醒水稻育种工作者在注重产量指标的同时，注重品质指标也许不无裨益。

一、材料与方法

（一）参试品系与组合

参试的中粳品系与组合共17个，即9201A/R－18等16个及1个对照天协1号（以下均称作“参试品种”）。因参试品种较多，故分为A、B两组，其名称及所测指标的各项数据见表1。

表1　参试品种米质检验结果

参试品种	碾米品质			外观			蒸煮品质			蛋白质含量（%）
	糙米率（%）	精米率（%）	整精米率（%）	垩白米率（%）	垩白度（%）	透明度(级)	碱消值(级)	胶稠度（mm）	直链淀粉含量（%）	
部颁一级标准	≥84.0	≥77.0	≥72.0	≤10 /≥10	≤1.0 /≥100	1	7.0	≥80	≤18.0 /5.555	≥8.0
9201A/R－18（X_1）	82.5	75.3	68.4	72/1.389	7.1/14.08	2	7.0	78	17.1/5.848	7.5
4069（X_2）	85.7	75.4	68.8	62/1.613	6.8/14.71	1	7.0	72	18.7/5.348	7.2
普科02（X_3）	84.3	75.6	71.1	21/4.762	2.5/40.00	1	7.0	76	18.1/5.525	7.3
R96－2（X_4）	84.7	78.5	77.8	8/12.50	0.8/125.0	1	7.0	66	16.2/6.173	9.4
16优986（X_5）	83.0	75.6	71.1	43/2.356	3.9/25.64	1	7.0	82	17.0/5.882	8.2
天协13（X_6）	85.1	77.1	75.3	22/4.545	2.8/35.71	1	7.0	82	16.4/6.098	8.7
毛粳M001（X_7）	85.6	78.5	75.9	16/6.250	1.2/8.333	1	7.0	74	17.0/5.882	8.4
京徽1号（X_8）	82.9	76.2	74.4	22/4.545	2.0/50.00	1	7.0	81	17.1/5.848	8.8
15优986（X_9）	82.9	76.3	73.3	28/3.571	2.1/47.62	1	7.0	78	16.7/6.667	7.9
圹优4号（X_{10}）	86.3	78.5	73.7	54/1.852	5.7/17.55	2	7.0	78	17.8/5.618	7.2
绿稻70（X_{11}）	84.5	77.5	75.2	13/7.692	2.1/47.62	2	7.0	70	17.3/5.780	7.4
中日1号（X_{12}）	84.0	76.6	74.3	19/5.263	1.3/76.92	1	7.0	74	16.8/5.952	9.0
当育粳1号（X_{13}）	84.6	76.5	73.1	65/1.538	4.6/21.74	2	7.0	69	15.9/6.239	7.4
9201A/R228（X_{14}）	81.6	74.9	68.7	32/3.125	2.8/35.71	2	7.0	73	16.5/6.060	7.9
W2038（X_{15}）	84.8	77.2	74.8	14/7.128	1.9/52.63	2	7.0	73	16.9/5.917	8.0
珍优22（X_{16}）	82.7	74.7	70.8	64/1.562	6.1/16.39	2	6.2	86	20.6/4.854	8.3
天协1号（X_{17}）	83.0	76.5	73.5	60/1.667	7.8/12.82	2	7.0	71	15.8/6.329	8.8

（二）分析的因子和方法

根据农业部标准，食用稻品质标准即是本文开头所述的10项指标。由于在灰色关联分析理论中，关联度是没有负向性的，因此，以部颁一级稻米指标作为参考数列，参试品种的各项品质指标作为被比较数列，而且为了保证关联度的正向性，在对数据进行标准化处理时，对10项指标中的垩白米率、垩白度、直链淀粉含量这3项指标用倒数法进行测算。另外，在进行数据标准化处理时，对达到和优于部颁一级标准的，均视为与部颁一级标准相同，如糙米率≥84.0%的，均视为84.0%；直链淀粉含量≤18.0%的，均视为18.0%；以部颁标准中达到一级指标所定的分数作为权重（WK）。这样处理的好处是与测评分数符合度较高。另将测评等级和它们在试验中的位次列于表2，无圆圈的为A组（其中X_1～X_4为续试品种），有圆圈的为B组，便于分析时应用。

二、结果与分析

按照关联度分析原则，关联度大的数列与参考数列最为接近。表2显示，X_4的关联度最高，其关联值为97.14，即R96－2的米质综合性状最好，以下依序是毛粳M001、中日1号、天协13等。与测评等级对照后可以发现，关联序为1的与一级米质相符，2～6为二级米质，7～10为三级米质，11～16为四级米质，17为五级米质；但在对照后发现也有不相称之处，即：排序为9和10的却是二级米质，排序为16的为三级米质。因不知评分情况，不知是如何评定的，存疑。

表2　参试品种各指标的关联状况

品种代号	糙米率	精米率	整精米率	垩白米率	垩白度	透明度	碱消值	胶稠度	直链淀粉含量	蛋白质含量	关联度	关联序	测评等级	产量位次
WK	10	5	15	5	15	10	5	10	15	10				
X_1	0.960 8	0.951 7	0.897 0	0.336 0	0.336 6	0.465 7	1	0.945 8	1	0.874 6	77.41	15	4	1
X_2	1	0.954 9	0.907 6	0.342 0	0.338 2	1	1	0.813 4	0.921 0	0.813 4	80.25	11	4	9
X_3	1	0.959 4	0.971 8	0.454 2	0.420 8	1	1	0.897 9	0.987 4	0.832 8	85.07	7	3	10
X_4	1	1	1	1	1	1	1	0.713 8	1	1	97.14	1	1	3
X_5	0.973 4	0.959 9	0.972 8	0.362 2	0.369 6	1	1	1	1	1	86.47	6	3	7
X_6	1	1	1	0.444 2	0.404 0	1	1	1	1	1	90.50	4	2	5
X_7	1	1	1	0.537 6	0.723 5	1	1	0.853 2	1	1	92.07	2	2	8
X_8	0.970 8	0.976 4	1	0.441 2	0.465 6	1	1	1	1	1	88.80	5	2	4
X_9	0.973 5	0.979 6	1	0.404 0	0.454 2	1	1	0.954 8	1	0.972 8	82.65	9	2	②
X_{10}	1	1	1	0.340 5	0.345 8	0.465 7	1	0.945 8	1	0.813 4	79.14	12	4	⑤
X_{11}	1	1	1	0.653 8	0.454 2	0.465 7	1	0.777 7	1	0.853 2	81.04	10	2	⑥
X_{12}	1	0.988 2	1	0.479 2	0.653 8	1	1	0.853 2	1	1	90.68	3	2	⑦
X_{13}	1	0.985 3	1	0.340 0	0.357 7	0.465 7	1	0.760 2	1	0.813 8	77.38	16	3	⑧
X_{14}	0.938 4	0.941 1	0.904 9	0.388 0	0.404 0	0.465 7	1	0.832 8	1	0.972 1	78.91	14	4	④
X_{15}	1	1	1	0.604 0	0.479 2	0.465 7	1	0.832 8	1	1	83.29	8	2	6
X_{16}	0.965 7	0.935 6	0.963 3	0.340 6	0.342 7	0.465 7	0.79	1	0.775 5	1	75.88	17	5	③
X_{17}	0.973 1	0.985 3	1	0.343 4	0.333 3	0.465 7	1	0.794 8	1	1	78.98	13	4	①2

再对照产量位次和前次参试情况，续试的X_1和X_4均进入了下一轮生产试验，X_6和X_9均进入了下一轮区域试验。此外，毛粳M001虽然在本次参试中产量较低，但单产也有8 115 kg/hm^2，在米质分析中，综合得分居第二，故可在其周边地区推广

种植或对其产量与米质的构成因子做进一步分析。

三、小结与讨论

1. 小　结

灰色关联分析是一种应用比较广泛的数理统计方法，它的特点主要是对被测系统内部的诸多因子进行综合评价，克服了以往只注重单个因子的片面性。本文就是运用灰色关联分析方法对食用粳稻品种米质的众多因子进行综合评价的一种尝试，它使各被测品种的米质综合状况一目了然，比单纯看测评等级要合理一些。而且由于它对被测品种的各性状进行了无量纲化处理，因此也可使育种工作者对自己所育品种间存在的差距一目了然，便于确定改进目标。

2. 讨　论

在本文中，以往惯用的参考品种被换成了部颁一级标准，凡是优于一级标准的数据均被视为一级标准，这样做的好处是便于与测评分数相对照。那么，如果采用“理想指标”会怎样？如果采用被比较数列中的最优值又会怎样？这些问题都留待进一步研究。

（本文刊登于《现代种业》2005 年第 3 期第 21－22 页。）

灰色关联分析在双晚粳稻区域试验中的应用

李良应　王泽松　戴元华　黄　谊
（安徽省南陵县农业技术推广中心　241300）

摘　要：应用灰色关联分析法，对安徽省 2004 年度双晚粳稻区域试验中的各个品系（组合）进行综合评估。对参试的 10 个品系（组合）各有关性状的分析表明，W262、晚粳 M002 等大部分品系（组合）具有良好的综合性状，可以进入下一轮试验。

关键词：灰色关联分析；双晚粳稻；区域试验；应用

本文运用灰色系统理论和模糊数学方法，对参加安徽省 2004 年度双晚粳稻的各个品系及组合进行灰色关联分析和综合评判，以期对下一轮试验，对今后的试验、示范和推广提供依据。

一、材料与方法

（一）参试品系（组合）

参试品系与组合共 10 个，对照 1 个，即：W262、皖粳杂 1 号、花培 18、当育粳 2 号、晚粳 M002、双优 3404、安晚粳 2 号、皖优 21、扩优粳 1 号、杨林香粳和 M1148（ck）（以下均称作“参试品种”）。

（二）试验设计

试验安排在安徽省合肥市、安庆市、宣城市、巢湖市、舒城县和旌德县，其中，安庆市农科所为米质检测供样单位。各试点均按照《2004 年安徽省品种试验和生产试验实施方案》要求进行，采用随机区组，3 次重复，小区长 6.7 m，宽 2 m，收获后对产量进行差异显著性分析。本文在此基础上进行灰色关联分析。

（三）分析的因子和方法

根据育种目标，在进行灰色关联分析时，选定以下 10 个相关因子进行分析：抗倒性（即株高的倒数）、有效穗、成穗率、穗实粒数、结实率、千粒重、产量、米质、稻瘟病级、白叶枯病级。由于灰色理论中关联度是没有负向性的，因此，先设一个参考品种，该品种的各项性状指标所构成的数列作为参考数列，参试品种的各项性状指标所构成的数列作为被比较数列；参考品种的指标取略大一点的数据，以保证关联度的正向性；参考数列（X_0）和比较数列［X_i（$i=1, 2, \cdots, 11$）］见表 1；参照灰色关联度分析方法计算各性状的关联系数，根据各性状在生产中的实际情况，赋予不同的权重（WK），计算各比较数列对参考数列的关联度。

表 1　双晚粳稻区试各参试品种试验数据及比较数列

参试品种	株高（cm）	抗倒性	有效穗（万/hm²）	成穗率（%）	穗实粒数（粒/穗）	结实率（%）	千粒重（g）	产量（kg/hm²）	米质（级）	稻瘟病（级）	白叶枯病（级）
W262（X_1）	77.0	1.30	352.5	87.1	87.7	89.0	28.1	7 864.5	2（4）	4（2）	3（6）
皖粳杂 1 号（X_2）	94.4	1.06	357.0	75.9	100.2	68.5	23.7	7 735.5	4（2）	3（3）	9（0）
花培 18（X_3）	84.8	1.18	372.0	80.4	90.5	87.8	27.3	7 831.5	3（3）	3（3）	3（6）
当育粳 2 号（X_4）	79.3	1.26	352.5	81.4	76.0	88.8	28.5	7 960.5	2（4）	3（3）	7（2）
晚粳 M002（X_5）	84.3	1.19	396.0	82.6	68.2	87.3	28.4	8 325.0	1（5）	4（2）	3（6）
双优 3404（X_6）	92.0	1.09	367.5	82.2	82.7	86.1	24.2	7 932.0	4（2）	3（3）	1（8）
安晚粳 2 号（X_7）	77.9	1.28	430.5	79.7	61.0	83.6	25.2	6 996.0	3（3）	3（3）	3（6）
皖优 21（X_8）	105.0	0.95	318.0	72.2	78.0	80.7	29.3	7 212.0	6（0）	3（3）	3（6）
扩优粳 1 号（X_9）	78.9	1.27	381.0	81.4	73.5	88.4	25.3	7 360.5	4（2）	3（3）	1（8）
杨林香粳（X_{10}）	98.5	1.02	295.5	70.9	75.8	73.4	25.6	7 110.0	2（4）	4（2）	1（8）
M1148（X_{11}）	99.1	1.01	355.5	74.8	76.1	87.0	28.5	7 521.0	3（3）	6（0）	1（8）
参考指标	75.0	1.33	450.0	90.0	110.0	96.0	30.0	9 000.0	1（5）	0（6）	0（9）

二、结果与分析

如果单纯从产量上看，居首位的是晚粳 M002，其次是当育粳 2 号、双优 3404、W262……。而若将抗倒性、抗病性、米质和产量因素综合起来分析，排序就有了变化。按照关联度分析原则，关联度大的数列与参考数列最为接近。表 2 显示，晚粳 M002 继续名列前茅（关联度 0.794 5），且由于综合性状较好，破格进入生产试验；W262 由第四上升到第二（关联度 0.773 4），且由于生产试验表现较好，通过了安徽和江苏两省的省级审定，被命名为宁粳 2 号；花培 18 由第五上升到了第三，而当育粳 2 号由第二下降到第四，双优 3404 由第三下降到第五，杨林香粳和皖优 21 综合性状最差，关联度分别是 0.670 0 和 0.664 3，其他参试品系（组合）居中。

三、小结与讨论

灰色关联分析是灰色系统理论中的一种新的分析方法。它的基本思想是根据因素数列几何形状发展态势的接近程度衡量因素之间关联程度的大小，其实质就是比较数值到曲线几何形状的接近程度。同时，关联分析还可以从众多的因素中提炼出影响系统的主要因素、主要特征和因素间对系统影响的差别。因此，灰色关联分析法在新品系（组合）比较试验中的实用性价值比较大，可以准确地评价各个品系（组合）的综合性状。

表 2　各参试品种与参考品种的关联系数、关联度及关联序

参试品种代号	抗倒性	有效穗	成穗率	穗实粒数	结实率	千粒重	产量	米质	稻瘟病	白叶枯病	关联度	关联序
X_1	0.956 8	0.697 6	0.939 5	0.711 5	0.872 8	0.887 6	0.798 5	0.714 3	0.428 6	0.600 0	0.773 4	2
X_2	0.711 2	0.707 5	0.761 5	0.848 8	0.635 7	0.704 2	0.780 6	0.454 5	0.500 0	0.333 3	0.694 1	9
X_3	0.816 0	0.742 6	0.824 3	0.742 6	0.854 1	0.847 5	0.793 9	0.555 5	0.500 0	0.600 0	0.752 4	3
X_4	0.904 8	0.697 6	0.839 6	0.561 1	0.869 6	0.909 0	0.812 3	0.714 3	0.500 0	0.391 3	0.740 3	4
X_5	0.826 0	0.806 5	0.863 7	0.568 2	0.846 6	0.903 7	0.869 6	1.000 0	0.428 6	0.600 0	0.794 5	1
X_6	0.734 8	0.731 7	0.852 4	0.668 3	0.829 0	0.721 2	0.808 1	0.454 5	0.500 0	0.818 2	0.737 8	5
X_7	0.930 0	0.920 3	0.813 8	0.528 8	0.794 7	0.757 5	0.691 9	0.555 5	0.500 0	0.600 0	0.721 2	7
X_8	0.636 4	0.630 3	0.716 5	0.663 2	0.758 3	0.955 5	0.715 6	0.333 3	0.500 0	0.600 0	0.664 3	11
X_9	0.917 3	0.756 3	0.839 6	0.601 1	0.863 3	0.761 4	0.732 9	0.454 5	0.500 0	0.818 2	0.728 4	6
X_{10}	0.682 1	0.592 9	0.702 0	0.616 6	0.680 0	0.773 2	0.704 2	0.714 3	0.428 6	0.818 2	0.670 0	10
X_{11}	0.675 7	0.704 2	0.747 5	0.618 7	0.842 0	0.909 0	0.752 7	0.555 5	0.300 0	0.818 2	0.710 2	8
WK	0.05	0.15	0.10	0.12	0.10	0.06	0.25	0.07	0.05	0.05		

参考文献

［1］凌树洪，张泽生．农业试验统计分析简明教程［M］．合肥：中国科学技术大学出版社，1992.

［2］贾贤生，潘震，王德好．灰色关联分析在晚粳品种比较试验中的应用［J］．安徽农业科学，2004，32（2），212－213.

（本文刊登于《种子科技》2005 年第 4 期第 223－224 页。）

饲料稻引进种植试验总结

为了配合当前农业产业结构的调整，根据农业部在南陵县安排的“粮—经—饲”三元结构要求，县农牧渔业局自湖南省农科院水稻研究所引进两个饲料稻品种湘早籼19号和湘早籼29号进行种植试验，以测定在南陵县农业生产条件下的丰产性和适应性，为今后大面积推广提供依据。现将两个饲料稻品种种植试验情况总结如下。

一、试验概况

（1）供试品种：湘早籼19号、湘早籼29号。

（2）供试地点：城关镇大港村云盘自然村（籍山路东头）。

（3）供试面积：10亩，土壤肥力水平中等偏上，排灌方便。

二、种植过程

4月4日犁田、整、耙结束，未施基肥；4月5日，将催芽整齐的稻种直播于田间。湘早籼19号先撒得较密，另一部分较稀，每平方米67粒种子；湘早籼29号后撒，较均匀，每平方米135粒种子。折合每亩分别为4.43万粒种子苗和9万粒种子苗，但到成熟时均为每亩21.6万有效穗。

4月28日喷施除草剂、杀虫剂；5月1日上水、施肥，亩施3×16俄罗斯复合肥20 kg、尿素5 kg；6月10日又亩施尿素5 kg。为收二茬稻，7月14日田间又上水，并亩施尿素10 kg。所以早稻这一季到收获时秸青籽黄，粒大饱满，不像其他早稻田，天气高温干旱又不上水，高温逼熟，产量偏低，米粒易碎。

7月14日，农业局副局长黄长江率种子公司丁祖胜、畜牧中心倪绍琦在笔者陪同下（笔者系试验负责人），对供试的饲料稻进行考察。7月17日拍照存档。

三、试验结果

（1）产量：湘早籼19号亩产525.2 kg，湘早籼29号因全生育期较前者长4天，故亩产稍高，为608.5 kg，邻田亩产仅400～500 kg。

（2）生育期：湘早籼19号全生育期105天，湘早籼29号全生育期109天。

（3）抗病性：除轻发纹枯病（已治）外，其他病害（稻瘟病、白叶枯病、稻曲病等）均未见发生。

（4）虫害：因发现和预报准确，防治及时，基本无虫害。

（5）经济性状：见下表。

饲料稻种植情况记载表

记载项目	单位	湘早籼19号	湘早籼29号	另一块田湘早籼29号
播种期	月/日	4/5	4/5	4/5
始穗期	月/日	6/21	6/24	6/24
齐穗期	月/日	6/28	6/29	6/29
成熟期	月/日	7/19	7/23	7/23
全生育期	天	105	109	109
亩基本苗	万	4.43	9.00	11.25
亩有效穗	万	21.6	21.6	30.0
株高	cm	87	89	89
穗长	cm	17.5	18.5	18.5
穗总粒数	粒	111.4	105	101
穗实粒数	粒	91.6	96.3	91.4
结实率	%	82.1	91.7	90.5
千粒重	g	33.8	32.0	31.5
理论亩产	kg	672.5	665.6	850.5
实际亩产	kg	525.2	608.5	802.5
虫害情况		防治及时，基本无虫害		
病害情况		纹枯病较轻，其他病害未见发生		

四、试验结论

湘早籼19号系湖南省农科院水稻研究所于1994年育成，南陵县于2000年引进试种。该品种株高87 cm，穗长17.5 cm，穗平均总粒数111.4粒，实粒数91.6粒，结实率82.1%。比较突出的特点之一是千粒重高，达33.8 g；特点之二是垩白度较高，大于20%，米质一般。全生育期105天（4月5日至7月19日），在本县属早中熟类型。理论亩产672.5 kg，实际亩产525.2 kg，属高产品种。可在本县工山镇—新南铜公路以东地区示范与推广，工山镇—新南铜公路以西地区属稻瘟病高发区，应先试验，再决定是否推广。

湘早籼29号系湖南省农科院水稻研究所育成，1999年2月通过湖南省审定并命名，南陵县于2000年引进试种。该品种株高89 cm，穗长18.5 cm，穗平均总粒数105粒，穗实粒数96.3粒，结实率91.7%，千粒重32.0 g，垩白度大于20%，米质一般。与湘早籼19号一样，人畜均可食用。全生育期109天（4月5日至7月23日），在本县属中熟类型。理论亩产665.6 kg，实际亩产608.5 kg，最高亩产可达800 kg以上，属高产品种。可在龙泉—工山镇—新南铜公路以东地区示范与推广，以西地区属稻瘟病高发区，应先做试验，再做定夺。

因试验田安排在公路边，种植农户和过路群众均反映较好。以上总结如有不妥，请指正。

（本试验总结系笔者2000年8月4日代县农牧渔业局撰写。）

2009 年度安徽省农科院水稻所水稻品种联合鉴定

试验组别：双季晚粳联合鉴定
承试单位：南陵县农业技术推广中心
试验地点：南陵县籍山镇长乐村
试点地理位置：东经 118°25′，北纬 30°54′，海拔 10.2 m
试验负责人/试验执行人：王泽松

联系地址：南陵县农业技术推广中心
邮　　编：241300
电话：0553－6823981（兼传真）
E-mail：nlwzs@126.com

一、试验田基本情况

（1）土壤质地：轻黏。

（2）土壤肥力：中上。

二、秧　田

（1）种子处理：清水加浸种灵浸泡。

（2）播种期：6 月 24 日。

（3）播种量：常规稻——50 kg/亩；杂交稻——30 kg/亩。

（4）育秧方式：湿润。

（5）施肥（日期、肥料名称及数量）：前茬是秧田，土质肥沃，未下基肥，但秧苗仍然长得很好；7 月 16 日追施送嫁肥，亩施尿素 10 kg。

（6）其他田间管理措施（除草、治虫等）：秧田无草，7 月 10 日、16 日防治稻蓟马两次。

三、大　田

（1）前作：早稻。

（2）耕整情况：一耕一耙。

（3）田间排列：随机。

（4）重复次数：2 次。

（5）保护行设置：4 行。

（6）大区面积：1.5 亩。

（7）移栽期：7 月 21 日。

（8）行株距：5 寸×5 寸。

（9）苗数/穴：2.25 苗/穴～3.1 苗/穴。

（10）基肥（日期、肥料名称及数量）：7 月 20 日上午犁田，早稻草还田，每亩湿秸秆 1 000 kg；当日亩施尿素 10 kg、过磷酸钙 20 kg、氯化钾 5 kg 作基面肥。

（11）追肥（日期、肥料名称及数量）：7 月 27 日施分蘖肥，每亩施尿素 5 kg、氯化钾 4 kg。8 月 30 日追施穗粒肥，每亩施尿素 5 kg、氯化钾 3 kg。

（12）病虫鼠害防治（日期、农药名称或措施及防治对象）：8 月 13 日防治二化螟和稻纵卷叶螟，9 月 2 日、14 日、26 日防治稻褐飞虱、二化螟、稻纵卷叶螟、稻瘟病、纹枯病。

（13）其他田间管理措施（除草、耘田和搁田等）：7 月 27 日使用除草剂丙·苄。

四、生育期内气象概况及特殊气象对试验的影响

7 月 22 日发生日全食以后至 8 月 12 日的这 22 天基本是阴雨天气，日平均气温较常年偏低 2～3 ℃，日最高气温不超过 30 ℃，对于习惯生长于高温烈日环境中的粳稻来说未免“太冷”了。因此，前期只长高，分蘖速度较往年慢 40% 左右，农民仍拼命灌水，企图以水促蘖。其实这种做法是错误的，结果造成了秧苗徒长。我们及时引导农户放水晾田，防治病虫害。在 8 月 16 日天气转暖后，分蘖明显增加，为后期丰产打下良好基础。

五、特殊情况说明

试验过程中出现的意外事故或异常数据产生的原因等：无。

相关情况见表 1、表 2 和表 3。

表 1　参试品种综合评价（对应评价位置打√）

品种名称	很好	好	一般	差	主要优缺点
80－4A/制 1	√				表现好，单产较高，株型紧凑，建议进入区试
当育粳 10 号	√				表现好，单产较高，株高较矮，株型紧凑，熟期转色好，建议进入区试
W406	√				植株较高，其他性状尚好，单产较高，建议进入区试
W172	√				表现好，单产较高，株高较矮，株型紧凑，熟期转色好，建议进入区试
T9－120	√				表现好，单产较高，株高较矮，株型紧凑，熟期转色好，建议进入区试
W379	√				表现好，单产较高，株高较矮，株型紧凑，熟期转色好，建议进入区试
W898		√			植株较高，其他性状尚好，可进入区试
M1148		√			对照
T9－128			√		生育期太迟，产量较低，建议停试
7HB042				√	生育期太早，产量较低，建议停试

表 2　参试品种生育期特性及主要经济性状

品种名称	播种期（月/日）	移栽期（月/日）	秧龄（天）	始穗期（月/日）	齐穗期（月/日）	成熟期（月/日）	全生育期（天）	基本苗（万/亩）	最高苗（万/亩）	分蘖率（%）	有效穗（万/亩）	成穗率（%）	株高（cm）	穗长（cm）	总粒数（粒/穗）	实粒数（粒/穗）	结实率（%）	千粒重（g）
80－4A/制1	6/24	7/21	27	9/16	9/21	11/2	131	6.2	23.28	275.5	19.2	82.5	114	23.7	144.9	100.2	69.2	23.3
当育粳10号	6/24	7/21	27	9/7	9/14	11/2	131	5.4	26.82	396.7	22.8	85	86	16	129.2	115.7	89.6	25.8
W406	6/24	7/21	27	9/9	9/14	11/1	130	6.8	25.68	277.6	20.16	78.5	112	19.7	129.5	83.5	64.5	28.0
W172	6/24	7/21	27	9/4	9/9	11/2	131	7.0	27.6	294.3	22.8	82.6	103	19.2	110.5	91.5	82.8	22.6
T9－120	6/24	7/21	27	9/4	9/9	11/4	133	5.2	31.2	500.0	26.64	85.4	101	18.7	102.2	82.3	80.5	24.8
W379	6/24	7/21	27	9/16	9/22	11/1	130	7.4	21.36	188.6	17.04	79.8	98	23.1	155.3	118.3	76.2	29.0
W898	6/24	7/21	27	9/9	9/14	11/7	135	7.2	24.96	246.7	21.6	86.5	108	20.4	122.2	100.2	82.0	27.4
M1148	6/24	7/21	27	9/16	9/21	11/5	133	6.6	28.92	338.2	24.24	83.8	108	18.8	101.7	90.2	88.7	25.8
T9－128	6/24	7/21	27	9/15	9/21	11/7	135	6.8	24.42	259.1	21.6	88.5	88	14.8	105.7	87.8	83.1	24.5
7HB042	6/24	7/21	27	9/15	9/21	10/22	120	6.2	29.28	372.3	25.92	88.5	80	15.7	112.3	91.5	81.5	21.9

表 3　参试品种产量、主要农艺性状及抗性

品种名称	小区产量（kg/0.02亩）			耐寒性	整齐度	杂株率（%）	株型	叶色	叶姿	长势	熟期转色	倒伏性			落粒性	叶瘟	穗颈瘟	白叶枯病	纹枯病	稻曲病
	Ⅰ	Ⅱ	平均									日期	面积	程度						
80－4A/制1	11.3	12.1	11.7	强	整齐	无	散	绿	披	繁茂	好				易	无	无	无	无	无
当育粳10号	11.4	12.3	11.85	强	整齐	无	紧	绿	直	繁茂	好				易	无	无	无	无	无
W406	12.1	11.8	11.95	强	整齐	无	散	绿	直	繁茂	好				易	无	无	无	无	无
W172	11.6	11.9	11.75	强	整齐	无	紧	绿	直	繁茂	好				易	无	无	无	无	无
T9－120	11.4	11.6	11.5	强	整齐	无	紧	绿	直	繁茂	好				易	无	无	无	无	无
W379	11.6	11.8	11.7	强	整齐	无	紧	绿	直	繁茂	好				易	无	无	无	无	无
W898	10.8	10.6	10.7	强	整齐	无	中	绿	直	繁茂	好				难	无	无	无	中	无
M1148	10.2	11.2	10.7	强	整齐	无	中	绿	直	繁茂	好				难	无	无	无	轻	无
T9－128	10.2	10.4	10.3	强	整齐	无	中	绿	直	繁茂	中				难	无	无	无	轻	无
7HB042	10	9.4	9.7	强	整齐	无	紧	绿	直	繁茂	好				难	无	无	无	轻	无

水稻种植技术篇

南陵县水稻新品种简介

《种子信息专刊》编者按　“科技兴农，种子先行。”南陵，虽然只是皖南一个小县，但却是一个农业生产大县：农产品有50%供应全国各地。她，不仅是全省唯一的国外水稻良种繁育基地、高科技农业综合开发区，更是享誉已久的国家级优质米基地、商品粮基地。而这一切，都离不开优质的种子。

为了使广大农民朋友对优质良种有所了解，本报特编发一期《种子信息专刊》，组织县农技推广中心和种子公司对部分水稻良种、高产栽培技术和新推广的技术做一简单介绍。以下内容中的第一部分单独介绍浙辐7号，第二部分介绍的品种（系）刊登于《南陵农技推广》总第41期（1994年12月20日，1994年第4期），第三部分介绍的品种（系）刊登于总第42期（1997年1月10日）。

注：品种，是得到省级以上种子管理部门审定通过的农作物品系，一般情况下可加以命名并可在一定范围内大面积推广；品系，则是尚在试验过程中的农作物。

一、浙辐7号及其栽培要点

浙辐7号是浙江农业大学育成的中熟早籼水稻品种，南陵县于1988年引进，经过3年试种表明，此品种亩产在440～510 kg，比浙辐802增产10%，熟期提早2天。浙辐7号株型适中，茎秆细直抗倒，株高87 cm左右；苗期抗寒性强，分蘖力较强；成穗率80%～90%，穗长20 cm左右，穗粒数90～100粒，结实率85%～90%，千粒重23～24 g；全生育期105天左右，耐肥力中等；抗稻瘟病和白叶枯病，较抗纹枯病。

栽培要点主要有以下几个方面：

（1）播期。作三熟制早稻栽培，应以不同前茬安排播期。供三熟制栽培的，播期为4月上旬，秧龄30～35天；迟三熟栽培的，播期可在谷雨前，秧龄不超过30天。每亩大田用种量仅5～6 kg，每亩秧田播种量为40～50 kg。

（2）密度。对每穴苗数多少要求不严，一般每穴4～5苗，株行距10 cm×17 cm～13 cm×17 cm，每亩需插足3万～4万穴。

（3）肥水管理。浙辐7号耐肥力中等，大田施肥应掌握前重后轻的原则，每亩在施足1 000～1 500 kg基肥的基础上，重施化肥促早发。每亩施用碳铵20～25 kg、磷肥20～25 kg、钾肥5～8 kg，作秒口肥。耘头遍田时每亩再施碳铵10 kg或尿素5 kg。

水浆管理，前期浅水勤灌；中后期以湿润为主，注意晾田，控制无效分蘖，防止纹枯病传播，争取大穗，提高成穗率和结实率；后期施好穗粒肥，根外追肥效果较好。

（本文发表在安徽《农林科学实验》1991 年第 2 期第 13 页，早于下面系列介绍，故单列。）

二、《南陵农技推广》总第 41 期中的品种（系）

（一）早籼新品系——繁 3

繁 3 是从浙江农业大学核农所、浙江余杭市农科所与安徽肥东县良种场协作培育的浙辐 218 中选择的优良株系，用系谱法选育而成。在 1993 年特殊的气候条件下，表现出熟期早、产量高、抗性好、米质优、秧龄弹性较大等优点。

（1）熟期早，产量高。繁 3 比浙辐 802 早熟 2 ~3 天，属早中熟类型，但亩产却并不比浙辐 802 低，亩产一般为 450 kg 左右。

（2）抗性好，米质优。1992 年，经中国水稻所植保系、浙江农科院植保所鉴定，表现为高抗稻瘟病、白叶枯病。经中国水稻所谷化系分析室分析，此品系出糙率为 81.7%，精米率 73.8%，整精米率 50%，长宽比为 2.8 : 1，垩白度 8.8%，透明度 2 级，蛋白质含量高达 13.59%，营养价值高，食味与国家级优质米舟优 903 相仿，热饭较黏，冷饭不硬，口感好。各项指标均达到了国家一级优质食用米标准。

（3）长相好，长势强。繁 3 株型紧凑，株高 71.8 cm，穗长 18.3 cm，每穗总粒数 85 ~90 粒，实粒数 65 ~70 粒，结实率 80% 左右，千粒重 22 ~23 g。通过对比试验，发现其分蘖力比浙辐 802 强，在秧龄长达 36 天时仍未出现超龄现象。其栽培技术与浙辐 802 类似。

（种植时间：1992—1996 年）

（二）经得起考验的——浙辐 37

1993 年春，南陵县许多地方发生了“育秧风波”，不少农民反映浙辐 37、浙辐 218 发芽率低。何故？

主要原因是去年为了加速繁殖这两个高产优质良种，农民采用了“早还早”的繁育方式，但这年凉夏凉秋接连阴雨，收获时种子受潮，贮存时湿度大，导致种子生命力受损、发芽率降低。可是，最近许多农户和农技站却络绎不绝地前来笔者单位联系购买浙辐 37、浙辐 218 稻种事宜，并提出有多少调多少。他们还异口同声地说：“浙辐 37、218 生命力强，产量高！”

浙辐 37，由浙江农业大学核农所与余杭市农科所用改良的国际 24 与浙辐 9 号杂交，于 1991 年育成。南陵县于 1993 年引进并在多个地点示范，表现良好。1993 年虽有部分种子受损，但在大田里它们依然表现出顽强的生命力：在高温干旱等不利条件下，一般亩产450～500 kg，使农民看到了种植它的好处，故竞相购种。浙辐37的主要特征特性有以下两个方面：

（1）长势好，熟期早，产量高。浙辐37株型紧凑，株高80～85 cm；穗长18～20 cm，穗型中等，穗总粒数90～100粒，实粒数70～75粒，千粒重23～24 g。高抗稻瘟病，抗白叶枯病。分蘖力强，每亩大田用种量仅4～5 kg。全生育期与浙辐802相当，中产田一般亩产500 kg左右。

（2）出米率高，米质优。浙辐37谷粒长6.3 mm，宽1.9 mm，长宽比为3.3∶1。糙米率为81.5%，精米率67.5%，米粒透明度好，垩白少，米质较优。

栽培要点：由于大田用种量少，每亩4～5 kg，故要稀播壮秧，小本栽插。每亩2.5万～3万穴，每穴4苗。其余同一般早稻。

（种植时间：1993—2004年）

（三）早稻出新军——早粳93－058

早稻似乎历来是以籼稻为主，由于气候等原因，早稻大多数米质都不太好。前几年曾出现过早稻种植粳稻米质也好的情况，使人为之一振。然而由于粳稻生育期太长，要到立秋时才能成熟而很快被淘汰。

早稻发展粳稻已无路可走了吗？不！“山穷水尽疑无路，柳暗花明又一村。”早粳93－058如异军突起，为早稻发展优质米闯出了一条新路。它不仅熟期特早——4月初播种，7月10日前后成熟，生育期仅百余天，而且由于它在伏天到来之前成熟，所以米质也较好，是一个集高产、优质、特早熟于一身的优良品系。不仅如此，由于它腾茬早，所以后茬的双季晚稻产量往往也很高。

特征特性：93－058株高75～78 cm，穗长平均15.8 cm。适于中肥，更耐高肥。分蘖力极强，有效穗与基本苗之比可达8∶1。株型松散适中，叶色淡绿，成熟后熟相好，秆青籽黄。平均每穗总粒数为81.2粒，实粒数为73.2粒，结实率高达90.1%，这在早稻中实不多见。千粒重26.5 g，实收亩产583.9 kg，一般田块亩产450～500 kg，高的可达600 kg。

93－058全生育期间均高度耐寒，春分一过即可播种覆膜；秸秆细韧抗倒，叶较直，谷壳薄，米色晶莹透明，垩白率小于5%；出米率高，碎米率低，食味佳；作早稻和双晚均可。早稻、晚稻均未感染稻瘟病、白叶枯病，抗纹枯病，个别田块发现感染恶苗病。93－058的栽培要点有：

（1）早播稀播，培育壮秧。由于该品系早熟耐寒，所以可较其他籼稻品种早播。旱育稀植（即用菜畦育秧）、地膜育秧应在3月18日至25日播种，露天湿润育秧应在3月27日至31日播种。建议用浸种灵或强氯精消毒浸种，兼可避鼠。大田亩用种量仅2.5 kg左右，播于秧田面积1分，播于菜畦不超过10 m^2，播后塌谷。秧田基肥每亩用三元复合肥20 kg，并用优质土杂肥覆盖，三至四叶期根据苗情酌施接力肥或送嫁肥。

（2）适期早栽，合理稀植。秧龄25～30天左右，四叶半至五叶期移栽，基肥须重施。每亩用土杂肥2 000 kg以上，或花草压青。秒口肥每亩施碳铵、过磷酸钙各25 kg，氯化钾8 kg，也可用水稻专用肥或三元复合肥25 kg。株行距17 cm×17 cm（5寸×5寸），每穴2粒种子苗，每亩2万～2.5万穴，4万～5万基本苗。

（3）加强肥水管理，防止病虫危害。浅水栽秧，寸水活棵，薄水分蘖。栽后7～10天结合耘草每亩追施尿素4～5 kg。由于93－058分蘖力强，故至分蘖末期须重晒以控制无效分蘖。此后干湿交替，杜绝深水漫灌，收获前不可断水过早。6月初要注意防治二化螟，孕穗至抽穗要谨防纹枯病。

（4）作双晚栽培，适宜播种期在6月底至7月初。其余栽培管理方法同前。

（种植时间：1993—2001年）

（四）安徽早籼新标杆——8B40

早籼新品种8B40是由宣城地区农科所胡振大、龚传俊等专家用浙辐802与中籼品种BG90－2杂交，经6年7代系谱法选育而成。该品种1991年通过省级生产试验，平均亩产400 kg，比二九丰增产5%以上，高的可达500 kg；全生育期107天左右，具有高产、稳产、适应性广等优点，现已成为安徽省早籼区试、生产试验的标杆对照品种。主要适应在安徽省沿江江南地区种植。

1. 特征特性

8B40株高80～85 cm，穗长17～18 cm，株型较紧凑，生长清秀；苗期耐寒能力强，后期熟相好，秆青籽黄；每穗总粒数80～90粒，实粒数65～70粒，结实率75%～80%，千粒重24 g，出糙率79%；耐肥抗倒，抗稻瘟病、白叶枯病，轻感纹枯病。

2. 栽培技术要点

（1）适期播种，稀播壮秧。沿江江南绿肥茬在4月初播种，油菜茬可在4月中旬播种，旱育稀植应提前10天左右。每亩大田用种量6～7 kg，每亩秧田播种量50～70 kg。播种落谷要均匀并塌谷，采用薄膜覆盖为好。秧田要施足基肥，一般亩施三元复合肥20 kg左右，三至四叶期酌施接力肥或送嫁肥。

（2）适龄移栽，保证密度。秧龄一般30天左右，5月5日至15日移栽，大暑前后成熟。大田施足基肥，每亩翻压花草1 000～2 000 kg；油菜田要亩施饼肥50 kg或土杂肥30担；面施碳铵、过磷酸钙各25 kg，氯化钾8 kg，也可用水稻专用肥或三元复合肥25～30 kg。栽插密度为13 cm×17 cm～17 cm×17 cm（4寸×5寸～5寸×5寸），每穴5～6苗。

（3）加强田间管理，加强病虫害防治。栽后7～10天可用除草剂，栽后20天左右在穴茎蘖苗发到10～13苗时，即可放水晒田；烤田后复水，此后干湿交替，后期不可断水过早；中后期须注意防治病虫害，尤其6月初要注意二化螟及稻纵卷叶螟。

封行后要用井冈霉素防治纹枯病。

（种植时间：1991—2001 年）

（五）优质早籼新品种——浙 9248

浙 9248 是由浙江省农科院作物所培育的高产、优质、早熟新品种，亩产可达 550 ~ 600 kg，比浙辐 802 早熟 2 ~ 3 天，米质和外观可与泰国香米媲美。《人民日报》和《浙江科技报》等都曾在第一版显著位置报道过该品种。

浙 9248 早熟性好，全生育期 105 天；高抗稻瘟病、白叶枯病，耐寒性强，不易烂秧；抽穗整齐，穗型较大，结实率高，不倒伏，分蘖力强，每亩大田用种量 3 ~ 4 kg。农业专家们认为，该品种是目前最有发展前景的早稻优质新品种之一，值得大力推广。

（该品种系孤雌繁殖，种植时间：1995—2002 年）

（六）粳稻新品系——嘉皖 093

嘉皖 093 是单、双晚兼用型粳稻新品系，由嘉兴市农科所和安徽省农科院水稻所合作育成，于 1990 年定型。该品系丰产性好，分蘖力中等偏强，成穗率高，穗型大，抗稻瘟病、白叶枯病、褐稻虱，耐肥抗倒，前期生长快；后期耐寒性强、转色好、易脱粒、米质佳，是一个弱感光的单、双晚粳稻优良新品系。

嘉皖 093 作中粳种植，适宜播种期在 5 月中旬，不能太早。在合肥地区全生育期 125 天，在淮北为 130 天左右，结实率 85%，千粒重 27 g，一般亩产 500 kg 以上。作双晚种植，适宜播种期在 6 月下旬，全生育期 120 天左右，比当选晚早熟 3 ~ 4 天。株高 85 ~ 90 cm，每穗总粒数 120 粒左右，结实率 85%，千粒重 27 g，一般亩产 450 kg，高的可达 500 kg，比当选晚每亩增产 30 ~ 50 kg。

栽培技术要点：要适量播种，秧田播种量应少于 40 kg/亩，大田用种量控制在每亩 5 kg 以内，做到稀播壮秧。移栽密度以 13 cm × 17 cm（4 寸 × 5 寸）为宜，每穴 3 ~ 4 基本苗，秧龄控制在 25 ~ 35 天。由于该品系全生育期短，故要做到前促后保，搁田适度，后期断水不能过早，以防灌浆后期脱力早衰。一般基肥每亩施入有机肥 10 ~ 15 担，尿素 10 ~ 12 kg，过磷酸钙 20 ~ 25 kg，氯化钾 7 ~ 8 kg，抽穗前半个月可适量追施穗粒肥。注意及时防治病虫害。

（种植时间：1990—2001 年）

（七）特优、高产、早熟晚粳新品种——明珠一号

明珠一号是浙江省农科院以丙 8103 为母本，与抗白叶枯病的中间材料 713 杂交选育而成。其特点是：高抗稻瘟病、抗白叶枯病和褐稻虱，熟期较短。作双晚种植，全生育期在 110 天左右，比当选晚早熟 5 ~ 7 天。另外，米质特优，中国水稻研究所品质测定结果为：直链淀粉含量 16.3%，胶稠度 80 mm，糊化温度 6.7 级，垩白度

0.5%，透明度1级，整精米率高达75.6%，各项指标均达到国家一级米标准。今年在南陵县石铺、许镇等地布点试种，表现为抽穗整齐，灌浆速度快，后期不早衰，秸青籽黄，脱粒性好等特点。其株高82.7～91.5 cm，穗长17.2 cm，每穗总粒数70～80粒，实粒数65粒左右，结实率87.5%。株型紧凑，分蘖力中等。就产量表现情况而言，亩产高的可达600 kg，低的也有400～500 kg。主要栽培技术有：

（1）适期播种，短龄早栽。作双晚栽培，可在6月25日至30日播种，秧龄25天左右，不宜超过30天。

（2）适当稀播，培育壮秧。每亩本田用种量5～6 kg，每亩秧田播种量40～50 kg。秧田增施磷、钾肥，重视肥水管理，促使秧苗分蘖，带蘖移栽。

（3）合理密植，施足基肥。该品种分蘖中等，要求栽插密度为4寸×5寸，每穴4～5苗，这是争取多穗高产的关键；明珠一号耐肥，应施足基肥，每亩施尿素7.5 kg、过磷酸钙25 kg、氯化钾7.5 kg，早施追肥，促使早发多穗，后期看苗施肥，保持田间干湿适宜，不可断水过早，努力增粒增重。

（4）适时收获。由于熟期早、易于脱粒，注意防止鼠雀危害。

（种植时间：1993—2001年）

（八）杂交水稻汕优63的替代新品种——粳籼89

粳籼89是用籼粳杂交培育而成的一个优质籼稻新品种，目前在广东、福建、浙江等省已有较大面积种植。县农技推广中心于1993年从浙江农业大学引入，在峨岭乡热爱村试种，因该品种表现突出，今年在工山、何湾大面积多点试种。试验结果表明，在今年遇到特大持续干旱的情况下，该品种亩产量一般可达550 kg，高的可达700 kg，超过了杂交水稻汕优63的产量，比邻田种植的遗传工程1号亩产至少高100 kg。

该品种苗期发棵快，分蘖力强。前期株型较松散，拔节后株型变得紧凑，叶片挺拔，穗大粒多，结实率高，似杂交稻；后期青秆黄熟，无早衰，落色好。

该品种作单季稻栽培，亩用种量1 kg左右，秧龄弹性大，可控制在45天之内，采用稀播壮秧。大田要重施基肥、早施追肥，后期要注意控制使用氮肥，以防倒伏。该品种特别适宜在肥力水平中等的地区种植。主要栽培技术可参考汕优63。

（种植时间：1993—2001年）

（九）安徽双晚粳稻后起之秀——2277

2277是安徽省农科院水稻所近年培育的一个新品系，主要表现为高产、优质、多抗、特早熟。

1. 主要特征特性

（1）丰产性好。在1994年遇到特大干旱的情况下，作单季稻栽培，亩产500～

550 kg；作双季晚稻栽培，亩产 407.1～570.2 kg；平均亩产 488.5 kg，比当选晚 2 号亩产增产 100 多千克。该品系谷壳金黄，稻壳薄，出米率 80%，垩白极小，米粒半透明，适口性好。

（2）抗逆性强。该品系株高 90 cm 左右，穗长 20 cm 左右，每穗总粒数 80 粒左右，实粒数 70 粒左右，结实率 87% 左右。株型松散适中，叶片淡绿，与茎秆成 45 度角，耐中、高肥。无论是阴雨多的年份还是干旱的年份，均未感稻瘟病、白叶枯病、稻曲病，轻发纹枯病，对虫害抗性也较强。

（3）生育期短。6 月下旬播种，10 月 20 日至 22 日即可收获，全生育期仅 120 天左右，比当选晚早熟 5～7 天。可考虑作关门秧，6 月底 7 月初播种。

2. 栽培要点

每亩大田用种量 5～6 kg，其他栽培技术参考一般双晚粳稻。

（种植时间：1993—2001 年）

三、《南陵农技推广》总第 42 期中的品种（系）

（一）特早熟类型——嘉籼 442

嘉籼 442 的最大特点是特早熟、米质优，推广种植十多年历久不衰，深受群众欢迎。

特征特性：株高 70～73 cm，比较矮，穗长 14.8 cm，每穗实粒数 60 粒左右。分蘖力较弱，应在基肥充足的中、高肥力田块种植，以使茎蘖苗“一轰而起”。该稻抗病性强，除纹枯病外，一般不感染其他病害。每亩大田用种量 8～10 kg。稻成熟后，稻壳薄，出米率高，米粒充实，晶莹半透明，煮粥味甜，煮饭爽口，群众很爱食用。该稻全生育期不足 100 天，若清明播种，一般 7 月 12 日至 14 日即可收割，亩产 350～400 kg。

（种植时间：1985—2007 年）

（二）早中熟类型

1. 浙辐 7 号

浙辐 7 号是浙江农业大学校长夏英武教授用核辐射方法育成的一个熟期早、单产高的早稻品种，推广九年来，累计种植面积达一百多万亩。

特征特性：株高 75～80 cm，穗长 15 cm，每穗实粒数 65 粒左右；分蘖力中等，在中、高肥力田块种植均可；抗病性强（仅易感纹枯病）。每亩大田用种量 6～8 kg，每穴栽 5～6 苗。4 月上旬播种，7 月 20 日前成熟，亩产 400～500 kg。

（种植时间：1988—2014 年）

2. 早籼 213

早籼 213 由肥东县良种场许诗群等人育成，在南陵县已推广七年，表现一直很好（一直到2011年才彻底无人种植）。该品种株高适中，75 cm左右。分蘖力较强，抗病性强，熟期较早，亩产450～475 kg。若清明播种，一般在7月18日至20日成熟。茎秆细韧，谷粒金黄，稻壳薄。一般每亩大田用种量5～6 kg，每穴插4苗即可。

（种植时间：1988—2010年）

3. 浙辐511、611

这两个品种属早中熟类型，在南陵县弋江、家发镇一带种植，亩产一般在450 kg以上。米粒细长，煮饭柔韧不腻，是较有前途的优质米的后备资源。成熟期一般在大暑前，每亩大田用种量5 kg左右。两品种的栽培管理等方式基本相同，但株高有区别。

（种植时间：1996—1999年）

（三）中熟类型

1. 浙辐802

浙辐802是浙江农业大学与余杭市农科所协作，于20世纪80年代初通过核辐射育成的一个“老品种”，当时一下子就将亩产提高了将近100 kg，对我国的水稻总产提高起了巨大作用。直到90年代初，由于其米质差，销售难，种植面积才大幅度缩小，但仍有相当大的种植面积。若是作为饲料粮，浙辐802因熟期适中，超高产，在南方各稻区绝对有发展前途。

该品种株高80 cm，穗长15 cm，着粒紧密，每穗总粒数100粒左右，实粒数78～85粒，茎秆抗倒伏能力强，抗病性强，青秆黄熟，既省肥又耐肥。每亩大田用种量5～7 kg。一般在清明播种，大暑成熟。亩产470～500 kg，高的可达600 kg。全生育期为107天，是一个典型的中熟品种。其他品种的熟期确定，一般与浙辐802相对照。

（种植时间：1988—2002年）

2. 早籼新品种——竹青

竹青是由安徽农业大学农学系丁超尘、陈多璞教授育成的早籼新品种，其主要特点是早熟、高产、抗性强。该品种株高较矮，80 cm左右，株型紧凑，抗倒伏，每穗总粒数84粒左右，结实率70%左右，亩产450～500 kg，比对照8B40增产7%～8%，但成熟期早2天，而且抗病性强，米质中等，是颇受农民欢迎的新品种。

（种植时间：1995—2006年）

3. 早籼911

早籼911本名91105，由笔者单位自繁昌县种子公司引进试种，亩产400～450 kg，熟期与8B40相近，株高85 cm，每穗总粒数约85粒，结实率70%左右。每亩大田用种量7～8 kg，秧龄应控制在30天左右，不宜超过35天。

（四）迟熟类型

1. 优质早籼——舟 903

舟 903 原名舟优 903，本意表示“米质优”，1992 年被评为部级优质籼米第三名，但因农业部规定只有杂交稻才能命名为“优”，以示与常规稻区别，而舟优 903 系常规稻，故更名为“舟 903”。

舟 903 由浙江省舟山市农科所选育而成，1994 年通过浙江省审定，近年来在安徽种植推广面积约达百万亩，主要特征表现为产量高、适应性广、熟期适中、后期转色好、蒸煮容易、食味较好。

舟 903 属中迟熟品种，若 3 月底 4 月初播种，则 7 月底前成熟，全生育期 115 ~ 120 天。该品种分蘖力强，有效穗较多，属穗粒兼顾型，每亩大田用种量 4 ~5 kg。株型紧凑，株高 80 cm 左右，叶片窄而挺直，剑叶角度小，类似杂交稻。轻感稻瘟病。谷粒细长而饱满，谷壳薄。米饭有光泽，润滑柔软，适口性好，冷后不硬。煮饭加水时应比一般团粒早籼少三分之一。

舟 903 较耐肥，且对钾肥敏感，故秧田和大田均需氮、磷、钾充足。根据大田栽插期安排播种期，绿肥田和冬闲田一般安排在 3 月底 4 月初播种，其他迟熟午季田播种可适当推迟，但秧龄要适当缩短。大田每亩 2.5 万穴左右，每穴 3 ~4 苗。在稻苗破口期和齐穗期各用三环唑 100 g 兑水 50 kg 喷雾防治稻瘟病。

2. 水稻与高粱远缘杂交新品种——超丰早 1 号

超丰早 1 号是从水稻与高粱的远缘杂交后代中，经多代精心选育而成的早稻新品种。经试验，超丰早 1 号表现大穗大粒，增产潜力大，一般亩产 600 kg；全生育期 110 天，为双季早稻迟熟类型；株型紧凑，剑叶挺直，成熟后期落色好，茎秆较粗壮，耐肥抗倒；平均每穗 180 粒左右，结实率 80% 以上，千粒重 29.7 g，米质中等偏上；栽培技术无特殊要求。1993 年早稻在江西农业大学及丰城、宜黄等多点试种示范，在几乎整个生育期遭遇连续低温多雨寡照的灾害性天气条件下，达到亩产 400 kg 以上，比对照品种增产 20% 。

栽培技术与一般杂交稻相同，每亩秧田播种量 20 kg 左右，每亩大田用种量 4 kg 左右；3 月底 4 月初播种，秧龄 30 天左右，移栽密度 4 寸 ×6 寸，每穴 4 ~5 苗，适宜于中等偏上肥力水平田块种植，重施基肥，早施追肥，合理管水，及时防治病虫害。

（《超丰早 1 号》是笔者在编发《种子信息专刊》时直接引用的文章，作者是江西农业大学农学系刘飞虎。种植时间：1993—2006 年）

（五）单季稻

1. 高产、多抗、优质中籼新品种——扬稻四号

扬稻四号是江苏省里下河地区农科所育成的高产、多抗、优质中籼新品种。在

我省各地大面积的综合表现为：平均亩产 550 kg，比桂朝二号增产 12.6%，每亩增产 62 kg；抗白叶枯病、纹枯病、稻瘟病、褐色叶枯病、叶尖枯病，抗各类螟虫、褐稻虱、白背飞虱，抗倒伏，耐肥、耐水淹和耐高低温；米质优，稻米无垩白、心白。县原农技推广所之前种植情况亦大致如此。特别是它高抗白叶枯病，更具有特殊意义。

主要特征特性：该品种株高 120 cm 左右，穗长 25 cm，属丛生快长型，茎秆粗壮，高而不倒，穗大粒多，成穗率、结实率和千粒重均高，丰产性、稳产性都较好。长相清秀，熟相秆青籽黄。全生育期 120 天左右。

栽培要点主要有：

（1）适时稀播，培育壮秧。作油菜茬栽培，适播期在 4 月 25 日左右；作小麦茬栽培，适播期为 5 月上、中旬，秧龄 30 ~ 35 天。因分蘖力较弱，每亩大田用种量约 5 kg，每亩秧田播种量约 40 kg。湿润育秧技术要求同早稻。

（2）合理密植。一般栽插密度为 20 cm × 13 cm（6 寸 × 4 寸）或 23 cm × 10 cm（7 寸 × 3 寸），每穴 6 ~ 7 苗（含三叶以上分蘖）。

（3）肥水管理。扬稻四号所需肥力水平较汕优 63 略高，一般亩施纯氮 14 ~ 15 kg，瘦田 16 ~ 17 kg。该品种前期发棵慢，故施肥原则是“前重、中控、后补足”，即基面肥占 70%，分蘖肥占 15% ~ 20%，穗肥占 10% ~ 15%，并注意有机肥与无机肥、氮肥与磷钾肥配合使用。水浆管理重点是浅水栽秧深水活，干干湿湿到收割，后期不可断水过早。

（4）注意防治螟虫。该品种对多种病虫害都有很强的抗性，一般不须防治。但最好在 7 月底 8 月初用药一次，防治二化螟兼稻纵卷叶螟。

（《扬稻四号》刊登于《南陵农技推广》1991 年 4 月 15 日第 2 期第 2 版，笔名周华。）

2. 籼糯新良种——荆糯六号

荆糯六号是湖北省荆州地区农科所选育的常规籼糯良种。经 1985—1987 年湖北省和全国南方稻区中稻试验可知，其亩产比桂朝二号持平或略增，另经 14 省 500 多点次试种发现，绝大部分比当地黏糯稻品种增产，其在南陵县的试种结果比长粒糯每亩增产 100 kg 以上，且可作双晚栽培。大面积试种，作单晚亩产可达 550 kg 左右，作双晚亩产 400 kg 左右。该品种抗白叶枯病、稻瘟病、纹枯病等，米粒长形，糯性优良，达到部颁二级优质米标准。

（1）特征特性。荆糯六号株高约 110 cm，穗长 20 cm，不耐高肥高湿。分蘖力较强，成穗率较高。每穗 130 粒左右，实粒数 110 粒左右，千粒重 25 ~ 26 g。叶片淡绿，拔节后叶色淡绿带黄。感光性较弱，感温性较强。作单晚全生育期 130 天左右，作双晚全生育期 125 ~ 130 天。

（2）栽培要点与扬稻四号相近。

（《荆糯六号》刊登于《南陵农技推广》1991 年 4 月 15 日第 2 期第 2 版，笔名周华。）

3. 中籼糯 6511

中籼糯 6511 是宣城地区农科所用扬稻四号与三粒寸糯稻杂交选育而成的中籼糯新品种，作中稻栽培，一般亩产 500 kg 左右，比扬稻四号和荆糯六号都有所增产。

该品种全生育期 130 天，株高 110 cm，穗长 22 cm。苗期生长繁茂，分蘖力较强，叶色浓绿，株型松散适中，后期秆青籽黄，抗白叶枯病、稻瘟病和稻飞虱。每穗总粒数 106.6 粒，结实率 80%，千粒重 24 g，米粒细长，乳白色，糯性好。

栽培要点：适时稀播，培育壮秧，宜于 5 月上旬播种，6 月上旬移栽，秧龄 30 天，秧苗播种量 20～25 kg，每亩大田用种量 2～2.5 kg。

4. 优质晚籼——马坝小占

马坝小占是近年来适应开发性农业重点选择而产生的一个优质晚稻品种，以其米粒特小、米质特好而受人称道。

该品种属单、双晚兼用型，株型松散适中，叶片细长、浅绿、茎秆细韧，分蘖力较强，抗白叶枯病和稻瘟病。千粒重很低，仅 17.8 g。颖壳薄，整精米率 61.8%，米粒细长，仅 6 mm，晶莹透明，无垩白，煮饭柔软，食之十分爽口。

栽培要点：

（1）作单季稻 5 月中旬播种，6 月中旬移栽，9 月下旬成熟，全生育期 125 天，亩产约 400 kg；作双晚 6 月中旬播种，二叶一心期喷多效唑培育带蘖壮秧，秧龄控制在 40 天以内，亩产可达 350 kg，所以在双季晚稻地区农民情愿作双晚种植。每亩大田用种量 2～2.5 kg 即可。

（2）本品种不耐高肥。可栽在午季茬口或早稻收获田，秸草还田，氮肥宜轻，磷、钾肥宜足，可亩施水稻专用肥 20～25 kg。株行距 5 寸 ×5 寸（双晚）或 6 寸 ×6 寸（单季），每穴 4 苗。

（六）双季晚稻

1. 早熟双晚粳糯——航育一号

航育一号是由浙江省农科院作物所将种子送上航天飞船进行育性转换后选育而成。该品种高抗白叶枯病、稻瘟病，亩产 500～600 kg。现将其主要栽培技术介绍如下：

（1）播种期和播种量。作双季晚稻栽培，一般在 6 月 26 日前后播种，每亩大田用种量 6～8 kg，秧龄 30 天左右。

（2）移栽密度及施肥情况。移栽密度 4 寸 ×5 寸，每穴 4～5 苗。施足基肥，早施追肥，基肥用量占总施肥量的 70%～80%，一般亩施尿素 15 kg、过磷酸钙 25 kg、氯化钾 10 kg。抽穗前 10～15 天酌施穗粒肥。

（3）注意防病治虫工作。

2. 双季晚稻——丙 861

丙 861 由嘉兴市农科所育成，属多穗型品种，分蘖力强，高抗白叶枯病、稻瘟病，抗褐稻虱，亩产 500～600 kg。其主要栽培技术如下：

（1）必须用浸种灵浸种，若不浸种，极易出现恶苗病，另外还可影响抽穗整齐度。

（2）其余栽培技术同航育一号。

3. 镇稻三号

镇稻三号由江苏省镇江农科所培育而成，高抗白叶枯病、稻瘟病，熟期短，亩产一般 600 kg 左右。其主要栽培技术如下：

（1）播种期和播种量。作双晚栽培一般在 6 月 25 日至 30 日播种，每亩大田用种量 6～8 kg，秧龄 30 天左右。

（2）注意防治病虫害。

4. 秀水 664

秀水 664 由嘉兴市农科所育成，高抗白叶枯病、稻瘟病、褐稻虱，米质中等，熟期中熟偏早，亩产 500～600 kg。作双季晚稻栽培，一般在 6 月 20 日至 25 日播种，每亩大田用种量为 6 kg 左右。大田施肥情况：主要施足基肥，早施追肥，匀施穗肥。注意做好稻曲病和虫害的防治工作。

5. 当选晚 2 号

当选晚 2 号，由当涂农科所育成，秧龄弹性大，高抗白叶枯病，感染稻瘟病，国家级优质米，适合于地力中等及偏下水平地方种植。其主要栽培技术：一般作双晚栽培，在 6 月 25 日至 30 日播种，每亩大田用种量为 8～10 kg，秧龄 35 天左右。大田施肥情况：施足基肥，后期需特别注意防治稻瘟病（主要是穗颈瘟）。

6. ZH 9008

该品种由浙江省农科院晚稻组育成，高抗白叶枯病，中抗稻瘟病。作双晚粳稻栽培，一般在 6 月 20 日至 25 日播种，秧龄 30 天左右。施足基肥，早施追肥，后期注意防治好病虫害。

7. B9038

B9038 由巢湖农科所与上海市农科院合作育成。株高 75～80 cm，属多穗型品种，中抗白叶枯病、稻瘟病和白背飞虱，抗褐稻虱，易感恶苗病，必须进行种子处理，用浸种灵浸种。一般亩产 500 kg。在南陵县种植，一般在 6 月 20 日至 25 日播种，秧龄 30 天左右，每亩大田用种量 8 kg 左右，施足基肥，俗称“一头轰”。

（该品系 1996 年命名为“皖稻 28 号”。）

8. 宣鉴 90－1

该品种由宣城地区农科所育成，高抗稻瘟病，中抗白叶枯病，分蘖力强。作双晚栽培，每亩大田用种量 6～8 kg，播种期 6 月 25 日至 30 日，秧龄 30 天左右，施足基肥，早施追肥，后期匀施穗肥。

9. 特高产新品种——浙1500

该品种是浙江省农科院作物所育成的特高产品种，一般亩产600~700 kg，高的可达800 kg，每亩大田用种量2~3 kg，播种期6月20日至25日，秧龄25~30天，每穴2~3苗。施足基肥，早施追肥，后期匀施穗肥。

10. 丙8979

丙8979，由嘉兴市农科所于1989年育成，高抗白叶枯病、稻瘟病，抗褐稻虱，一般亩产500~600 kg。作双晚栽培，每亩大田用种量6~8 kg，秧龄25~30天，播种期6月25日至30日。施足基肥，早施追肥，匀施穗肥。

（该品系后来正式命名为“秀水79”，一直用到2010年。）

11. 丙2

丙2（原名：丙93-50）由嘉兴市农科所育成，抗稻瘟病、褐稻虱，中抗白叶枯病，一般亩产600 kg左右。作双晚栽培，每亩大田用种量5 kg左右，播种期6月25日至30日，秧龄25~30天。施足基肥，早施追肥，采取“一头轰”栽培措施。后期注意防稻曲病和蚜虫危害。

12. 丙3

丙3（原名：丙93-390），由嘉兴市农科所育成，株高75 cm，抗稻瘟病、褐稻虱，中抗白叶枯病，一般亩产600 kg。栽培措施同丙2。

13. 丙4

丙4（原名：丙94-54），由嘉兴市农科所育成，株高85 cm，抗性同丙2、丙3。一般亩产600 kg左右。作双晚栽培，每亩大田用种量6~8 kg，秧龄25~30天，播种期6月20日至25日。栽培措施同丙2。

14. 春江03粳

春江03粳，由中国水稻所育成，株高70~75 cm，抗稻瘟病、白叶枯病，一般亩产400~500 kg。作双晚栽培，每亩大田用种量6~8 kg，播种期6月25日左右，秧龄25~30天。栽培措施同丙2。

15. M3122

该品种由安徽省农科院水稻所育成，株高90~95 cm，抗稻瘟病、白叶枯病，一般亩产450~500 kg。作双晚栽培，每亩大田用种量6~8 kg，播种期6月25日左右，秧龄25~30天。栽培措施同丙2。

16. 铜陵粳糯

铜陵粳糯，由铜陵县农科所育成，株高70 cm，抗稻瘟病、白叶枯病，一般亩产400~450 kg。作双晚栽培，每亩大田用种量8 kg左右，秧龄25~30天，栽培措施同上。与此类似的还有桂花粳糯。

水稻新品系中 83 -3 栽培情况小结

中 83 -3 是中国水稻研究所从竹广矮/军协/竹科 23 组合中选出的新品系，为中熟早籼。1985 年从中国水稻研究所引进试种，1986 年进行种子繁殖。

中 83 -3 的特征特性：该品系出糙率为 82.44%，整米率为 73.3%，整精米率为 59.06%，谷粒细长，长宽比为 2.54：1，垩白含量 1.4 级，直链淀粉含量 23.47%，糊化温度 4 级，胶稠度 52.5 mm，蛋白质含量为 11.04%。经品尝，米饭滋润，适口性好，所测指标基本符合国家二级优质米标准。

全生育期 100 天，4 月 9 日播种，7 月 18 日成熟，有利于双季晚稻及早栽插，为两熟高产提供了有利条件。株型好，叶拢紧凑，叶片狭直，剑叶上举，叶色深绿，茎秆坚韧抗倒。苗期耐寒性较强，茎蘖比为 1：6 ~ 1：5，小本栽插亩产即可达 502.6 kg，若大本常规栽插亩产可达 600 kg 左右。平均株高 82.4 cm，平均穗长 16.7 cm，成穗率 83.3%，平均每株 12 ~ 15 穗，每穗总粒数 66.4 粒，每穗实粒数 60.6 粒，结实率为 91.3%，千粒重 29.7 g（以往曾有报道为 26.8 g），熟期转色好，青秆黄熟，谷粒中黄，极易脱粒，对稻瘟病有较强的抗性，但不抗白叶枯病。

中 83 -3 的栽培要点：1985 年 4 月 4 日播种，地膜育秧，播种前按一般常规稻施基肥及耕翻，每亩秧田播种量 75 kg；5 月 8 日栽插，株行距 17 cm × 17 cm，每穴 4 ~ 5 苗；7 月 20 日成熟，全生育期 107 天，亩产 432.9 kg，比对照浙辐 802 亩产 353 kg增产 75.9 kg，增产幅度为 21.5%。

1986 年情况：4 月 9 日播种，5 月 8 日栽秧，株行距 17 cm × 18 cm，每穴 4 ~ 5 苗，7 月 20 日成熟，全生育期 102 天，亩产 502.3 kg。

从以上所介绍的这两个试种情况可知，该品系有两个特点：

（1）熟期早，产量高，成熟期略迟于二九青 1 ~ 2 天，较浙辐 802 早 2 ~ 3 天。

（2）米质优良，适口性好。

因此有取代浙辐 802 的可能，宜积极推广，广泛种植，以改善南陵县早稻米的品质。

（本文刊登于《南陵县一九八六年农业技术论文汇编》第 1 -2 页。）

饲料稻湘早籼29号高产栽培技术

一、特征特性

1. 生育期

湘早籼29号全生育期随着种植方式不同而各有差异。旱育稀植为114天左右（3月25日至7月18日），湿润育秧为108天左右（4月5日至7月22日），直播稻为98天左右（4月15日至7月27日），基本上属中熟早籼类型。

2. 农艺性状

该稻叶片浓绿，株型紧凑，叶片张开角度较小，受光性能好，分蘖力中等。株高88~90 cm，茎秆粗壮坚韧，抗倒性强。穗长18~19 cm，穗型较松散。每穗总粒数91.4~96.3粒，结实率90.5%~91.7%，千粒重31.5~32.0 g。谷粒呈金黄色，椭圆形，米粒有腹白。平均亩产500~550 kg，最高亩产达650 kg。

3. 抗　性

近两年田间未发现有稻瘟病和白叶枯病，纹枯病在于防治及时。据原资料介绍，该品种抗稻瘟病，抗白叶枯病，纹枯病较轻。

二、栽培要点

1. 适期播种

湘早籼29号适于旱育秧、软盘育秧、湿润育秧和直播等方式。适宜的播种期分别为：旱育或软盘育秧为3月下旬，地膜覆盖，秧龄25天以内较好；湿润育秧播种期为4月上旬，若用地膜覆盖，可适当提前，秧龄30天左右；直播的适宜播种期为4月15日至22日。

2. 酌情用种

不同种植方式下的单位面积用种量和育秧面积各不相同。湘早籼29号千粒重较高，故大田用种量也相应加大。

旱育秧及软盘育秧的大田每亩用种量为5 kg左右，秧田面积与大田面积比为1∶15左右；湿润育秧的大田每亩用种量为8~9 kg，秧田面积为70~80 m^2，秧田与大田面积比为1∶8；直播的大田每亩用种量为5~6 kg。

播种前用浸种灵或使百克、施保克等兑水2 000~3 000倍浸种48小时左右，不用淘洗，直接催芽。

3. 合理密植

旱育秧移植的株行距为17 cm×17 cm，每亩2.4万~2.5万穴，每穴基本苗3~

4 苗。软盘育秧抛植密度每亩 2.0 万～2.5 万穴，每穴基本苗 3～4 苗。湿润育秧苗移栽株行距 17 cm×17 cm，每亩 2.4 万～2.5 万穴，每穴基本苗 5～6 苗。直播中的撒播为每平方米用种芽 200 粒左右，点播则与旱育秧类似。

4. 慎用除草剂

根据本地近几年早稻种植经验，笔者认为针对不同种植类型，应慎重选择不同的除草剂。

抛秧田，应在抛植后 5～7 天秧苗活棵站立时选用丁草胺加苄黄隆较好。

移栽田则在移栽（包括旱育秧和湿润育秧）后 5～9 天秧苗返青时，选用乙草胺或丁草胺加苄黄隆类除草剂。

直播稻田的杂草生长至少有两个高峰期，草相也不一样，须选用不同除草剂。

当秧苗长至 3～4 片真叶时，以防除稗草及阔叶杂草为主，选用二氯喹啉酸加苄黄隆类除草剂。当秧苗长至 6～8 叶时，以防除千金子及莎草科杂草为主。田间放干水，先单独喷千金乳油，1～2 天后再喷二甲四氯水剂。两种农药不可混合使用，因为二甲四氯是碱性农药，而千金乳油是酸性农药。

一定要根据田间杂草的种群类型、数量、分布程度等酌情使用除草剂，不一定要十分均匀。

（本文刊登于《安徽农业》2002 年第 3 期第 18 页，与潘有珍合著。）

谈谈早稻露地湿润育秧技术

早稻生产在南陵县粮食生产中起着举足轻重的作用。早稻面积的相对稳定和适当扩大，对扩大双晚、实现全年丰收具有十分重要的意义。育足育好早稻秧苗，是保证完成早稻种植计划的基础。“秧好一半稻。”培育健壮的秧苗，对实现高产有着十分重要的作用。这是因为，壮秧移栽后发根力强、植伤轻、出叶快、分蘖早，因而表现为穗多、穗大、产量高。

早稻育秧的方式较多，但目前经济而又科学的育秧方式是湿润育秧。现简单介绍该技术。

一、选好备足秧田

秧田应选择土层深厚、土质较肥、排灌方便、不易受鸟兽虫鼠为害的田块。春分前后，秧田要施足基肥，每亩施腐熟人粪尿约 1 000 kg，堆沤肥或土杂肥1 000 kg，然后三耕两耙。播种前再施碳铵 25～30 kg 或尿素 7～10 kg，磷肥 20～25 kg，氯化钾 7 ~ 8 kg，随即第三遍耙平，于播种前一天开始做畦。

湿润育秧畦的作法是：秧田保持浅水，四周清沟，中间做畦，畦宽 1.5 ~ 1.7 m，畦面中间略高，两侧略低，略呈拱形，捞起畦沟里的融泥铺到畦面上找平，浅水自然下落畦沟，畦面晾干，准备播种。秧田要备足，秧田与大田比以 1∶8 较好。秧田过小，秧苗密度大，不但容易烂秧，也育不出壮苗。

二、科学安排播期，适当确定播量

早稻对于播种的要求是：早熟品种播迟稍密，迟熟品种播早宜稀；但要根据气候特点，必须抓住“冷尾暖头”天气抢晴播种。

早熟品种如二九青等准备接花草茬的，宜在清明后 3 ~ 5 天播种，每亩播种 100 kg，秧龄 25 天左右；中熟早籼如浙辐 802 等可在清明左右播种，每亩播种 80 ~ 90 kg，秧龄 30 天左右；迟熟品种如先锋一号、73 – 07 等可在 4 月初播种，每亩播种 80 kg，秧龄 30 ~ 35 天。若是接早熟油菜茬的，可在清明后 7 ~ 8 天播种，接大麦或迟熟油菜、草籽茬的迟熟品种，播种期在谷雨前几天，每亩播种量也相应减少。

三、培育壮芽

“芽好一半秧。”培育苗壮的稻芽，是培育壮秧的前提。一般农户早稻育芽的大致程序是：晒种—泥水或盐水选种—淘洗—消毒—浸种—淘清—催芽。这里介绍一种比较简便有效的方法——草木灰水浸种、温汤催芽技术。它的优点是将选种、浸种、消毒等步骤简化为一体，稻芽一夜催齐，无需翻动和淋水。

（1）浸种。在 50 kg 清水中倒入约 4 kg 筛过的草木灰，将晒过的稻种 30 ~ 35 kg 倒入水中并搅拌 1 分钟，捞去漂浮的秕稻和杂质，静置 60 ~ 72 小时。水面上形成的灰膜可将稻种内的稻瘟病、白叶枯病、胡麻叶斑病及干尖线虫病等大部分病菌闷死。

（2）催芽。将已吸足水分的稻种淘洗干净后，浸入 55 ℃的热水（三份开水兑一份凉水）中充分搅拌 2 ~ 3 分钟，使稻种受热均匀，紧接着将稻种趁热捞起并装入通气透水的“蛇皮袋”或稻箩中，上下四周围上厚厚的稻草以保温，还可用浴帐罩起来，无需翻动。静置一天一夜，撤去浴帐和稻草——此时稻芽已全部催齐。根据天气情况，将稻芽摊晾 1 ~ 2 天再抢晴播种。

四、加强秧田管理

临移栽时水稻壮秧的大致标准是：苗高五六寸，绿叶五六片；叶片坚挺，清秀老健；状如菖蒲，基部宽扁。为达到这样的标准，秧田管理中应做好如下工作：

（1）播种塌谷。将芽已催齐的稻种均匀地播在畦面上，随即塌谷，并撒一层薄薄的草木灰或火土灰，厚度以不见稻谷为宜。这样做，既可以保温保湿，防止雀害，又有利于秧苗对养分的吸收。

（2）水浆管理。秧田期用水的基本要求是：一叶期保持湿润不上水，二叶期灌跑马水，三叶期后保持浅水不断，使秧苗根浅好拔，省工省力。三叶期以前的秧苗抗寒能力较强，只要气温不下降到 4 ℃以下，秧田就不必关深水，以便扎根立苗。三叶期及以后的秧苗抗寒能力较弱，如遇寒潮低温或霜冻，可以短时关深水护苗。天气一转暖，就应放掉深水，保持浅水。水不可全部放掉，以防烈日曝晒造成青枯死苗。

（3）巧施“三肥”。一叶一心期施断奶肥，每亩施稀腐熟人粪尿和少量化肥，如尿素 2 ~3 kg。三叶期施接力肥，每亩施尿素 3 ~4 kg。移栽前施送嫁肥，每亩施尿素 4 ~5 kg，以提高秧苗的发根能力和抗植伤能力。外部表现为基部转色、色不上叶。秧苗栽到大田后，发根多，返青快，分蘖多。

（本文刊登于《南陵农技推广》1989 年 3 月 10 日第 1 期第 1 –2 版。）

怎样搞好早稻地膜育秧

早稻地膜育秧，不但能节省种子，提早播种，提高成秧率，防止雀害，秧苗素质好，而且能提早栽秧，争取早熟，确保丰收。近几年来，南陵县不少农户运用此法育秧，取得明显的经济效益。现就早稻地膜育秧技术介绍如下。

一、早做秧田

由于地膜育秧播种期比露地育秧早，因此秧田需早做准备。一般应在春分前后犁耙结束。秧田要干耕水作，以水找平。基肥用量与露地育秧相同。秧板要上虚下实，表面平整，做成龟背状。畦宽应比地膜窄 20 ~30 cm，以便盖膜后两侧能用泥压牢。秧板最好在播种前一天做好，让表层收浆落干，防止播种后陷泥过深，以利稻芽扎根立苗。

二、适时早播

早稻育秧最低临界气温为 12 ℃。由于地膜保温性好，膜内温度一般比膜外高 2 ~3 ℃，因此，只要日平均温度超过 10 ℃，就可确定播种期。根据多年气象资料可知，南陵县地膜育秧的适宜播种期为 3 月底至 4 月初。由于地膜育秧的成秧率比露地育秧高 10% ~20%，所以播种量要相应减少，每亩秧田播种量以 70 ~80 kg 为好。播后塌谷，并撒一层薄薄的毛灰。

三、铺好地膜

这里介绍两种常用方式。

（1）平铺地膜。可先将麦稳子、砻糠灰或切细的花草（长5～10 cm）在秧板上均匀地撒一层，厚度不超过0.5 cm，然后平铺覆盖地膜，四周用沟泥压牢。这样，可以防止地膜“贴膏药”，避免闷种烂芽。这种方法能节省工本，适合在圩畈区推广。

（2）低拱架覆盖。先把毛竹或细竹子削光滑，制成弓形，插入秧板两侧泥中15 cm，架顶距地面15～20 cm，支架间距50 cm左右，不可过宽，以防积水压苗。然后将地膜直接铺在低拱架上，秧板四周的地膜埋入土中，再用沟泥压平。膜外最好用竹桩拉细绳固膜，防止大风鼓膜。此法适合在丘陵山区推广。

四、加强管理，炼好秧苗

地膜很薄，透光保温性能好。天晴时膜内升温较快，如果膜内温度超过35 ℃，容易灼伤秧苗，因而要勤检查，揭膜散热。如果没有温度计，可用手试温，当手伸进膜内，觉得热气熏手时，就应部分揭膜，通风散热。揭膜时应先揭两头，如果温度仍然高，再揭背风的一面。秧苗二叶一心时开始炼苗。揭膜前，要先放水上秧板，以防揭膜后秧苗失水过快，造成青枯死苗。揭膜时间一般在上午9点左右，下午3～4点盖好膜。炼苗3～4次。待秧苗逐渐适用外界环境后，即可把地膜全部揭去。浅水养秧，并追施一次速效肥，以培育壮秧。其余管理与露地湿润育秧相同。

（本文刊登于《南陵农技推广》1989年3月10日第1期第1版。）

秀水09改作双季晚稻种植的特征特性及高产栽培技术

方体秀　高毛健（安徽省南陵县弋江镇农业综合服务中心　241311）
王泽松　（南陵县农业技术中心　241300）

秀水09是由嘉兴市农科院用秀水110、嘉粳2717和秀水110复合杂交选育而成的优质中熟常规晚粳新品种，2005年通过浙江省品种审定委员会审定（审定号：浙审稻2005015），2008年通过国家品种审定委员会审定（审定号：国审稻2008021）。该品种具备丰产性较好、米质优、穗粒兼顾、生长清秀、结实率高、抗逆性强等特点。南陵县于2009年引进并改作双季晚稻种植，至2013年已有4年的时间，表现良好，具有高产、稳产、耐肥、抗倒、适应性广等特点。现将该品种改作双季晚稻种植以后的特征特性介绍如下，并介绍其高产栽培技术。

一、产量表现

经2002、2003两年嘉兴市单季常规晚粳稻区试发现，该品种平均亩产分别为599.3 kg、560.1 kg，分别比对照秀水63增产4.8%、8.0%，均达极显著水平，两年平均亩产579.7 kg，比对照增产6.3%。2004年嘉兴市生产试验，该品种平均亩产612.3 kg，比对照秀水63增产6.4%。

2005年秀水09参加长江中下游地区单季晚粳组品种区域试验，平均亩产541.7 kg，比对照秀水63增产1.98%（不显著）；2006年续试，平均亩产562.9 kg，比对照秀水63增产3.24%（极显著）；两年区域试验平均亩产552.3 kg，比对照秀水63增产2.62%，增产点比例达67.5%。2007年生产试验，平均亩产541.7 kg，比对照秀水63增产10.15%。

秀水09在南陵县作双季晚粳种植，平均亩产520 kg，高产田块可达550～600 kg。

二、特征特性

（1）植株形态。该品种株高88 cm左右，与南陵县种植的其他双季晚粳株高相近。茎秆较粗壮，苗期生长较快，分蘖力较强，叶鞘包节，叶色中绿，株型紧凑，成熟时转色清秀，谷粒呈椭圆形，色泽好，无芒，成熟较一致，较易脱粒。

（2）穗粒结构。该品种成穗率高，着粒密度中等，穗型中等大小。穗长15.8 cm，每穗总粒数为102.3粒，实粒数为96.6粒，结实率94.4%，千粒重26.2 g，示范田平均亩产571.2 kg。

（3）全生育期。该品种在南陵县作双晚种植，6月下旬播种，9月上旬齐穗，11月上旬成熟，全生育期128天左右。

（4）抗性。2003年经浙江省农科院植微所抗性鉴定：平均叶瘟0级，穗瘟0级，穗瘟损失率为0，白叶枯病5.0级，褐稻虱7.0级。评价为抗稻瘟病、中抗白叶枯病，中感褐稻虱。但在参加国审时，对抗性评价为：高感稻瘟病、中抗白叶枯病，中感褐稻虱。

该品系在南陵县作双季晚粳种植期间，由于根据防治情报防治及时，没有发生稻瘟病危害，白叶枯病已经基本杜绝，但轻感稻曲病。未发生虫害。

（5）米质主要指标。整精米率75.2%，长宽比1.8∶1，垩白粒率4%，垩白度0.2%，胶稠度71 mm，直链淀粉含量16.3%，达到国家《优质稻谷》一级标准。

三、主要栽培技术

1. 适时稀播，培育壮秧

（1）用种运筹。秀水09作双季晚稻种植一般在6月20日至25日播种较好，大田每亩用种量5～6 kg，秧田播种量50 kg左右。浸种时须做好种子消毒，用咪鲜胺或浸种灵药液浸泡，防治恶苗病。在浸种的同时，还应加入烯效唑，以培育多蘖矮壮秧，对超秧龄也有保护作用。夏季气温高，稻种可直接在常温下催芽，但须使整个种子袋保持透气状态，并注意适当翻动种子，使受热均匀、催芽整齐。

（2）秧田施肥运筹。基肥可施用配方肥 30～40 kg，播种前撒施尿素 5～8 kg 作面肥，并稀播稻种。一叶一心期施用断奶肥，三叶一心期至四叶期根据苗情施用接力肥，移栽前 5～7 天施用送嫁肥。

（3）秧田灌溉运筹。秧田做畦用足水，一叶一心期前不上水，二叶一心期前间断水，三叶以后勤换水，拔秧田间二寸水。不良天气酌情灌水护秧，天气晴好后一定要慢排水。

（4）植保运筹。稀播稻种的秧田易生杂草，可在播种后 3 天之内喷洒幼禾葆除草护苗。拔秧前 7～8 天，秧田排水，喷洒二甲四氯以除草，促使秧苗发出新的粗壮根系，并且方便拔秧。注意，不可超过 8 天以上，否则根深入土中，秧苗很难拔。

对于稻蓟马、稻瘿蚊、稻蝗等要及时防治，可喷洒高效氯氰菊酯等杀灭。总之，秧苗移栽前要做到“带肥、带药”下田，有利于增强抗性，促进早活棵、快分蘖。

2. 适龄移栽，合理密植

秧龄 30 天左右为好。要按照“中稻靠发，晚稻靠插”的原则，适龄移栽促早发，合理密植增穗数。栽插规格以 7 寸 ×4.5 寸或 6 寸 ×5 寸为宜，亩插 2 万穴左右，每穴 5 苗左右，确保每亩基本茎蘖苗 8 万～10 万，这样才能保证有效穗达 30 万左右。

3. 合理运筹，配方施肥

首先基肥要施足有机肥，然后分期施好化肥。施肥运筹：早稻收获后，及时将稻草翻压还田，并且每亩撒施尿素 20～25 kg，磷肥 10～15 kg，钾肥 7～8 kg。也可施用配方肥：含量 40% 以上的配方肥每亩 30 kg 左右，其他含量可根据养分含量酌情加减。如施用氮、磷、钾含量相同的复合肥，每亩施用 20～25 kg 并酌情加施尿素和钾肥，以促进氮、磷、钾平衡。

移栽后 5～7 天结合使用除草剂，早施分蘖肥，每亩施用尿素 10 kg，钾肥 2～3 kg；烤田复水后施用穗粒肥，每亩施用尿素 5 kg 左右，钾肥 2～3 kg。抽穗前后喷施根外肥以保持叶片功能，增加千粒重，对促进籽粒灌浆饱满很有益处。

4. 科学水浆管理

移栽后深水护苗 2～3 天，以后做到浅水促进分蘖。分蘖末期及时放水晒田，进入中后期干湿交替灌溉，健根壮蘖提高成穗率，后期切忌断水过早，以延长功能叶寿命和根系活力，防止发生青枯。

5. 病虫害防治

稻瘟病重发地区应注意对其防治；秀水 09 由于是密穗型品种，应高度重视对稻曲病的防治。

最有效、最经济的防治方法：在抽穗前 7 天，喷施三环唑和咪鲜胺或井岗霉素，对预防稻瘟病和稻曲病有非常好的效果。对上述病害发生后的防治代价较大。对其他病虫害的防治，如纹枯病、稻纵卷叶螟、水稻螟虫、稻蓟马及穗期的蚜虫的防治，同一般晚粳品种。

（本文刊登于《现代农业科技》2013 年第 1 期第 35 - 36 页。）

超级稻广占 1128 应用秸秆腐熟剂增产节肥技术

龙则军[1]　胡玉保[2]　王泽松[3]

（[1]安徽省南陵县家发镇农业综合服务中心，安徽南陵　241300；
[2]南陵县三里镇农业综合服务中心，[3]南陵县农业技术中心）

摘　要：本文介绍了秸秆腐熟剂在超级杂交稻广占 1128 生产中的应用及效果、秸秆腐熟剂的应用技术和广占 1128 的栽培技术。

关键词：秸秆腐熟剂；使用技术；广占 1128；栽培技术

广占 1128 是杂交水稻之父袁隆平院士培育的一个杂交稻新组合，全名是广占 63S/1128，用于华东超级稻攻关项目。南陵县自 2009 年引进试种，至 2011 年均表现高产、优质、多抗，特别是不易感染稻曲病的特性。秸秆还田应用秸秆腐熟剂则是国家自 2009 年实施的一项惠农新技术，目的是杜绝秸秆焚烧，提高土壤肥力，节省化肥用量，促进农作物高产高效。南陵县连续 3 年将这项技术应用于早稻、连作晚稻和一季稻，同样也应用于超级稻广占 1128，并取得了明显效果。现将本技术介绍如下。

一、秸秆腐熟剂简介

秸秆腐熟剂含有枯草芽孢杆菌、嗜热脂肪芽孢杆菌、细黄链霉菌、酿酒酵母、拟糠氏木霉、放线菌和生物酶等，每克有效活菌数不少于 0.50 亿个，在适宜条件下，能够迅速分解纤维素、半纤维素、木质素，能够迅速将秸秆堆料中含碳、氮、磷、钾、硫等的复杂有机化合物分解矿化，形成简单有机物，并进一步分解为作物可吸收的营养成分。秸秆腐熟剂中的高效有益微生物，能在堆制过程中和施入土壤后大量繁殖，抑制或杀灭土壤中的致病真菌，减轻作物病害。本品无污染，其中所含的一些微生物兼有生物菌肥的作用，对作物生长没有任何伤害，相反却十分有利。它适用于任何农作物秸秆及纤维物质含量高的生活垃圾等。在夏季，使用秸秆腐熟剂的秸秆，一般经过 2 ~ 3 天即可软化，对水稻人工栽插十分有利；15 ~ 20 天即可腐熟，变成褐色或黑褐色，复杂的有机化合物可分解成简单的有机物，供作物吸收利用，并能持续供应到作物生长后期，因而原本需要施用的穗粒肥，此阶段可以节省。在秸秆腐熟剂撒入大田初期，其中的微生物大量繁殖，耗氮量较大，因而需补充少量速效氮肥，以避免这些微生物与农作物争夺养分，致使农作物秧苗发黄变僵。不过，使用秸秆腐熟剂腐熟秸秆最终能增加土壤中的有机质含量，改善土壤营养状况，提高化肥的利用率。经测定，使用秸秆腐熟剂的一季稻田收获后的土样的土壤有机质平均含量由 33. 10 g/kg 提高到了 33. 70 g/kg，每亩增加 2. 8 kg N，0. 67 kg P_2O_5、15. 12 kg K_2O，土壤容重下降了 0. 08 g/cm^3，培肥了地力，净化了环境，农田生态环境大大改善，农业资源利用率得到提高；还能增强作物的抗病能力，促进氮、磷、钾及微量元素的吸收，刺激作物快速生长。秸秆还田腐熟剂中的高效有益微生物，施入土壤后大量繁殖，能够抑制杀灭土壤中的病菌，减轻作物病害，有效抵御因重茬种植及土传性病原菌的侵害，可彻底解决因燃烧秸秆而造成的环境污染。

二、广占 1128 特征特性

广占 1128 在南陵县的特征特性表现为生长整齐，株型紧凑，茎秆粗壮，抗倒伏能力强；剑叶挺直而内卷；株高 131. 6 cm，穗长 32. 4 cm，每穗总粒数 265. 5 粒，实粒数 203. 1 粒，结实率 75. 4%，千粒重 26. 2 g；熟期转色好，颖壳金黄，米质优；全生育期 159 天。未见稻瘟病、白叶枯病发生，中感纹枯病，稻曲病极轻；既耐低温又耐高温，无论是在 2009 年 7 月 22 日日全食后的将近一个月的低温阶段（日均温较常年低 0. 8 ℃），还是在 2010 年 8 月 11 日至 30 日的高温阶段（日均温较常年高 0. 9 ℃），广占 1128 均能正常生长，没有出现颖花量下降和颖花退化现象，因而保证了后期能够获得较高产量。2010 年数点测产，其平均亩产在 702. 6 kg 和 765. 5 kg之间。

三、秸秆腐熟剂在小麦秸秆还田后的使用技术

秸秆腐熟剂在小麦秸秆还田后的使用技术很简单：小麦收获后，将小麦秸秆均匀平铺在田面——在机械收割的条件下，小麦秸秆基本上是均匀平铺在田面的，每亩还田量均为 400 kg 左右。秸秆铺好后，每亩用 2 kg 腐熟剂加 3 kg 尿素拌匀，立即撒施到铺好秸秆的田内，然后灌水 7 ~ 10 cm 深，使秸秆充分吸足水分，快速腐烂分解。最好是直接翻压，有水无水都行，但翻耕后要及时上水，促进秸秆快速腐烂分解。

四、广占1128种植技术

（一）秧田阶段

1. 用足种量

每亩应保证0.75～1 kg的用种量。以稻种千粒重27 g计算，有2.8万～3.7万粒种子，这样才能保证在每亩1.67万穴（株行距20 cm×20 cm或16.7 cm×23.3 cm或机械插秧30 cm×13.3 cm）的条件下，每穴约有2粒种子苗。

2. 按期播种

以5月5日立夏前后播种为好，不迟于5月22日。过早，秧苗生产长量不够，难以培育壮苗；过迟，则生长中后期易遇不利生长条件。秧龄以25～30天，单株带蘖3～4个为好。

3. 消毒浸种

为了培育壮苗，先将种子晒1～2天再消毒浸种。浸种液按比例配制：清水5 kg，多效唑5 g或烯效唑1 g，2 mL浸种灵1支，搅匀后可浸稻种3～5 kg。浸种48～72小时，中途以捞起沥水透气为好。保温保湿催芽，芽根露出后即可播种。

4. 培育壮秧

采用湿润育秧、旱地育秧、软盘育秧等方式。育秧要保证每粒种子至少有一元硬币大小的生长面积。

播前施足基面肥，一叶一心期施好断奶肥，三至四叶期看苗施平衡肥，栽前5～7天施用送嫁肥。施用的送嫁肥应保证秧苗“基部转色，色不上叶”，过嫩则秧苗易断。如果后期秧苗根系过深不好拔，可用二甲四氯，每亩约150 g兑水30～50 kg，秧田放干水后1天喷雾，再过1天后上水并施送嫁肥。

在一叶一心至二叶期，秧畦放干水后，按每亩秧田多效唑100 g或烯效唑15 g兑水50 kg喷雾。喷后露田一昼夜，恢复正常管理以控苗促壮，增加分蘖。

（二）大田阶段

1. 耕整施肥

秧苗移栽前，大田要施足基肥：每亩施45%复合肥20～25 kg，尿素5 kg，氯化钾5 kg。在耕整大田前数日，撒施秸秆腐熟剂并拌和尿素，翻耕秸秆，然后施用基肥，做到田面平整，土肥混匀，泥融不僵。要按上述尺寸插秧，大田基本茎蘖苗8万～8.5万根/亩。

2. 水浆管理

浅水栽插，薄水促蘖，够苗晒田（平均穴苗数达12时）。孕穗扬花期建立浅水层，灌浆结实期以湿为主，腊熟期干湿交替。杂交稻有“二次灌浆”特性，后期不可断水过早。

3. 除草追肥

栽后5~7天内，结合化学除草施分蘖肥。一般每亩用尿素7.5 kg、氯化钾5 kg与除草剂混合施下，保水数日，然后晒田。

晒田复水后，施好壮秆促花肥，每亩用尿素和氯化钾各2~3 kg。孕穗期施好保花促粒肥，每亩施尿素4~5 kg。破口抽穗前后两次根外追肥，每亩用磷酸二氢钾150 g加尿素500~1 000 g、硼砂100 g兑水50~75 kg喷施叶面，可与农药混用，能够保证生长后期籽粒饱满。

关于保花促粒肥和根外追肥的施用，可视苗情而定，若“落黄”不明显，一般可以不施，因为秸秆腐熟所分解的养分此时可以充分满足杂交稻生长需要。

4. 病虫害防治

以做好纹枯病和穗期病害防治工作为重点，随时注意了解县植保部门的病虫害防治情报。应使用安全、低毒、长效农药，如井·腊芽、杜邦康宽、阿维菌素、毒死蜱、灭虫露、噻嗪酮等。需注意防治稻瘟病，抽穗前后可用三环唑预防，用稻瘟净等防治。

五、小结与讨论

南陵县在推广小麦秸秆还田技术的同时，还做了同田试验，试验田面积为1 334 m^2。试验采用简单对比，半块田施用秸秆腐熟剂4 kg并加尿素3 kg，之后按前文“耕整施肥”中所说的“秧苗移栽前，大田要施足基肥：每亩施45%复合肥20~25 kg、尿素5 kg、氯化钾5 kg”方式处理；另半块则既不施用秸秆腐熟剂也不追加尿素，而是常规施肥“每亩施45%复合肥20~25 kg、尿素5 kg、氯化钾5 kg”。其他管理相同。10月26日同田5点实际测产然后平均（参见下表），采用秸秆腐熟剂技术的半块田亩平均产量765.50 kg，无秸秆还田的半块田亩平均产量621.00 kg，处理比对照增产144.50 kg/亩，以市场价格每千克杂交稻亩谷2.72元计，增效393.04元；秸秆腐熟剂成本12.76元，增施尿素3 kg价值6.60元，多用工0.2个，价值14元，合计33.36元。投入产出比为1∶11.78，效益比较可观。

稻田秸秆还田腐熟技术示范测产表

处理	株高 (cm)	穗长 (cm)	亩有效穗 (万穗/亩)	总粒数 (粒)	实粒数 (粒)	结实率 (%)	千粒重 (g)	实际产量 (kg/亩)
I. 秸秆还田平均	131.8	31.8	17.10	265.4	203.1	75.94	26	765.50
II. 无秸秆还田平均	124.6	28.3	16.68	249.5	168.5	67.58	26	621.00
I比II增或减	7.2	3.5	0.42	14.9	33.6	8.36	0	144.50
增幅（%）	5.79	12.4	2.52	5.98	19.94	12.37	0	23.27

注：重复I和重复II系同一田块2个处理各取5个点测产数据的平均值。

（本文刊登于《现代农业科技》2012年第6期第312-313页。）

双晚丰产要立足于“早”

实现双季晚稻高产稳产，关键在一个“早”字，即在适期早栽的基础上，尽早加强田管，特别是早期管理，以充分利用移栽初期温度高、肥料分解快的特点，促进双晚秧苗早发棵、多发棵，为高产打好基础。主要注意以下几点。

一、适期早栽，合理密植

研究发现，杂交稻迟栽一天，亩产减少 13 kg，粳稻减产 7 ~ 8 kg，因此，早茬（早稻、西瓜等）收割后要尽早抢栽双晚。适期移栽期，6 号系列（汕优 6 号、威优 6 号等）一般不迟于 7 月 23 日（大暑）前后，中迟熟晚粳糯在 7 月 25 日前，64 号杂交稻系列（汕优 64、威优 64、协优 64 等）移栽期不迟于 7 月底，早熟晚粳（包括常规及杂交粳稻）可在 8 月初。为确保安全齐穗和稳产高产，最迟移栽期，圩畈区可在立秋前，山区和土层深、水较凉的田块宜在 8 月 3 日前。适宜移栽时间为：多云和阴雨天可全天栽插，晴热天气最好在下午 4 时后（夏令时）栽秧。要做到浅栽，促使早活棵、早发棵。注意合理密植，早栽靠发，迟栽靠插，7 月 25 日前栽的，株行距保证 13 cm × 17 cm（4 寸 ×5 寸），以后栽的，株行距保证 10 cm × 17 cm（3 寸 ×5 寸）。杂交稻每穴 1 ~ 2 苗，常规稻每穴 6 ~ 7 苗。

二、尽早施肥，促进早发

基肥要足量，面肥要速效。一般每亩施优质农家肥（腐熟的人畜粪尿等）20 ~ 30 担，磷肥 20 kg，钾肥 7 ~ 8 kg，尿素 5 ~ 7.5 kg 或碳铵 15 ~ 20 kg。稻草还田田块，要用碳铵打秒口，以加速秸秆腐烂，防止草苗争氮。第一次追肥在栽后 5 ~ 7 天，结合耘草，每亩施尿素 4 ~ 5 kg 或碳铵 15 kg；基肥未施钾肥的田块，要及时补施，施后耘田。要看田看苗追施穗肥。田瘦、肥力不足、长势差的田块，在幼穗分化始期（大致在 8 月 20 日前后）补施碳铵 2 ~ 3 kg；8 月 20 日后停止施用氮肥，以防贪青，推迟抽穗。但在抽穗期，每亩可用尿素 1 kg、磷酸二氢钾 100 g 与少量热水溶解后兑水 50 kg 进行叶面喷雾，7 ~ 10 天后再喷一次。

三、及早中耕，加强田管

8 月 20 日前结合施肥耘好三遍田。此后要适时烤田，最好提前开好“丰产沟”，以使烤田均匀一致。烤田要达到田脚硬、不发白、不陷脚的程度。孕穗到抽穗扬花期坚持浅水勤灌，灌浆期串灌“跑马水”；干干湿湿，以湿为主。

四、及时防治病虫鼠害

双晚生长期间，气温高，茬口杂，病虫草鼠危害严重。要勤加检查，按植保部门发布的病虫草鼠害情报及时防治。

（本文刊登于《安徽农林科学试验》1991 年第 6 期第 6－7 页，《南陵农技推广》1989 年 6 月 30 日总第 4 期第 1 版。）

皖稻 143 双季连作直播百亩示范工作总结

南陵县是双季稻生产的主要地区，年种植面积在 78 万～80 万亩。早稻自 1995 年完成并成功推广“早稻半旱式直播技术”以来，农民从中获得了巨大的效益，但这仅仅解决了双季稻轻简栽培方式的一半。因为，晚稻还要移栽或者是抛秧，劳动强度还是很大。为了减轻农民的劳动强度，提高经济效益，由芜湖市星火农业实用技术研究所牵头进行了双季连作直播技术的研究工作。2005 年完成了关键技术的研发，育成了适宜两季连作直播的水稻新品种——皖稻 143 号（原品系代号 1139－3，2005 年命名为现名）。为了更好地减轻农民的劳动强度，提高农民经济效益，扩大本品种的种植面积，自 2005 年至 2007 年，本单位对皖稻 143 双季连作直播技术进行了连续三年四季的百亩示范工作。现将示范结果总结如下。

一、示范区的设计

（1）地点选择。示范区设在南陵县籍山镇新建村和新坝村，2005 年示范面积为 100 亩，2006 年示范面积为 132 亩，2007 年示范面积为 132 亩，整个试验时间跨度为三年。示范区于 1995 年开始运用水稻直播技术，是南陵县运用水稻直播技术最早的地区之一，农民掌握了一定的技术。

（2）技术落实。示范区的双季水稻生产，严格按照“高产优质早熟直播型水稻新品种皖稻 143 中试”项目组制定的《皖稻 143 双季连作半旱式直播技术规程》，由农技人员、技术辅导员、农民三方合作实施。

（3）示范方式。在皖稻 143 双季连作直播示范区，技术指导与培训由农业技术人员负责，技能操作演示由“高产优质早熟直播型水稻新品种皖稻 143 中试”项目组指定的技术辅导员负责。在试验区设立了示范对照区，对照区栽培技术为当地的普通种植技术。每季水稻成熟期，分别对示范区和对照区的代表性田块进行测产比较，并对相关内容进行统计分析。

二、示范结果

通过三年四季的示范，我们从增产、省工、节本、节约农时等方面进行了总结，结果如下：

1. 增产增效

通过三年四季的示范，皖稻 143 双季连作半旱式直播技术比当地传统的育秧移栽技术早晚两季均明显增产，早季平均每亩增产 68. 75 kg，增产幅度为 15. 90%；晚季平均每亩增产 78. 25 kg，增产幅度为 18. 14%；四季平均每亩增产 73. 63 kg，增产幅度为 17. 05%，每亩增值 110. 45 元，参见下表。

皖稻 143 示范区三年四季产量结果一览表

栽培方式	皖稻 143 双季连作直播（亩产）（kg）	双季育秧移栽（对照）（kg）	比对照增加产量（亩产）（kg）	比对照增产幅度（%）
2005 年晚稻	508. 00	425. 00	83. 00	19. 53
2006 年早稻	497. 50	432. 00	65. 50	15. 16
2006 年晚稻	511. 00	437. 50	73. 50	16. 80
2007 年早稻	505. 00	433. 00	72. 00	16. 63
平均值	505. 38	431. 75	73. 63	17. 05

2. 省工（不含机耕与机收用工）

通过对示范区两种栽培技术的用工统计，皖稻 143 双季连作半旱式直播每亩年总用工 7 个左右（两季），而对照双季育秧移栽每亩年用工 13 个左右，比对照年节约用工 6 个左右，省工率 46. 15%，节省出来的 6 个用工可另创造 300 多元劳动价值。劳动强度大幅下降，真正结束了“面朝黄土背朝天，弯腰驼背几千年”的历史。

3. 农时集中

农民应用皖稻 143 双季连作直播技术的劳动作业时间为 4 月 10 日到 10 月 25 日，而传统育秧移栽技术的劳动作业时间在 3 月 30 日到 11 月 15 日，总时间相比缩短了 30 多天。同时皖稻 143 双季连作直播用工的时间阶段比传统的育秧移栽集中，由此节约出的劳动力资源可另外创造十分可观的劳动价值。

4. 节　本

应用皖稻 143 双季连作直播技术比传统的育秧移栽技术，节约了农药使用数量的 60%，减少了用药次数 4 次左右，节省了育秧田的农本投入，提高了育秧田的土地利用率，据不完全统计，一般每亩全年可节约成本 60 多元。同时，还大大减轻了环境污染。

三、小　结

皖稻143双季连作半旱式直播技术比传统的育秧移栽技术在增产、省工、节本、增效、轻简、环保等方面具有十分显著的优势，它为双季稻高产、高效、轻简栽培提供了一套先进而完备的技术。该技术通过示范，带动了南陵县及附近县、市双季稻直播推广面积十多万亩。

皖稻143双季连作直播技术在南陵县已经有六年十二季的试验示范历史，项目通过技术的配套集成制定的《皖稻143双季连作半旱式直播技术规程》，解决了早稻脱落到大田的稻谷在晚稻田大量形成自生苗导致水稻“自身杂草化”，从而影响晚稻产量与商品的一致性等问题。

该项技术对提高稻谷产量和品质，增加农民收益，维护国家粮食安全，有着十分重要的作用，并且具有良好的经济效益、社会效益和生态效益，完全符合未来农业生产的发展趋势。

（这是笔者于2007年12月10日为项目写的总结。）

南陵县主导插秧机机型及配套栽培技术

一、插秧机主导机型及工作状况

南陵县是典型的双季稻种植区，自20世纪70年代开始使用插秧机，但因种种原因未能持续，直到近年插秧机才迅速发展。究其原因，一是近年直播早稻倒伏面积较大，如2010年7月20日大风吹倒早稻12万多亩，2011年7月因连续阴雨倒伏数万亩，而机插秧稻均未倒伏，且亩产达420 kg以上；二是土地流转向种田大户集中，他们对使用插秧机节本增效的欲望更强；三是农民专业合作组织（农机）发展迅速，设备及运营链延伸较快。

（一）主导机型

据调查，目前南陵县使用的插秧机主导品牌和机型如下：

（1）洋马农机（中国）有限公司四轮乘坐式水稻插秧机：2ZGQ－8（VP8D）；

（2）久保田农业机械（苏州）有限公司四轮乘坐式水稻插秧机：2ZGQ－6（NSPU－68C）；

（3）久保田农业机械（苏州）有限公司手扶步进式水稻插秧机：SPW－68C；

（4）久保田农业机械（苏州）有限公司手扶步进式水稻插秧机：2ZS－4（SPW－

48C)；

(5) 东洋步行式插秧机：PF4 和 PF455S；

(6) 日本井关牌乘坐式高速插秧机：2Z-6B（PZ60-HgR）。

以上各机的共同特点是：它们的行距都是30 cm，没有其他行距，在插秧时，株距可调，最小可调至13.3 cm，也就是说每亩最多只能栽插1.67万穴，对生长期短的早稻和双季晚稻来说，会因穴数太少，使有效穗达不到理想穗数（一般亩有效穗数约有20万，而较为理想的亩穗数为28万~30万），因而单产也就不理想（亩产400~450 kg）。

(二) 工作效率

据观察，在机手操作熟练的前提下，高速插秧机每小时可插秧6~7亩，以每天工作8小时计，可插秧50~60亩，其余一般机手每天只能插20亩左右。不过，随着时间的推移，机手的技术越来越熟练，插秧速度也会越来越快。

同样，手扶步进式插秧机，熟手每小时可插秧2~2.5亩，每天可插15~20亩，生手每天只能插7~10亩，而且歪歪扭扭，缺棵多，因此要加强培训。

二、配套稻种

按照“品种合法、性状优良、农民接受、生态适宜”的原则，目前适宜南陵县机插秧的水稻品种有：

(1) 早稻：皖稻143、浙辐991、嘉兴8号。由于机械插秧可以将育秧时间安排在3月下旬至4月初，比直播早稻大大提前，因此，一些生育期较长的品种可以应用。

(2) 双晚：武运粳7号、秀水03、宁粳3号。

三、育秧配套技术

总体要求是**“一板秧苗无高低，一把秧苗无粗细”**，因此育秧技术总体要点是：**田要平，肥要足，盘要挤，种要密，草要除**。

(1) 工厂化育秧。这是最好的，基本不受自然灾害影响，但一次性投资大，连栋化育秧大棚要投资数百万。

(2) 拱棚育秧。大致按1∶100比例安排秧田，一般每亩大田用秧盘30个，带水翻耕并根据秧盘宽度设定秧畦宽度（一般是秧盘相对摆2排，宽度为116 cm，因此秧畦宽度以140~150 cm较好），畦长一般以20 m左右较好，便于通风散热。铺盘、播种后采用拱棚覆膜，旱育。首先要施基肥，每亩施配方肥30~40 kg，做好秧畦、铺好秧盘、捞畦沟泥入盘（其中已有基肥），播完种子后，塌谷。畦沟要排水通畅。

(3) 合理密播。稻种一定要催出芽后才能播种并塌谷严密。每盘播种量：早稻和双晚粳稻 120 ~ 150 g（指干种子，若是潮湿种子将近 200 g），双晚杂交籼稻 70 ~ 80 g。

注意事项：在指导农民时，向他们特别强调“一定要用稻种把秧盘盖严”，因为这种播种方式对他们长期稀播的观念是一个很大的挑战。笔者曾遇到过播种太稀以致机械几乎无秧可插的情况，此外还要指导他们用木板挡在秧畦边以防稻种溅出。

（4）加强管理。如果做秧畦时水分充足，基本整个育秧期无需上水；播种塌谷后立即喷洒除草剂。秧苗长至二叶期前后施一次接力肥（需上水），基本可保证后期不施肥，但四叶期前后施些送嫁肥也不错（看苗情）。移栽前 1 ~ 2 天喷洒防虫防病药剂。

注意事项：早稻薄膜育秧期间主要注意通风散热即可；双晚要特别注意防止秧苗徒长，可在浸种时配用烯效唑，出苗后旱控或喷多效唑，在缺水时润苗。

四、大田栽培技术

机插水稻秧苗有两个生育特点，一是机械插秧后缓苗期长，一般约经过 14 天左右才开始分蘖；二是一般机插水稻移栽叶龄比手插秧苗早 1 ~ 2 叶，因而分蘖节位多、分蘖期长。同时，机插浅栽亦促进了分蘖的发生。因此，不仅本田期分蘖节位低，而且分蘖的发生较为集中且势旺，高峰苗多，但茎蘖成穗率较低。因此，要想取得高产，应采取如下措施。

（1）大田要求。田面要平整，高差不过寸，平整后沉淀 1 ~ 3 天才能插秧，水深不超过 2 cm。机插到大田的秧苗应稳、直、不下沉，基本做到不压苗，不漏苗。

（2）施肥。基肥在每亩施用有机肥 1 000 ~ 2 000 kg 的基础上，撒施尿素 12.5 ~ 15 kg，磷肥 10 ~ 20 kg，氯化钾 10 kg，也可用配方肥（氮磷钾含量 18 - 10 - 17 或 18 - 7 - 15 的，每亩 25 ~ 30 kg）。

返青肥和促蘖肥（需特别注意）：在移栽后 7 天和 12 天，每亩分别施尿素 5 kg。

穗粒肥：在抽穗前 15 天左右，根据苗情每亩酌情施尿素 5 kg 加氯化钾 2.5 kg。还可在抽穗前后每亩用尿素 500 ~ 1 000 g 加磷酸二氢钾 100 ~ 150 g 兑水 30 kg 喷雾（时间一般在上午露水干后，下午 3 时以后，若没有强烈阳光可全天喷施）。

（3）水浆管理。移栽至有效分蘖期（大约 25 ~ 30 天），要湿润促扎根，浅水促分蘖，保持寸水自然干，然后重晒 7 ~ 10 天促进扎根。

无效分蘖期至灌浆初期（大约移栽后 35 ~ 60 天）：适时搁田，分次轻搁，湿润管理。当田间茎蘖苗数达到预期穗数（平均每穴 12 ~ 15 苗，即每亩 20 万 ~ 25 万苗）的 75% ~ 80% 时（大约移栽后 30 天），即脱水搁田。

灌浆至成熟期：采用间歇灌溉，干干湿湿，防止脱水过早，收割前 5 ~ 7 天断水

（断水过早明显减产）。

（4）除草。移栽后 7 天使用除草剂，可与追肥拌匀共撒。

（5）病虫害防治。应根据县植保站病虫情报适时防治。重点防治三虫三病：二化螟、稻纵卷叶螟、稻飞虱，纹枯病、稻瘟病、稻曲病。

技　术　规　程　篇

南陵县水稻旱育栽培技术规程

南陵县水稻旱育栽培的相关技术规程可参见表1至表4。

表1　南陵县早稻旱育稀植栽培技术规程

苗床处理	苗床选择	苗床应选择靠近水源、避风向阳、地高爽水、土质疏松肥沃、偏酸性的菜园地、熟旱地和经冬耕晒垡的爽水田。3~4叶移栽的小苗苗床净面积与大田的比例为1：50~1：40，即1亩苗床可栽大田40~50亩。一般每亩大田需苗床净面积12~15 m^2。中苗（5~6叶）为1：40~1：30，大苗（6~8叶）为1：30~1：20。注意：同一秧田内，不能一部分作旱育苗床，另一部分育水秧或移栽秧。
	整地施肥	床地确定后，应尽早耕翻（耕层厚度15~20 cm），结合耕整落实好床土培肥措施。一般每平方米施入腐熟人畜粪3~5 kg、三元素复合肥150 g。苗床整地应做到土碎、畦平、草净，开好围沟，以利排水。
	苗床规格	畦宽1~1.2 m，沟宽0.4~0.5 m，畦长8~10 m，备2 m长竹弓若干，拱高30~40 cm，弓间距离50 cm。
	消毒处理	苗床用敌克松等药剂进行消毒处理，每平方米用2 g敌克松兑水1 kg配成500倍溶液均匀喷浇（一般在播种前1~2天进行）。
	防止鼠害	为防止鼠害，建议在播种后采用下列一种方法或综合应用（以10 m^2计）：（1）呋喃丹40 g拌细潮土撒均匀后浇水；（2）甲胺磷乳油5 g兑水1 kg浇畦面；（3）强氯精1 g兑水1 kg或将强氯精袋口撕开浇于或置于苗床上、地膜内；（4）樟脑丸1粒研碎拌细潮土撒匀。
育秧管理	壮苗标准	苗高3~4寸，绿叶3~4片，茎宽3~4 mm，带蘖1~2个，粗短白根多，叶挺苗矮健。中、大苗可略高。
	浸种催芽	（1）用浸种灵一支（2 mL）和5%烯效唑20 g，兑水10~12 kg，将晒、选过的稻种6~8 kg置于其中，消毒浸种。 （2）将吸足水分的种子在30~35 ℃温水中浸泡10~12小时（保持恒温）后起水保温催芽，待种子有90%露白后喷水晾芽。种根现出后，即可播种。若催芽过长，影响均匀播种。注意不可播“铁籽”。
	播种覆盖	播种前浇足畦水，使床面10~15 cm土层保持湿透，播后塌谷，使种子三面入土，然后覆盖0.5~1 cm厚的细土，盖后浇水使土层湿透，随即插弓盖膜。 播期分类：栽冬闲田、绿肥田可在3月下旬播种，栽白菜型油菜田可在4月10日至15日播种，每平方米播净种0.25~0.3 kg，大田用种量约5 kg左右；栽甘蓝型油菜田和花草留种田可在4月15日至20日播种，每平方米播净种0.3 kg，大田用种量约4~5 kg。
	苗床管理	（1）播种—出苗：保温保湿争齐苗。膜温不超过35 ℃不揭膜。 （2）出苗——叶一心期：控湿保润防徒长。膜温控制在25 ℃以内，超过时在两头揭膜通风降温。利用晴好天气在中午揭膜。如发现秧苗徒长，每10 m^2用多效唑2 g兑水1.5 kg喷洒苗床，喷后随即覆膜。 （3）二叶期前后：通气炼苗，防病保健。膜温控制在20 ℃左右，保持床土干燥，秧苗不干卷、床土不干裂时不浇水。晴好天气每天上午10时在两头揭膜通风炼苗，下午4时前盖好。二叶一心期施好断奶肥，每平方米用尿素25~30 g、磷酸二氢钾3 g溶入3 kg50 ℃热水中摇匀后喷施，施后清水洗苗，并用20%抗枯灵或敌克松1 000倍液1 kg喷施防治立枯病（以每平方米计）。 （4）三叶期前后：保湿促壮，炼苗防寒。保持床面湿润，日揭夜盖，阴天中午揭膜通风。寒潮过境时不能炼苗，如出现低于12 ℃低温时，在膜上需加草帘增温。 （5）三叶期后至移栽：三叶一心时全部揭膜，遇雨时将膜盖上，以避免雨淋，四周不封，保持旱育状态。

续表

本田栽培	产量结构	亩有效穗28万～30万，每穗总粒数90～100粒，结实率80%以上，千粒重24～25 g，亩产500 kg以上。
	适龄移栽	秧龄25～30天左右，移栽前一天傍晚浇足浇透水，以利铲秧。铲秧带土厚度约为3 cm。
	栽插规程	亩栽插密度2.5万穴，栽秧规格为4寸×5寸或5寸×5寸，每穴4～5粒谷苗，大田基本茎蘖苗10万左右，栽插时坚持浅水浅栽，以第一片真叶露出水面为宜。
	肥料运筹	首先施足有机肥。化肥亩用折纯氮量为5～7.5 kg，氮、磷、钾的施用比例为2∶1∶2。施肥运筹以重施基面肥，不施分蘖肥，巧施穗粒肥为原则。基面肥每亩施碳铵、过磷酸钙各20～25 kg，氯化钾5 kg，分层深施。在晒田后至剑叶抽出时（大致在5月底至6月初），视苗情每亩追施尿素3～5 kg、氯化钾2～3 kg。
	水浆管理	“擦包水”浅栽，薄水返青，活棵轻搁，浅水促蘖，够苗晒田，寸水勤灌养穗，后期湿润壮熟。
	植保措施	根据病虫草害防治情报做好防治。

安徽省南陵县水稻旱育稀植技术组　一九九七年三月修订

表2　南陵县单季稻旱育稀植栽培技术规程

苗床处理	苗床选择	苗床应选择靠近水源、避风向阳、地高爽水、土质疏松肥沃的菜园地、熟旱地和早稻旱育秧苗床。苗床与大田的比例为1∶40，即每亩大田需苗床净面积约15 m^2。
	整地施肥	床地确定后，在播种前3天耕翻至耕层厚度15～20 cm土层，同时施肥，每平方米施入腐熟人畜粪3～5 kg、3×15复合肥150 g作基肥，肥料施入后与床土拌匀并做畦。切勿临时才施肥，以防烧芽。苗床整地应做到土碎、畦平、草净，开好围沟，以利排水。
	苗床规格	苗床长约10 m左右，畦宽1～1.2 m，沟宽0.4～0.5 m，备2 m长竹弓若干，插时使拱高为30～40 cm，弓间距离为50 cm。
	消毒处理	播种前一天傍晚进行，每平方米用敌克松2 g兑水1 kg喷雾。
育秧管理	品种选择	籼稻：汕优63、协优57等杂交稻及其他籼稻或糯稻良种。 粳稻：70优04、70优9号、80优9号、嘉皖093、丙8979、2277等。
	浸种催芽	先将稻种晾晒、风选，取浸种灵一支（2 mL），另加5%烯效唑20～30 g，兑水10～12 kg，稻种6～8 kg置于其中，遮光12小时后起水翻动。这样日浸夜露翻动2～3次，再用30～35 ℃温水淋后保温催芽至露白，即可播种。切勿播“铁籽”。
	播种	播种前浇足畦水，使床面10～15 cm土层保持湿透，播后塌谷，使种子三面入土，然后覆盖0.5～1 cm厚的细土，盖后浇水使土层湿透，随即插弓盖膜，然后每隔2个竹弓再用一竹弓在膜上夹紧。5月上旬—6月上旬（即单不单、双不双）均可播种。每亩大田用种量：杂交籼稻1.5 kg，杂交粳稻2～3 kg，常规籼稻3 kg，常规粳稻5 kg，可按大田用种量将稻种播于15 m^2 苗床内。
	苗床管理	（1）播种—出苗：保温保湿争齐苗。秧苗大部分现青后即揭膜通风降温。 （2）出苗— 一叶一心期：控温控湿防徒长。平时将苗床地膜推至竹弓顶端并夹紧，下雨前务必放下两侧膜并固定，使雨水淋不到苗床。未用烯效唑浸种的秧苗长到一叶一心期时，每15 m^2 用15%多效唑粉剂6 g兑水3 kg喷雾。 （3）二叶期以后：以炼苗防病保健为主。只有傍晚出现秧苗干卷时才喷水少许润苗。二叶一心期施好断奶肥，每平方米用尿素25～30 g、磷酸二氢钾3 g与少量温热水溶解兑水至3 kg均匀喷雾，喷后淋清水洗苗。移栽前3～5天追施送嫁肥，每平方米用尿素30 g、氯化钾15 g与少量温热水溶解后兑水5～7 kg泼浇。
	植保措施	（1）防鼠治虫：播后每15 m^2 用呋喃丹颗粒剂60 g拌细潮土数千克撒在苗床上。 （2）防病：①一叶一心期后，若发现苗床上出现立枯等病害，可用敌克松喷雾防治，方法同“消毒处理”栏。②三叶期应注意预防叶瘟病和白叶枯病，每15 m^2 用三环唑、叶枯宁各3 g兑水3 kg均匀喷雾。 （3）灭稗除草：播种土盖严后，每15 m^2 用36%旱秧净乳油2 mL兑水少量与数千克细潮土拌匀，均匀撒在苗床上。

续表

本田栽培	适龄移栽	秧龄 25 ~ 30 天左右，移栽前一天傍晚浇足浇透水，以利铲秧。铲秧带土厚度约为 3 cm，使秧苗带土、带肥、带药、带水栽到田里。一般苗高 5 ~ 6 寸，绿叶 5 ~ 6 片，根粗茎基宽，叶直苗矮健。带蘖 1 ~ 2 个。
	栽插要求	每亩 2.5 万 ~ 3 万穴，株行距 13 cm × 20 cm ~ 13 cm × 23 cm。常规稻每穴 2 ~ 3 粒谷苗，杂交稻每穴 1 ~ 2 粒谷苗。浅水浅栽，以第一片真叶露出水面为宜。要求栽后无缓苗期，5 天内恢复分蘖，30 天内茎蘖苗数达到预期穗数指标。
	肥料运筹	（1）苗情动态：常规稻的最高茎蘖苗控制在 30 万以内，成熟时每亩有效穗 25 万 ~ 28 万，每穗总粒数 100 ~ 120 粒，实粒数 80 ~ 100 粒，千粒重 25 ~ 29 g；杂交稻的最高茎蘖苗控制在 25 万左右，成熟时每亩有效穗 20 万左右，每穗总粒数 130 ~ 150 粒，实粒数 100 ~ 120 粒，千粒重 25 ~ 29g，亩产 600 kg 以上。 （2）施肥原则：施足基面肥，早施分蘖肥，补施穗粒肥。①基面肥：亩施农家肥 2 000 kg（包括秸秆还田），碳铵 30 kg 或尿素 12.5 kg、过磷酸钙 20 ~ 25 kg、氯化钾 7.5 kg。②分蘖肥：每亩施尿素 5 kg，可结合撒施除草剂施肥。③穗粒肥：剑叶抽出前半个月，根据苗情亩施尿素 3 ~ 5 kg、氯化钾 2 ~ 3 kg。抽穗初期亩用尿素 0.5 ~ 1 kg、磷酸二氢钾 100 ~ 150 g（均用温热水化开），兑水 50 kg 喷雾，每隔 7 ~ 10 天喷一次，共 2 ~ 3 次。
	水浆管理	薄水浅摆，浅水活棵，够苗晒田（亩茎蘖苗约达 25 万时），足水养穗，湿润壮熟。为避免后期早衰，千万不可断水过早。
	植保措施	（1）除草：①人工耘田除草。②化学除草：移栽后 5 ~ 7 天内，每亩用田草绝 20 g 或乐草隆 40 g 拌细潮土 15 ~ 20 kg 均匀撒施，田间关寸水 5 ~ 7 天。 （2）病虫害防治：病害主要有纹枯病、稻瘟病、白叶枯病和稻曲病等，虫害主要有二化螟、三化螟、稻纵卷叶螟、稻飞虱、蚜虫等，应根据植保部门提供的病虫情报及时进行防治。

安徽省南陵县水稻旱育稀植技术组　一九九七年三月修订

表 3　南陵县双季晚稻旱育稀植栽培技术规程

苗床处理	苗床选择	苗床应选择靠近水源、地高爽水、土质疏松肥沃的菜园地、熟旱地和早稻旱育秧苗床。苗床与大田的比例为 1∶40，即每亩大田需苗床净面积约 15 m^2。
	整地施肥	床地确定后，床土翻深至 15 ~ 20 cm，播种前两三天再施肥翻松，每平方米施腐熟人畜粪 3 ~ 5 kg、3 × 15 复合肥 150 g。苗床整地应做到土碎、畦平、草净，开好围沟，以利排水。
	苗床规格	苗床长约 10 m，宽 1 ~ 1.2 m，沟宽 0.3 ~ 0.4 m，备 2 m 长竹弓若干，地膜适量。夏季用膜是为了保持旱育状态，避免秧苗因淋雨而徒长。
	消毒处理	播种前一天傍晚将苗床消毒，每平方米用敌克松 2 g 兑水 1 kg 均匀喷雾。
育秧管理	品种选择	籼稻：威优 64、汕优 64 及其他籼稻良种。 粳稻：70 优 04、70 优 9 号、80 优 9 号、嘉皖 093、丙 8979、2277 等。
	浸种催芽	先将稻种晾晒、风选，取浸种灵一支（2 mL），另加 5% 烯效唑 20 ~ 30 g，兑水 10 ~ 12 kg，将稻种 6 ~ 8 kg 置于其中，遮光 12 小时后起水翻动。这样日浸夜露翻动 2 ~ 3 次，催芽至露白（不可过长），即可播种。切勿播“铁籽”。
	适期匀播	（1）播期分类：迟熟品种 6 月 12 日前后播种，秧龄 35 ~ 40 天。早熟品种 6 月 25 日前后播种，秧龄 25 天左右。 （2）均匀播种：播种前浇水润透至 10 ~ 15 cm 土层，播后压谷，使种子三面入土，然后覆盖细土 1 cm 厚，并浇水润透，随即插弓盖膜。然后每隔 2 个竹弓再用一竹弓在膜上夹紧。杂交籼稻每亩大田用种量 1.5 ~ 2 kg，杂交粳稻 2.5 ~ 3 kg，常规籼稻 3 ~ 4 kg，常规粳稻 6 ~ 7 kg，可按大田用种量将稻种播于 15 m^2 苗床内。

续表

育秧管理	苗床管理	(1) 播种—出苗：保温保湿争齐苗。稻芽大部分现青后，应将苗床两头薄膜掀开通风。 (2) 出苗— 一叶一心期：控温控湿防徒长。平时将地膜推至竹弓顶端并夹紧，下雨前务必放下两侧膜并固定，使雨水淋不到苗床。未用烯效唑浸种的秧苗长到一叶一心期时，每 15 m^2 用 15% 多效唑粉剂 8 g 兑水 2.5 kg 均匀喷雾。 (3) 二叶期以后：通气炼苗，防病保健。若傍晚发现秧苗卷叶，可喷水少许润苗。二叶一心期施好断奶肥，每平方米用尿素 25 ~ 30 g、磷酸二氢钾 3 g 与少量温热水溶解兑水至 3 kg 均匀喷雾，喷后淋清水洗苗。移栽前 3 ~ 5 天追施送嫁肥，每平方米用尿素 30 g、氯化钾 15 g 与少量温热水溶解后兑水 5 ~ 7 kg 泼浇。
	植保措施	(1) 防鼠治虫：播后每 15 m^2 用呋喃丹颗粒剂 60 g 拌细潮土数千克撒在苗床上。 (2) 防治病害：①一叶一心期后，若发现苗床上出现青枯、立枯等病害，可用敌克松喷雾防治，方法同“消毒处理”栏。②三叶期应注意预防叶瘟和白叶枯病，每 15 m^2 用三环唑、叶枯宁各 3 g 兑水 3 kg 均匀喷雾。 (3) 灭稗除草：播种土盖严后，每 15 m^2 用 36% 旱秧净乳油 2 mL 兑水少量与数千克细潮土拌匀，均匀撒在苗床上。
本田栽培	壮苗标准	苗高 5 ~ 6 寸，绿叶 5 ~ 6 片。根粗茎基宽，叶直苗矮健。带蘖 1 ~ 3 个。
	移栽要求	移栽前一天傍晚，苗床浇透水，以利铲秧。铲秧带土厚度约 3 cm，使秧苗带土、带肥、带药、带水栽到田里。每穴谷苗：杂交籼稻 1，杂交粳稻 2，常规籼稻 3，常规粳稻 4 粒。“擦包水”浅栽，要求株行距为 4 寸 ×5 寸 ~ 4 寸 ×6 寸，每亩 2.5 万 ~ 3 万穴。
	肥料运筹	(1) 叶片诊断：最后 4 片叶中，应是剑叶最短，倒 2 叶较长，倒 3 叶最长。为达此目标，主要通过肥料运筹进行调控。施肥不当，则叶长失调，造成减产。 (2) 施肥要点：重施基面肥，不施分蘖肥，补施穗粒肥。①基肥：亩施农家肥 2 000 kg（包括秸秆还田），碳铵 30 ~ 40 kg 或尿素 12 ~ 15 kg、过磷酸钙 20 ~ 25 kg、氯化钾 5 kg。②穗粒肥：剑叶抽出前半个月（约在 8 月底），根据苗情亩施尿素 4 ~ 5 kg、氯化钾 2 ~ 3 kg。抽穗初期亩用尿素 0.5 ~ 1 kg、磷酸二氢钾 100 ~ 150 g（均用温热水化开），“九二〇”晶体 1 ~ 2 g（用酒溶解），兑水 50 kg 喷雾，7 ~ 10 天后再喷一次（9 月 15 日尚未齐穗的大田一定要喷“九二〇”促使齐穗）。
	水浆管理	薄水浅摆，浅水活棵，够苗晒田，足水养穗，湿润壮熟。为避免后期早衰，千万不可断水过早。
	植保措施	(1) 除草：①人工耘田除草。②化学除草：移栽后 5 ~ 7 天内，每亩用田草绝 20 g 或乐草隆 40 g 拌细潮土 15 ~ 20 kg 均匀撒施，田间关寸水 5 ~ 7 天。 (2) 病虫害防治：病害主要有纹枯病、稻瘟病、白叶枯病和稻曲病等，虫害主要有二化螟、三化螟、稻纵卷叶螟、稻飞虱、蚜虫等，应根据植保部门提供的病虫情报及时进行防治。

安徽省南陵县水稻旱育稀植技术组　一九九七年三月修订

表 4　南陵县水稻塑料软盘旱育抛秧栽培技术规程

育秧技术	秧盘选用	早稻、单季稻可用 561 孔的软盘，早稻每亩大田需用 50 ~ 55 盘，单季稻每亩用 45 ~ 50 盘。双季晚稻若用 460 孔软盘，每亩用 75 ~ 80 盘；若用 434 孔软盘，则每亩约需 100 盘。用盘数量 = 每亩大田适宜抛栽穴数 ×（1 + 10% 空穴率） ÷ 每盘孔数。
	苗床选择	选用地势平坦、疏松肥沃、靠近水源的菜园地、熟旱地或稻田土作苗床。放盘前，干耕干耙做畦，要求畦平土碎、上虚下实。畦长 10 m 左右，宽 1.2 ~ 1.4 m，畦间留操作行 0.3 ~ 0.4 m。
	营养土配制	营养土配制的好坏是软盘旱育秧成功与否的关键。营养土要求疏松、肥沃、偏黏性。一般选用经充分冻晒的旱地或菜园土，与充分腐熟的酸性土杂肥各半，破碎、拌匀、过筛。每亩大田需备营养土约 300 kg，其中三分之一作装盘土，其余作苗床作垫盘土。营养土在播种前 10 ~ 15 天喷人完全溶解的三元复合肥肥液。配制比例与方法是：3 × 15 复合肥 1 kg 充分溶于水后，喷于 300 kg 土中拌匀，盖膜备用。

续表

育秧技术	整地施肥	床地确定后，在播种前3天耕翻至耕层厚度15～20 cm土层，同时施肥，每平方米施入腐熟人畜粪3～5 kg、3×15复合肥150 g作基肥，肥料施入后与床土拌匀并做畦。切勿临时才施肥，以防烧芽。苗床整地应做到土碎、畦平、草净，开好围沟，以利排水。
	品种选择	应选用生育期适宜、高产、抗逆性强、耐肥、抗倒伏的优良品种。
	秧龄确定	塑料软盘旱育秧力求早抛，秧龄宜小不宜大。早稻、单季稻秧龄一般25天左右，双季晚粳22～25天。对于双晚软盘旱育抛秧应特别注意：（1）前茬让茬时间；（2）安全齐穗期。故应安排适当的品种、适宜的播种期和抛栽期。
	浸种催芽	具体操作同旱育稀植技术规程。
	播种要领	摆盘前先垫好营养土，分别于前日傍晚和当日将畦水浇透至10～15 cm深，使苗床呈糊泥状，趁湿摆盘，用木板轻压，使播种孔入泥1～1.5 cm，盘与盘紧密衔接，边缘用泥封严。 播种次序： （1）将营养土筛入孔中1/2； （2）将种子分次均匀播入孔内，力争做到无空穴； （3）筛土覆盖； （4）用板刮平，务必露出孔眼，以防浮根连接纠缠，不利抛秧； （5）敌克松消毒：每平方米用敌克松2 g兑水1 kg消毒； （6）盘面浇透水； （7）插弓盖膜：单、双季晚稻可用“三壳”盖盘后插弓盖膜。 （一般每孔播种粒数：杂交稻1～2粒，单季稻2～3粒，早籼稻3～4粒，双季晚稻4～5粒。）
	苗期管理	由于软盘钵体较小，单、双晚秧苗生长又值高温季节，营养土容易失水干燥，影响出苗。这时可在覆盖物上洒透水或采用其他方法，保持软盘钵体内土壤湿润，促进苗齐苗壮。其他各阶段管理同旱育稀植技术规程。
大田抛栽及管理	抛栽要领	大田要精耕细耙，做到“浅、平、糊、净”。抛秧时田面需保持薄皮水，在无大风大雨天气抛秧。双晚还应选择晴天的傍晚或阴天全天抛秧。 抛秧时，从秧盘抓一把秧，抖动一下，使秧根互相分开，然后斜向上抛，由远到近，抛撒高度应保持2 m以上，使秧苗自由降落，分散均匀。 田块大的要拉绳将大田分成若干小块，一般每4～6 m留一操作行。根据面积定量抛植，先抛70%，其余30%秧苗填空补缺。抛后要及时移稠补稀，用竹竿拨匀。为防漂秧，田头应开平水缺。若遇大雨，应多开平水缺，以及时排水。
	肥料运筹	同旱育稀植技术规程。
	水浆管理	在薄皮水抛植的基础上，抛后2～3天内大田不进水，以利早立苗。立苗后至分蘖期勤灌浅水2～3 cm深，若因大雨导致田间积水过深应及时排至薄水。茎蘖苗达到预期成穗数的80%时开始晒田。先轻后重，分次进行，控制无效分蘖，提高成穗率。生长后期不可断水过早，以免早衰。
	植保措施	（1）抛栽前2小时，每亩用丁草胺乳油100～120 mL拌细潮土15～20 kg均匀撒施。 （2）抛栽后3～5天，每亩用丁苄120～160 g拌细潮土15～20 kg均匀撒施，田间关寸水3～5天。 （3）人工耘草。以上三种除草方法可任选一种。 （4）对于病虫害，可根据植保部门提供的病虫情报及时防治。

安徽省南陵县水稻旱育稀植技术组　一九九七年三月修订

沿江江南双季稻丰产优质栽培技术要点（绿肥茬口）

一、早稻栽培技术要点

（一）选用适宜的优良组合

为充分利用沿江江南双季稻区的光、温、水资源，充分发挥品种的增产潜力，绿肥田茬口选择苗期耐寒性强、分蘖力强的早稻品种皖稻143，并采用直播方式栽培。

（二）产量目标及结构

目标产量：为每亩450 kg以上，产量结构为亩有效穗31万、穗总粒数125粒、结实率82%、千粒重17 g左右。

（三）播前安排

（1）大田准备：播前1个星期翻压花草，并结合耙耕亩施3×15三元素复合肥20 kg，精细整田，全田做到“高差不过寸，寸水不露泥”。

（2）种子处理：浸种前晒种1～2天，用浸种灵（10%二硫氰基甲烷）泡种消毒（2 mL浸种灵对应5 kg稻谷）浸种60小时后起水催芽至种子破胸露白。

（3）播种：播期安排在4月10日至15日，日平均气温稳定通过12 ℃，冷尾暖头抢晴播种。每亩大田用种量5 kg，播后塌谷，以防雨水冲刷，提高出苗率和均匀度。秧苗3～4叶时，全田进行人工匀苗，疏密补稀，达到苗“全、匀、齐、壮”。

（四）精确施肥，提高肥料利用率

测土配方，精确施肥。根据核心区早稻亩产450 kg的目标产量要求，结合早稻品种的需肥特点和当地土壤肥力情况，要实现目标产量，一般土壤肥力中上的田块，每亩大田施肥总量为纯氮（N）4～6 kg，磷（P_2O_5）2～2.5 kg，钾（K_2O）4～6 kg；氮、磷、钾比例一般为1∶0.5∶1。在施肥方法上，磷肥全部作基肥施用，氮肥和钾肥50%作基肥，20%～30%作分蘖肥，10%～20%作穗肥。

（五）好气灌溉，晒田够苗

直播后至三叶期前保持畦面无积水，分蘖期浅水（1～2 cm）间歇灌溉，后水不见前水，达到计划苗数80%时，轻晒至倒2叶露尖；倒2叶露尖后浅水（1 cm）间歇灌溉；抽穗扬花期，保持水层（2～3 cm）；以后湿润灌浆，干干湿湿壮籽，收获前5天左右断水，切勿断水过早，干旱逼熟。

（六）综合防治病虫草害

坚持“预防为主，综合防治”的方针，在搞好农业防治、生物防治、物理防治的基础上，进行化学防治。

1. 农业防治

选用抗性强的品种，采用健身栽培等农艺措施，减少有害生物的发生。

2. 生物防治

通过选择对天敌杀伤力小的中、低毒性化学农药，避开自然天敌对农药的敏感时期，创造适宜自然天敌繁殖的环境等措施，保护天敌；利用及释放天敌控制有害生物的发生。

3. 物理防治

采用振频式杀虫灯诱杀鳞翅目、同翅目害虫。

4. 药剂防治的主要内容

（1）主要病害的防治方法。

稻瘟病：每亩用三环唑20～25 g（指纯品或净含量，用量需根据商品含量进行折算，下同）或稻瘟灵28～40 g喷雾防治。

纹枯病：主要发生在水稻分蘖期至孕穗期、抽穗期，当分蘖期发病率在15%～20%、孕穗期在30%以上时，每亩用井岗霉素10～12.5 g兑水50 kg喷雾1～2次，低于此指标可以不施农药。

白叶枯病：在白叶枯病常发区，于发病初期每亩用叶枯唑30～40 g兑水50 kg喷雾防治；尤其在大风、暴雨、洪涝等灾害之后，水稻叶片受到损伤，应及时喷施上述药剂，防止病情暴发。

恶苗病：采用二硫氰基甲烷或咪鲜胺溶液浸种。

（2）主要虫害的防治方法。

二化螟：在稻苗枯鞘高峰期，每亩用杀虫双36～45 g或杀虫单45～55 g或三唑磷20 g兑水50 kg喷雾，但蚕桑养殖地区不宜使用杀虫双、杀虫单。

三化螟：根据虫情预报，在螟卵孵化初盛期，对每亩卵块发生量在50块以上的田块进行药剂防治，药剂种类同二化螟。

稻飞虱：当百丛虫量达1 500～2 000头时，每亩用噻嗪酮7～10 g或吡虫啉1.5～2 g兑水50 kg，针对稻株中下部喷雾。

稻纵卷叶螟：掌握在主害代 1、2 龄幼虫盛发期（稻叶初卷期）的防治方法。当分蘖期百丛幼虫量达 65 ~ 85 头、孕穗期达 40 ~ 60 头以上时，进行药剂防治，药剂为杀虫双、杀虫单；此外，也可用毒死蜱 32 ~ 40 g 兑水 50 kg 喷雾稻株中、上部。

稻蓟马：在苗期出现叶尖卷曲率在 10% 以上、百株虫量达 300 ~ 500 头以上时，亩用杀虫双 27 ~ 36 g 或丁硫克百威或吡虫啉 1.5 ~ 2 g 兑水 50 kg 喷雾。

（3）杂草的防治方法。

在播后 2 ~ 4 天亩用 30% 扫茀特或 35% 隆苗（吡嘧·丙）50 mL（g）兑水对畦面进行喷雾，进行土壤封杀。或在秧苗三叶期亩用 50% 二氯喹啉酸 30 ~ 50 g，加 10% 苄黄隆 10 ~ 20 g 兑水喷雾，进行茎叶处理，用药后 24 小时上水，保水 5 ~ 7 天。土壤封杀和茎叶处理可叠加应用，除草效果更好。

（4）鼠害。

可选用杀鼠迷、溴敌隆等。

（七）防早衰技术

针对本区域早稻后期易早衰和易遇高温的状况，要抓好以下技术环节：一是要适当增加中后期的施肥比例和加强对病虫害的防治；二是后期要干湿壮籽，防止断水过早；三是若遇 35 ℃以上的高温天气，水源充足的田块可采用灌深水或日灌夜排的办法降温；四是后期可进行根外追肥，补充养分，可选用商品叶面肥如喷施宝、谷粒饱等，也可自己配制叶面肥如 0.5% ~ 1% 尿素、0.2% 的磷酸二氢钾、0.1% 的硫酸锌等，可单独使用，也可混合施用；五是可结合根外追肥，喷施植物生长调节剂，如喷施 1 ~ 2 mg/kg 的芸苔素内酯，可提高灌浆期光合速率，增强抗高温能力，延缓衰老，促进籽粒灌浆。

二、双季晚稻栽培技术要点

（一）选用适宜的优良品种

晚稻选用高产、抗病、耐肥、抗倒的常规晚粳秀水 79 和 M1148，并采用抛秧栽培方式。

（二）产量目标及结构

（1）晚粳秀水 79：目标产量为每亩 500 kg 以上，产量结构为亩有效穗 23 万、穗总粒数 130 粒、结实率 80%、千粒重 25 g 左右。

（2）晚粳 M1148：目标产量为每亩 500 kg 以上，产量结构为亩有效穗 27 万、穗总粒数 115 粒、结实率 80%、千粒重 24 g 左右。

（三）培育壮秧

晚稻塑盘育秧抛秧与早稻基本相同，不同之处有以下几点：一是晚稻品种的选择应根据早稻的成熟期和双晚安全齐穗期来选择，以早熟品种为主，同时适当搭配中熟品种。二是晚稻每亩大田用434孔秧盘80～90片。三是浸种、消毒时间比早稻短，以36小时为宜。四是晚稻播种期以秧龄15～20天和不影响安全齐穗为原则，延长秧龄则要选用大孔径秧盘并增加秧盘数量，并适当加大化控力度。五是晚稻每亩大田用种量为4～4.5 kg，每孔3粒谷苗。六是晚稻营养土壮秧剂和晚稻型育秧专用肥用量比早稻减少30%～50%。七是在田间管理上，晚稻宜在出苗后选择在傍晚揭去覆盖物；若秧龄超过20天，晚稻宜在一叶一心期每亩秧田用15%多效唑150 g兑水75 kg喷施或在浸种时每10 kg干稻谷配用5 g5%烯效唑泡种；注意防治稻蓟马、稻飞虱、二化螟和三化螟。

（四）合理密植，提高抛栽质量

塑盘育秧抛秧，每亩抛3万穴左右。晚稻抛秧宜在下午4时以后进行，抛秧后第二天灌薄水护苗，其他措施同早稻抛秧。

（五）优化施肥，提高肥料利用率

根据核心区双季晚稻亩产500 kg的目标产量，结合晚稻品种秀水79和M1148的特性和本地区土壤肥力情况，一般土壤肥力中上的田块，要实现目标产量，每亩施尿素22～25 kg，钙镁磷肥30 kg，氯化钾18～20 kg。钙镁磷肥、60%的氮肥和钾肥作基肥全层深施，10%的氮肥和20%的钾肥在移栽后5～7天作分蘖肥施下，20%的氮肥和钾肥在倒1.5～1.2叶作保花肥施下，10%的氮肥在齐穗期作粒肥施下。

（六）好气灌溉，晒田够苗

田面花泥水抛秧，浅水（1 cm）返青；分蘖期薄水（1～2 cm）间歇灌溉，后水不见前水，达到计划苗数的80%晒田，多次轻晒，倒2叶露尖复水；倒2叶露尖后浅水间歇灌溉；抽穗扬花期保持水层（2～3 cm）；以后湿润灌浆，干干湿湿壮籽，收获前7天断水，切勿断水过早。

（七）综合防治病虫草鼠害

双晚病虫草鼠害的防治药剂同早稻。

沿江江南双季稻丰产优质栽培技术要点（油菜茬口）

一、早稻栽培技术要点

（一）选用适宜的优良品种

为充分利用沿江江南双季稻区的光、温、水资源，充分发挥品种的增产潜力，油菜茬口宜选择生育期中等的早稻品种早籼15，晚稻品种选用秀水79和M1148。

（二）产量目标及结构

早籼15：目标产量为每亩450 kg以上，产量结构为亩有效穗24万、穗总粒数90粒、结实率80%、千粒重33 g左右。

（三）培育壮秧

（1）秧田准备：选择避风向阳、土壤肥沃、结构良好、腐熟化程度高、排灌方便、运输方便的稻田，在冬季前翻耕，施腐熟有机肥30～40担，播种前几天干耕水整、耙平耙烂，做成湿润通气秧床，秧床长10～12 m，畦面宽1.4～1.5 m，沟宽0.33 m。

（2）备足秧盘：一般每亩备足434孔规格的秧盘70～75片。

（3）种子处理：浸种前晒种1～2天，每5 kg稻种用2 mL浸种灵1支，烯效唑2 g，浸种60小时后起水催芽至破胸露白。

（4）播种期：当日平均气温稳定通过10 ℃左右时，即可选择晴天抢晴播种，一般4月10日至15日播种。

（5）播种量：一般每亩大田用种量为3.5～4.0 kg，以每孔播2～3粒芽谷为宜。

（6）摆盘播种：按湿润通气秧床做好秧畦后，每盘用育秧肥或壮秧剂10～15 g，将其中1/2与干细土拌匀后均匀施于秧畦上，然后耥平，等沉实半天后可在秧畦上摆盘，横摆每排2盘，竖摆每排4盘，秧盘之间要靠紧，摆放要整齐，钵体要入泥，不能悬空，然后将剩余的1/2育秧肥或壮秧剂施入畦沟中，与沟泥充分拌匀成糊状后，将糊泥装入秧盘，刮平，即可播种，播种后用扫把将种谷全部压入孔内，然后盖膜保温。

（7）秧田管理：秧田管理基本上同旱床育秧，不同点是播种到出苗期要保持沟中有水以利出苗，出苗后将沟中水放干进行旱育。

（四）合理密植

一般以秧龄达20～25天、叶龄4叶时抛栽为宜，要求以每亩抛2.5万蔸左右，基本苗7万～9万为宜。抛秧前要先调查每盘的蔸数和苗数以确定抛秧的盘数。抛秧时要尽量抛匀，要消灭一平方尺以上的无苗区。为提高抛秧质量，要求抓好以下环节：一是精细整地，要求田面平整、无杂草残桩、田泥呈浆糊状，并且要在整好田后立即抛秧；二是起秧时，秧床不能太湿或太干，若太湿则应提前一天掀起秧盘，以稍微晾干，若太干则应提前一天浇一次水，以增加秧蔸泥土的重量；三是一般阴天及晴天傍晚抛栽，应保持田面呈浆糊状无水状态，晴天上午抛秧花泥水；四是严防秧丛之间串根与土壤过湿形成的粘连，若粘连要分开后再抛；五是以田定秧，大田可分若干小块定秧；六是抛出的秧把不宜过大，以20蔸左右为宜；七是向自身前上方均匀撒抛，而不是掷扔，把秧把撒落在尽可能大的面积上，而且先远后近；八是分两次抛，首次抛70%～80%，余下的第二次抛，着重补稀补缺补边角；九是全田抛完后，每隔3～4 m拣出一条宽一尺左右的工作沟，将沟内秧苗补在稀处；十是拣好工作沟后，若还有个别不匀的，用竹竿将其扒匀。

（五）测土配方，精确施肥

针对早籼15耐肥力中等的特点，一般土壤肥力中上的田块要实现目标产量，每亩大田施肥总量为纯氮（N）8～10 kg，磷（P_2O_5）4～5 kg，钾（K_2O）8～10 kg。一般有机肥占总施肥量的30%以上，如亩施沼肥2 000 kg以上，氮、磷、钾的比例一般为1：0.5：1。在施肥技术上，要掌握以下要点：

（1）施足基肥：翻耕时将全部有机肥、全部磷肥、50%的氮肥和钾肥，全部锌、硅、硫肥作基肥全层深施，施后耙田，使土、肥相融。

（2）早施分蘖肥：分蘖肥要早施，在栽（抛）后5～7天施下，用量一般占氮肥和钾肥的20%～25%。

（3）增施穗肥：穗肥一般在抽穗前15～20天施下，用量一般占氮肥和钾肥的20%左右。

（4）补施粒肥：破口期施，用量一般占氮钾肥的5%～10%，施时要求田间无水，施后灌水，以水带肥。

（六）科学灌溉

灌溉既要保证水稻生长的生理需水，又要节约生态需水；同时，又要提高土壤的通气性，促进地上和地下的协调生长，促进早发和防止后期早衰。具体灌溉技术如下：

（1）抛植期：晴天花泥水，阴天无水，以利扎根。

（2）返青期：栽后5～7天保持薄水层（1 cm以内）。

(3) 分蘖期：施分蘖肥后灌浅水（1～2 cm），让其自然落干后再灌浅水，移栽两星期左右，当苗数达到计划苗数的80%（每亩20万苗左右）时开始控制无效分蘖。

(4) 孕穗期：倒2叶露尖期，晒田的稻田要复水养胎，到抽穗前7天止，坚持薄露结合，以后再轻晒一次直到抽穗期。

(5) 抽穗灌浆期：抽穗扬花期要灌水2～3 cm，以后干湿交替灌浆，收获前5天断水，切勿断水过早。

（七）加强病虫草鼠害综合防治

病虫草鼠害的防治对象和方法与绿肥茬口相同。

（八）防早衰技术

技术要点与绿肥茬口相同。

二、双季晚稻栽培技术要点

油菜茬口的双季晚稻栽培技术要点与绿肥茬口基本相同，但该茬口的晚稻在生育后期易遇早衰和“寒露风”危害，要抓好以下技术环节：

(1) 适当增加中后期的施肥比例，注意防治病虫危害。

(2) 后期要干湿壮籽，防止断水过早。

(3) 在“寒露风”来临前，对抽穗晚的稻田每亩可喷施1～2 g“九二〇”促进抽穗。

(4) 遇“寒露风”可采用灌深水的方法保温。

(5) 后期可进行根外追肥和喷植物生长调节剂，施用方法同早稻。

南陵县无公害早稻移栽高产栽培技术规程

一、品　种

嘉兴8号、浙辐991等，全生育期110天左右，播始历期80天左右。

二、产量指标

亩产优质稻谷450 kg左右。

三、穗粒结构

亩有效穗28万左右，每穗95~110粒，结实率80%以上，千粒重24 g左右。

四、播种期

4月5日（旱育秧3月25日）。

五、播种量

亩播种35~40 kg，每亩大田用种量4~5 kg。

六、浸种催芽

浸种前晒种1~2天，进行泥水选种。催芽按常规办法进行，一般芽长达种谷长1/2时晾芽备播。

七、秧田整地施肥

精耕细整，做成合式秧田，畦宽4.5尺，沟宽7寸，深4~5寸。基肥亩施腐熟有机肥1 000 kg，施后翻耕，再施7 kg尿素或15 kg碳铵，20 kg磷肥，7.5 kg氯化钾，耙细整平做畦（旱育秧另有技术资料）。

八、播　种

定畦定量播种，先播后补，重在播匀。播后塌谷，覆盖草木灰或麦壳，架弓盖膜。

九、秧田管理

秧苗三叶期和移栽前3~5天，分别亩施尿素4~5 kg，三叶期前畦面不上水，保持畦面湿润，做到“晴天满沟水、阴天沟无水”，三叶期后保持浅水层。

十、大田施肥、整地与除草

亩施腐熟有机肥1 000 kg或饼肥50 kg，尿素8 kg加碳铵15 kg，磷肥25 kg，氯化钾10~15 kg，施后耕翻整平。每亩用60%丁草胺125 mL左右，兑水4~5倍，在最后塌平田面时甩洒，借耙平作业使除草剂扩散到全田，隔3~5天后栽秧。

十一、栽　插

移栽秧龄30天左右，栽插密度4寸×5寸，每穴3~4苗。要浅栽、匀栽、栽正、栽稳。

十二、追　肥

栽插5～7天返青后，亩追施尿素5 kg，抽穗前18天（幼穗长1～1.5 cm）亩追施尿素5 kg；齐穗期看苗追肥，叶色偏淡的田亩追施尿素2.5～3 kg，叶色不褪的田不施。每亩用磷酸二氢钾250～300 g兑水50 kg于齐穗期叶面喷施，可提高结实率和促进成熟。

十三、大田水管

浅水栽插，深水护苗活棵。栽后5～7天自然落干或排水晾田2～3天，灌3 cm深浅水促分蘖，栽后20天左右，每穴达10～12苗时排水烤田，第一次烤至不陷脚，上浅水2～3天后再烤，至分蘖不再上升时为止，抽穗前5～15天和抽穗后5～15天保持浅水层，其他期间保持湿润和间歇灌水，收割前7天断水。

十四、病虫害防治

注重对早期稻蓟马、中后期螟虫及纹枯病的防治，防治稻蓟马每亩用10%吡虫啉15 g兑水50 kg喷雾，防治螟虫每亩用杀虫双150～200 mL兑水50 kg喷雾。在拔节孕穗期，用井岗霉素防治纹枯病1～2次，每次每亩用150～200 g药兑水40 kg喷雾，注意喷到植株下部。

南陵县地方标准

旱稻半旱式直播高产优质种植技术规程

DB340223/T 9—2003　　2003－12－01 批准

南陵县质量技术监督局发布　　2004－03－01 实施

编制说明

旱稻半旱式直播是南陵县近几年发展起来的一种新型种植技术，对于农业节水有很大帮助。这种技术省工、省时，并且能够减少播种量，减少成本，且单产高，使稻米品质有所改善，符合高产优质要求。为了使这一技术得到进一步优化、稻米品质得到进一步改善，特制定本技术规程。

一、编制思路

在广大农民总结的多年种植经验的基础上，为了传播最新农业科技成果，将传统措施与现代农业技术紧密结合，用以指导农业生产，特编写此标准，以便规范本县半旱式直播稻的生产。

二、基本构成

本地方标准主要围绕种植技术部分编写，由“前言”和“技术规程”两部分组成。其中“前言”对制定本标准宗旨做了说明；“技术规程”对生产各环节做出了详细规定。每个部分相互联系，既体现了科学性、先进性，又注重可操作性；既重视提高单产，又注重改善品质。

三、编制过程

《旱稻半旱式直播高产优质种植技术规程》南陵县地方标准，由南陵县农技推广中心提出，南陵县农技推广中心起草，王泽松、程太平、艾家祥、徐月异编写。在编写过程中，编者们首先走访农户，总结其经验；其次查阅相关技术资料；第三，接受了安徽省农业委员会农业生态环境总站关于农业标准化的培训，在县质量技术监督局的指导下完成。

四、总体评价

《旱稻半旱式直播高产优质种植技术规程》总体评价如下：

（1）技术指标明确：本标准提出了在目前条件下，以高产、高效为目标，对于所应采取的技术路线、应有何种产量结构、所应采取的技术措施，基本都有明确数据界定，便于实施。

（2）技术步骤明确：本标准既明确了培育壮秧的技术步骤，又明确了大田管理的步骤，并采取了相应的技术措施，便于操作。

前　言

本标准是在总结田间实验成果的基础上，参照有关技术资料，将传统技术与现代技术相结合，制定的旱稻半旱式直播选种、播种、水肥管理、病虫害防治等技术规程。

本标准的实施对于提高旱稻半旱式直播产量、品质有重要技术指导作用。

本标准由南陵县农技推广中心负责起草。

本标准主要起草人：王泽松、程太平、艾家祥、徐月异。

技术规程

一、范　围

本标准规定了早稻半旱式直播品种、播种、田间管理技术规程。

本标准适用于南陵县不同地区的早稻半旱式直播。

二、目标产量

（一）早熟类型

5 700～6 000 kg/hm^2（380～400 kg/亩）。

（二）中熟类型

6 000～7 500 kg/hm^2（400～500 kg/亩）。

（三）迟熟类型

7 500 kg/hm^2（500 kg/亩）以上。

三、种植技术

（一）品种选择

选择早熟、优质、高产、矮秆、分蘖适中、株型紧凑、抗倒伏、营养生长期叶片短而直，剑叶短、挺、直的品种。

（二）播种前准备

（1）播种量：撒播用种量 45～60 kg/hm^2，点播用种量 60～75 kg/hm^2。早熟、小穗型品种播量宜大，反之则小。

（2）种子处理：用浸种灵或施保克 1 支（2 mL）兑水 10 kg，将晒好的种子 6～8 kg 放入其中浸泡 48～72 小时，然后取出沥干放入 50～55 ℃等量或略多的热水中搅动 5～6 分钟，趁热保温催芽 24～36 小时。

（3）滚土包衣：将催好芽的种子放在冷水里浸一下，取出沥干，随即与防虫营养土混合待播。

（4）整田：大田以水整平，做到田面平细。第二天排干水，每公顷撒施含量为 45%～48% 的高浓度复合肥 300～450 kg（若施用含量为 20%～25% 的，用量加倍），用耖由田边向中心将肥、土耖匀。田面成糊状，切忌低洼积水，高低差不超过 3 cm。

随即开通厢沟、围沟。厢宽 8 ~ 10 m，呈龟背状，沟宽 15 ~ 20 cm，围沟深于厢沟，做到沟沟相通，灌排自如。

（三）播　种

1. 播种时间

整田后即可播种，但烂糊田和砂性重的田要在次日播种，以防种子沉入泥中不出芽。冬闲田一般在 4 月 10 日至 15 日播种，绿肥田要在 4 月 15 日至 20 日播种。

2. 播种方式

（1）点播：行穴距 18 cm × 18 cm，每平方米 30 穴，每穴 6 ~ 8 粒种芽。每穴不宜过多，否则既浪费种子又将因穴内密度过大造成大幅度减产。

（2）撒播：在控制播量的前提下，先撒播 70% 种芽，再以 30% 补齐。每平方米 200 ~ 270 粒种芽。

四、田间管理

（一）分蘖期前

1. 除　草

以下除草方法应在秧苗发育到不同阶段时采用：

（1）播后 2 ~ 4 天，每公顷用 35% 吡嘧 · 丙草胺可湿性粉剂 675 ~ 900 g 兑水 600 ~ 750 kg 喷雾。注意事项：必须播种芽，不可播“铁籽”（即未经催芽即播种的种子）；田面必须平整。若有凹凼积水，将产生药害。

（2）秧苗长至二叶一心期时，每公顷用 50% 二氯喹啉酸可湿性粉剂 400 ~ 800 g、10% 苄黄隆可湿性粉剂 200 ~ 400 g 兑水 600 ~ 750 kg 喷雾。3 天后再上水约 3 cm 深并保持 5 ~ 10 天。田间若水减少，应续水保持深度。

（3）秧苗长至二叶一心期时，每公顷用 96% 禾大壮乳油 1 500 ~ 3 700 mL、10% 苄黄隆可湿性粉剂 200 ~ 400 g 与干细土 15 ~ 30 kg 拌成母粉，再与细潮砂土 300 ~ 450 kg 拌匀，撒到田里，田间上水约 3 cm 深并保持 5 ~ 10 天。田间若水减少，应续水保持深度。因某些情况除草效果欠佳，可采取药后处理。

2. 水肥管理

田间施用除草剂，上水后，每公顷追施尿素 45 kg、氯化钾 150 kg。若未施基肥，此时应重施追肥，每公顷撒施尿素 150 ~ 200 kg、过磷酸钙 350 ~ 400 kg、氯化钾 150 kg。后二者也可用含量为 45% ~ 48% 的高浓度复合肥 300 ~ 450 kg 代替（若施用含量为 20% ~ 25% 的，用量加倍）。施肥待水自然落干搁田。晴天搁 2 天，雨天搁 5 天，其余时间保持湿润、半干旱状态。

（二）分蘖期

（1）匀苗：当秧苗进入分蘖期（约五叶期）以后，田间上浅水约 3 cm，对缺穴和 100 cm^2 缺苗处，要带土移密补稀，移植 2 苗以上。

（2）晒田：当茎蘖苗达每平方米 500 根且叶色浓绿、禾苗长势旺时，应排水重晒。晒田达到：田开鸡花裂，行走不陷鞋，田面冒白根，叶色褪淡发棵歇。

重搁田后，田间灌“跑马水”，多次轻搁，做到“后水不见前水”。为达到排水通畅，可在分蘖末期清理一次排水沟，使沟沟相通，排水通畅。

（三）孕穗至成熟期

（1）追肥：播种后 45 天左右，根据土壤肥力水平高低及禾苗长势好坏酌情追施穗粒肥，每公顷追施尿素 60～75 kg，氯化钾 30～45 kg。

在抽穗初期至齐穗期，每公顷用磷酸二氢钾 1.5～2.25 kg（若缺氮则另加尿素 7.5～15 kg）与少量热水溶解后兑水 600～750 kg 喷雾 2 次。为使抽穗整齐，第一次喷肥时，可将 75% 赤霉素结晶粉每公顷 15 g，先用少量酒精或白酒溶解后，加到上述用量水中共同喷雾，可促进齐穗，提高结实率。

（2）水浆管理：该期以间歇灌溉为主，从剑叶抽出至灌浆成熟，保持田间湿润即可。田间开好“丰产沟”，梅雨季节及时排水，做到田面无渍水，以防倒伏。

（四）植　保

（1）鼠害防治：在播种前数天用敌鼠钠盐、溴敌隆等拌炒熟稻谷投放田边。播后根据田鼠活动及危害情况再进行重点防治。

（2）虫害防治：若未用防虫毒土拌谷芽播种，在秧苗四至六叶期可用有机磷类杀虫剂与拟除虫菊酯类农药防治稻蓟马、稻象甲危害。二化螟、三化螟、稻纵卷叶螟等，可根据病虫情报进行防治，防治药剂主要用有机磷类、仿沙蚕毒素类、拟除虫菊酯类、有机氯杀虫剂。

（3）病害防治：自拔节至成熟期每隔 10～15 天防治纹枯病 1 次。对于稻瘟病、白叶枯病等可根据发病情况进行针对性防治。

附：南陵县质量技术监督局关于本规程的文件通知

南陵县质量技术监督局文件

关于批准发布《早稻半旱式直播高产优质种植技术规程》的通知

南质监［2003］58 号

各镇人民政府，县直有关单位：

早稻直播已成为我县农民广泛采用的生产方式。为规范直播操作技术，提高直播产量、质量，我县从事农业技术推广的有关农业技术人员在总结实验成果的基础上，根据农业技术起草了《早稻半旱式直播高产优质种植技术规程》地方农业标准。该标准已在 2003 年 11 月经有关农业专业技术人员审定，符合国家法律法规和技术要求，现予批准发布，自 2004 年 3 月 1 日起实施。请认真做好宣传贯彻工作。

南陵县质量技术监督局（盖章）
二〇〇三年十二月一日

抄：市质监局、农委、县人大、政府办、县农委、科技局

南陵县无公害单季稻生产技术规程

一、范　围

本规程规定了无公害农产品单季稻（常规籼稻、粳稻、糯稻、籼型杂交稻及粳型杂交稻）的生产技术要求。

二、目　标

（1）产量：单产≥500 kg/亩。

（2）品质标准：成品粮米质各项指标符合国家三级以上（含三级）标准。

（3）卫生标准：含对人体有害的物质成分在无公害大米标准以内。

三、栽培技术

1. 播种与育秧

（1）品种（组合）：必须使用经国家或省级审定的品种或组合。

（2）播种期：公历5月初至6月上旬。

（3）播种量：每亩大田用种量如下：常规籼稻4 kg，常规粳稻5 kg，籼型杂交稻1.5 kg，粳型杂交稻3 kg，籼糯稻2 kg。秧田每亩播籼型杂交稻10 kg，其他稻30 kg。力求匀播。

（4）育秧：可以采取湿润育秧和旱育秧及软盘育秧等育秧方式，培育带蘖壮秧，秧龄一般不超过35天。

2. 移　栽

栽插规格：株行距一般以16.7 cm×20 cm（5寸×6寸）为宜，也可20 cm×20 cm（6寸×6寸）或13.3 cm×26.6 cm（4寸×8寸）。籼型杂交稻每穴栽1~2粒谷苗，每亩应栽基本苗（不含蘖，下同）2万~3万苗。粳型杂交稻和常规稻每穴栽2~3粒谷苗，每亩宜栽4万~5万苗。秧苗栽入大田后应达到稳、匀、浅、直，以利于秧苗返青活棵。

3. 施　肥

（1）基肥：每亩施有机肥 1 000 kg，化肥以每亩施尿素 20 kg、过磷酸钙 25 kg、氯化钾 8 kg 为宜。

（2）追肥：分三次施用。第一次在移栽后 7 天前后施分蘖肥，每亩施尿素 10 kg；第二次在分蘖末期，烤田结束后复水时施保花肥，每亩施尿素 5 kg；第三次在抽穗前 10 ~ 15 天施穗粒肥，每亩施尿素 5 kg 加氯化钾 5 kg。提倡在初穗至齐穗期根外追肥 2 次。

4. 植保措施

（1）草害防治：秧苗移栽后 7 天前后，用“丁·苄”或“丙·苄”类除草剂防除田间杂草。抛秧田不宜使用含丁草胺的除草剂，以免伤根。

（2）病害防治：防治纹枯病宜用井冈霉素、纹霉清、纹霉星等。防治稻瘟病宜用三环唑预防，发病初期宜用稻瘟净等防治。防治白叶枯病宜在发病初期用川化 018 或叶青双等。防治稻曲病所用药剂与防治纹枯病相同，宜在抽穗前 7 ~ 10 天用药。

（3）虫害防治：主要有二化螟、三化螟、稻纵卷叶螟、稻飞虱等，需根据病虫情报进行防治。对于前三种害虫，可用生物类农药如复合 Bt、锐劲特或阿维菌素防治。对于稻飞虱，可用锐劲特、吡虫啉等防治。

在防治病虫草害时，严禁使用国家及有关部门禁止使用的农药。

四、收获

在谷粒有 90% 黄熟时，选择良好天气及时收获。

五、贮　藏

稻谷收获后，及时晒干，扬净，置于通风、透气处，同时注意预防鼠虫为害。

（编写人：南陵县农业技术推广中心　朱国平、王泽松）

南陵县无公害双季晚稻生产技术规程

一、范　围

本规程规定了无公害农产品双季晚稻（粳、籼、糯）的生产技术要求。

二、目　标

（1）产量：常规或杂交粳稻单产≥500 kg/亩，籼型杂交稻单产≥450 kg/亩，籼型常规稻单产≥400 kg/亩。

（2）品质标准：成品粮米质各项指标符合国家三级米以上（含三级）标准。

（3）卫生标准：含对人体有害的物质成分在无公害大米标准指标以内。

三、栽培技术

1. 播　种

（1）播种期：最适播期应在6月20日前后，播期的确定应根据前茬成熟期、双季晚稻的安全齐穗期和所安排的双晚品种或组合的秧龄来确定。能够直播的品种可以直播。

（2）播种量：常规粳稻种子每亩需用种量6～7.5 kg，籼型杂交稻每亩需用种量1.5 kg，常规籼稻每亩需用种量3～4 kg。提倡软盘抛秧和旱育抛秧。相对于434孔秧盘，常规粳稻每孔播4～5粒种子，马坝小占每孔播2～3粒种子，其他籼稻种子每孔播3～4粒，籼型杂交稻每孔播1～2粒种子。

2. 品种（组合）的应用

品种（组合）必须使用经国家或省级品种审定委员会审定通过的品种（组合），主要有：特优晚籼马坝小占、粳稻秀水79、武运粳7号、武运粳8号、籼杂金优77、金优晚三、汕优晚三等。

3. 育　秧

籼型杂交稻秧龄以25～28天为宜，应严格控制在30天以内。要求稀播，秧田每亩播种量以10～12 kg为宜。粳稻品种秧龄应控制在35天以内，最长不得超过40天，秧田每亩播种量不得超过50 kg。马坝小占每亩播种量以10～12 kg、秧龄不超过35天为宜。注意田间灌溉水的调控，注意田间病、虫、草害的防治。

4. 大田生产与管理

（1）大田的栽插、抛秧与直播规格。

栽插规格：各种稻秧苗的栽插规格一般为17 cm×17 cm（5寸×5寸），常规粳稻栽插每穴栽基本苗5～6苗，马坝小占每穴栽基本苗2～3苗，籼型杂交稻每穴栽基本苗2苗左右。

抛秧规格：常规粳稻每亩抛秧3.5万～4万穴，常规籼稻每亩抛秧3万穴左右，杂交籼稻每亩抛秧2.5万穴左右。

直播规格：每平方米播种200粒左右，每亩播种13万～14万粒。

（2）施肥。

基肥：以有机肥为主，每亩稻草还田800 kg（鲜），并施尿素15～30 kg、过磷酸钙25 kg、氯化钾10 kg作耖口肥。需根据养分含量酌情施用复合肥。

追肥：移栽田和抛秧田在秧苗入田后5～7天及时追施分蘖肥，每亩撒施尿素10～15 kg。直播田则分别在二叶一心期和分蘖初期施肥，用肥量同前。抽穗前10～15天根据苗情酌情追肥，中等苗情每亩撒施尿素5～6 kg，氯化钾3～5 kg，在齐穗前后还可根外追肥。

（3）用水。

除移栽和抛秧初期用寸水促进分蘖外，其余阶段以干干湿湿、田不开大裂为好。生长后期切忌断水过早，以免影响产量和品质。

（4）植保措施。

防治草害：主要防治稗草、千金子、莎草科杂草及阔叶杂草，可用二氯喹磷酸、千金、苄嘧磺隆等除草剂防治。

防治病害：主要防治纹枯病、稻瘟病、白叶枯病、稻曲病等。对于纹枯病，可用井冈霉素或纹霉星、纹霉清等防治；对于稻瘟病，可用三环唑预防，可用稻瘟净等防治；对于白叶枯病，可用叶青双、川化018防治；对于稻曲病，可在抽穗前用井冈霉素、纹霉星、纹霉清防治。

防治虫害：主要害虫有二化螟、三化螟、稻纵卷叶螟和稻飞虱等，需根据病虫情报进行防治。对于三类螟虫，可用生物类农药如复合Bt或阿维菌素防治。对于稻飞虱，可用锐劲特、吡虫啉等防治。

在防治病虫草害时，严禁使用国家及有关部门禁止使用的农药。

四、收 获

在谷粒有90%黄熟时，选择良好天气及时收获。

五、贮 藏

稻谷收获后，及时晒干，扬净，置于通风、透气处，同时注意预防鼠虫为害。

（编写人：南陵县农业技术推广中心　朱国平、王泽松）

南陵县地方标准

优质水稻马坝小占生产技术规范

DB340223/T 2—2002　　　　2002－12－27 批准
南陵县质量技术监督局发布　　　　2003－04－01 实施

前 言

“马坝小占”水稻原产于广东韶关马坝，自1985年引入南陵县种植，因其粒型小、米粒占，故名“马坝小占”。为使马坝小占这一水稻品种既优质又高产，在总结南陵县种植马坝小占生产实践的基础上，参照有关技术资料，依据马坝小占田间生产各个环节对外界环境条件的要求，采用传统措施与现代技术结合，兼顾经济效益，特制定本标准。

本标准由南陵县农业委员会提出。

本标准由南陵县农技推广中心负责起草。

本标准主要起草人：王泽松、宋卫兵。

正　文

一、范　围

本标准规定了优质水稻马坝小占的栽培技术和收贮方法。

本标准适应的马坝小占水稻生产的水田条件有：海拔 200 m 以下，6 月至 10 月份活动积温≥3 685 ℃，有效积温≥1 859 ℃，降水量达 759. 7 mm，日照时数达 928. 2 小时，日照率达 49. 2%，9 月上旬 3 天日均温不低于 23 ℃，产地周边 3 km 内无污染源（包括工矿企业和医院等）。

二、规范性引用文件

下列文件中的条款通过本标准的引用而成为本标准的条款。凡是注明日期的引用文件，其随后所有的修改单（不包括勘误的内容）或修订版均不适用于本标准，然而，鼓励根据本标准达成协议的各方研究是否可使用这些文件的最新版本。凡是不注明日期的引用文件，其最新版本适用于本标准。

GB 4285　农药安全使用标准；

GB 5084—1992　农田灌溉水质标准；

GB 8321. 1　农药合理使用准则；

GB/T 17891—1999　优质稻谷；

GB 4404. 1—1997　粮食作物种子质量标准——禾谷类。

三、目　标

（1）产量、质量、成本标准：优质水稻马坝小占产量 5 250 ~ 6 000 kg/hm^2（350 ~ 400 kg/亩），质量不低于国家二级优质粮标准，单位面积生产成本低于当地常规栽培条件 10% 以上。

（2）产量结构：有效穗 360 万 ~ 450 万粒/hm^2（24 万 ~ 30 万粒/亩），每穗总粒数 100 ~ 125 粒，实粒数 80 ~ 100 粒，结实率 80% 左右，千粒重 18 g 左右。

四、栽培技术

（一）技术路线

选用优质稻种，正确掌握播期与播量，培育多蘖壮秧，适期移栽或抛秧，合理稀植，加强水肥管理，加强对病虫草害的及时防治。在最佳田间管理的基础上，争取单位面积最佳有效穗数、最佳颖花数量、最佳结实率和最佳千粒重，使籽粒饱满，米质优良，努力实现高产和取得最佳经济效益。

（二）培育壮秧

1. 选用种子

种子质量应符合 GB 4404.1 的规定，达到国家一级良种标准，浸种前晾晒 3～4 小时（一般选择晴天上午），双季晚稻用种量为 22.5 kg/hm^2（1.5 kg/亩）。

2. 选择适宜播期

本品种作双季晚稻宜于 6 月中旬播种。

3. 浸种催芽

适量种子消毒剂与 5% 烯效唑粉剂 20～30 g 兑水 10～12 kg 搅匀，将晾晒、风选过的种子置于其中，浸种 48 小时左右，之后起水沥干，保温催芽至露白。

4. 旱育秧技术要点

（1）旱育稀植及抛秧的壮秧标准：苗高 15 cm 左右，叶龄 4～5，苗挺有蘖白根多，秧龄 22～25 天。

（2）旱育稀植及抛秧的苗床处理：选择背风向阳、疏松肥沃、灌溉方便、病虫草害少的田地作苗床。苗床应于前一年秋冬季进行培肥处理。育秧可采用育秧软盘，用于抛秧。旱育秧既可用于移栽，也可用于抛植，苗床与大田面积之比为 1∶35～1∶30。

播种前两天施肥翻耕，每平方米施腐熟人畜粪 3～5 kg、45% 三元复合肥 150 g，与床土拌匀并做畦，畦长约 10 m，宽 1～1.2 m，沟宽 0.3～0.4 m。备地膜适量，跨畦竹弓若干。夏季用膜是为了保持旱育状态，避免秧苗因淋雨而徒长。播种前一天傍晚将苗床用水润透并消毒，每平方米用旱育壮秧剂或敌克松 2～3 g 兑水 1 kg 均匀喷雾。

（3）软盘育秧播种操作步骤：双季晚稻每公顷用 434 孔育秧软盘 1 500 张左右。将育秧软盘摆在已润透水并糊软的苗床上，用木板轻压入土，盘与盘之间不留缝隙，边缘用泥糊严。先将播种孔填入一大半营养土，每孔播 2～3 粒种子，用另一小半营养土将孔盖平。注意孔与孔之间不得有泥土相连，否则会有浮根缠绕，对抛秧操作不利。每平方米用旱育壮秧剂或敌克松 2～3 g 兑水 1 kg 均匀喷雾。盘面浇透水，保持湿润至苗出齐，以后保持旱育状态。若过分缺水，可洒水润苗。

（4）旱育秧及软盘育秧的苗床管理：播种至二叶期前保温保湿促齐苗。二叶期以后，以旱育炼苗为主，只有傍晚出现卷叶时才浇水少许润苗。二叶一心期施好断奶肥，每平方米用尿素25～30 g、磷酸二氢钾3 g与少量温热水溶解后兑水至3 kg均匀喷雾，喷后淋清水洗苗。移栽前3天追施送嫁肥，每平方米用尿素30 g、氯化钾15 g先与少量温热水溶解后兑水5～7 kg泼浇。

（5）病虫害防治：苗床虫害主要有稻蓟马、稻象甲和黑尾叶蝉等，应随时发现随时防治。病害主要有青枯病、立枯病和叶瘟等，可用旱育壮秧剂及敌克松喷雾防治。播种土盖严后，用丁草胺或含有二氯喹啉酸、苄磺隆的除草剂综合防除稗草和其他杂草。

5. 湿润育秧技术要点

（1）湿育壮秧标准：苗高20 cm左右，叶龄6～7，苗挺白根多，秧龄30天左右。

（2）选好秧田：选择疏松肥沃、排灌方便、病虫害较轻的田块做秧田。采用湿润育秧，做合（涸）式秧田，要求做到“肥、平、软、净”。

（3）播前处理：播种前10天左右，中等肥力田块每公顷撒施腐熟人畜粪或土杂肥15 t（1 t/亩）作基肥。播种前7天左右做畦，畦面略呈龟背形、无凼、平滑有浮泥，整块秧田畦高差不过寸。秧畦做好田间上寸水后，立即使用除草剂以防治草害。每公顷用60%丁草胺乳油1 500～2 250 g（100～150 g/亩）兑水450～600 L喷雾。播种前一天将田水放干，在畦面按每公顷撒施水稻专用肥或45%三元复合肥225 kg（15 kg/亩）左右作基面肥。

（4）播种：播种用苗床与大田面积之比为1：8～1：6。

（5）水肥管理：播种后至一叶期前不上水，二叶期以后勤换水，风雨来前灌寸水（护苗），风雨过后慢排水。水质应符合GB 5084的规定。秧苗长至二叶期时，每平方米撒施尿素6～7.5 g作断奶肥。移栽前5～7天，视苗情酌施尿素3～4.5 g作送嫁肥，以“茎基转色，叶片不嫩”为标准。

（三）大田生产

1. 翻耕施肥

前茬让茬后或有空闲田，应尽早翻耕，干耕干耙。以有机肥如绿肥、人畜粪、厩肥、堆肥、沤肥、饼肥、泥肥及作物秸秆作基肥，每公顷施15～30 t，翻耕前施下，翻耕后混入土中。耖田前施面肥，每公顷施N138～172.5 kg，$P_2O_5$63～72 kg，K_2O 63～72 kg，具体为：每公顷施尿素和过磷酸钙各300～375 kg（20～25 kg/亩）、氯化钾105～120 kg（7～8 kg/亩），混匀撒施；也可施三元复合肥225～300 kg（15～20 kg/亩）；另外需撒施硅肥450～750 kg（30～50 kg/亩）。瓜、菜等肥茬可不施面肥，但硅肥要施。

2. 合理密植

应根据品种特性、大田肥力水平和秧苗质量确定栽插密度。中等肥力水平田块的栽插规格，如作双季晚稻一般为 20 cm × 13.3 cm（6 寸 ×4 寸），每穴有茎蘖苗 4 ~5苗，每公顷有基本苗 150 万 ~180 万左右（10 万 ~12 万苗/亩）。对于其他肥力水平的田块，栽插规格可根据肥田、瘦田类型作适当调整，肥田基本苗略少，瘦田基本苗略多。

若是抛秧，一般每公顷 36 万 ~45 万穴（2.4 万 ~3.0 万穴/亩），每公顷基本苗同上。

3. 施肥管理

马坝小占作为双季晚稻的施肥原则是："攻前、控中、后补足。"在栽后 5 ~7 天内可施少量分蘖肥，也可不施。在抽穗前 10 ~15 天根据苗情酌情施穗粒肥，每公顷撒施尿素 45 ~75 kg，氯化钾减半，苗旺不施。齐穗前后可用磷酸二氢钾、尿素及硼砂作叶面肥，以提高结实率，增加千粒重，改善品质，增强抗逆性，提高单产。天气降温影响齐穗时，提倡喷施"九二 O"以促进早齐穗。

4. 水浆管理

抛植与移栽田要掌握"浅水抛栽深水活，干干湿湿到收割"的原则。活棵前、孕穗和抽穗扬花期勤灌水，其余时期以保湿为主。分蘖末期及时烤田，有两点要求："时到不等苗，苗到不等时"；"泥不陷脚田开裂，润水再晒到拔节"。遇连阴雨应敞开田缺并开挖"沥水沟"，以利排水晾田。

5. 病虫草害防治

马坝小占生长期间病害主要有纹枯病、稻瘟病、白叶枯病和稻曲病等，重点防治稻瘟病，特别是穗颈瘟。虫害主要有二化螟、三化螟、稻纵卷叶螟、稻飞虱、蚜虫等。草害主要有稗草、鸭舌草、四叶萍、牛毛草、竹叶草、三棱草、野慈菇等。对以上病虫草害防治的方针是"预防为主，综合防治"。农户应及时与病虫测报部门联系，及时防治，提倡采用生物防治、稻鸭共养、保护天敌、灯光诱杀等手段综合防治病虫草害。若必须使用化学农药，应按 GB 4285、GB 8321.1 执行，使用高效低毒低残留农药，把有害生物造成的损失控制在经济允许范围内。常用农药安全使用技术指标见附录 A。

附录 A（资料性附录）:

常用农药安全使用技术指标表

类别	农药名称	剂　型	常用药量或稀释倍数	最高用药量或稀释倍数	施药方法	最多使用次数	安全间隔期
杀虫剂	杀虫双	25%水剂	250 mL/亩	250 mL/亩	喷雾	3	不少于 15 天
	叶蝉散	2%粉剂	2 kg/亩	3 kg/亩	喷粉	2	不少于 14 天
	速灭威	25%可湿性粉剂	200 g/亩	320 g/亩	喷雾	3	不少于 14 天
	吡虫啉	10%可湿性粉剂	10 g/亩	15 g/亩	喷雾	3	不少于 15 天
	好年冬	20%乳油	200 mL/亩	250 mL/亩	喷雾	1	不少于 30 天
	多噻烷	30%乳油	120 mL/亩	170 mL/亩	喷雾	3	不少于 14 天
	杀螟硫磷	50%乳油	75 mL/亩	100 mL/亩	喷雾	3	不少于 21 天
杀菌剂	异稻瘟净	40%乳油 10%颗粒剂	125 mL/亩 3 kg/亩	150 mL/亩 5 kg/亩	喷雾 撒施	5 5	不少于 20 天 抽穗前使用
	百菌清	75%可湿性粉剂	100 g/亩	100 g/亩	喷雾	5	不少于 10 天
	多菌灵	50%可湿性粉剂	50 g/亩	50 g/亩	喷雾	5	不少于 30 天
	三环唑	20%可湿性粉剂 75%可湿性粉剂	100 g/亩 20 g/亩	125 g/亩 30 g/亩	喷雾 喷雾	2 2	不少于 35 天 不少于 21 天
	稻瘟灵（富士一号）	40%乳油或可湿性粉剂	70 g/亩	100 g/亩	喷雾	2	不少于 28 天
	克瘟散	40%乳油	55 mL/亩	95 mL/亩	喷雾	4	不少于 28 天
	春雷霉素	2%水剂	75 mL/亩	100 mL/亩	喷雾	3	不少于 21 天
	叶枯宁	25%可湿性粉剂	75～100 g/亩	150 g/亩	喷雾	3	不少于 15 天
	敌克松	50%可溶性粉剂 75%可溶性粉剂	1 500～2 000 g/亩		喷雾	3	不少于 14 天
	甲基托布津	50%悬浮剂	100 mL/亩	150 mL/亩	喷雾	3	不少于 30 天
	井冈霉素	2%水剂 20%可湿性粉剂	100 mL/亩 20 g/亩	200 mL/亩 30 g/亩	喷雾 喷雾	3 3	不少于 14 天 不少于 14 天
	稻瘟肽	50%可湿性粉剂	65 g/亩	100 g/亩	喷雾	4	不少于 21 天
	三唑酮	25%可湿性粉剂	35 g/亩	60 g/亩	喷雾	4	不少于 20 天
除草剂	丁草胺	60%乳油	100 mL/亩，500 倍液	95 mL/亩，250 倍液	喷雾	1	移栽 4 天后使用
	吡嘧磺隆	10%可湿性粉剂	10 g/亩	移栽田 20 g/亩 直播田 17 g/亩	喷雾	1	移栽后 1 周施药，直播一～三叶期
	二氯喹啉酸	50%可湿性粉剂	26 g/亩	55 g/亩	喷雾	1	播种、移栽后 5～20 天
	禾大壮	96%乳油	100 mL/亩	200 mL/亩	毒土	2	
	恶草灵	12%乳油 25%乳油	200 mL/亩 70～130 mL/亩	270 mL/亩 170 mL/亩	洒施喷雾或毒土	1	不少于 28 天 不少于 28 天
	杀草丹	57.5%乳油	200 mL/亩	270 mL/亩	同上	1	
	扫弗特	30%乳油	100 mL/亩	115 mL/亩	同上	1	
	高杀草丹	90%乳油	150 mL/亩	220 mL/亩	同上	1	
	苄磺隆	10%可湿性粉剂	10 g/亩	20 g/亩	同上	1	

（四）收 贮

1. 收 获

马坝小占属“易落粒型”，待谷粒九成黄熟，穗枝梗也已变黄时适期收获。

2. 干 燥

马坝小占稻谷应单独翻晒，有条件的最好采用机械干燥烘干，此法可以改进稻米品质，减少收获季节因阴雨等不良天气造成的损失；也可在稻场上进行翻晒，一般在晴天上午 8 ~ 9 时，晒场干燥后，将稻谷摊晒勤翻，以利谷粒水分散发。必须使谷粒含水量一次性达到合格标准（≤13.5%），含杂率≤1.5%。

3. 贮 藏

（1）仓库准备：用于贮藏原粮的仓库必须防潮、通风、保持阴凉，同时做到防虫、防鼠、防污染。原粮入仓前可用粮食专用杀虫、杀菌剂对仓库进行消毒处理。

（2）原粮包装与运输：用于原粮的包装材料，要采用无毒无异味的麻袋或其他包装材料。用于运输的车、船等工具，应清洁干燥。装车时需分清品种，分清等级。严加覆盖，防止潮湿。

（3）原粮入库前的检验：原粮应符合 GB/T 17891—1999 要求才可入库，入库前进行抽样检验。取样要求：布点均匀，数量一致，打样包数不少于总包数的 5%，抽样样品不少于 2 kg；不合格品处理要求：对水分超标的原粮进行低温烘干或翻晒处理，杂质超标的进行精选去杂，其余超标情况则作清退处理。

（4）原粮入仓和管理：经检验合格的原粮，入仓时要做到一仓一品，堆码成行，留出 0.5 m 通风道和工作行。仓库内必须除湿并进行人工定期监测，采取相应措施保证原粮稳定不变质，不出现意外损失。

附录 B：

《特种稻马坝小占高产生产技术规范》
编制说明

“马坝小占”是南陵县地方特种优质稻，其单产较高，品质优异，经济效益明显，易于种植；其米质优异，米粒晶莹透明，饭粒柔韧爽口，食味清香悠长，市场愿意销售，居民愿意食用，是南陵县的“拳头产品”。马坝小占近销芜湖、宣城、马鞍山，远销珠江三角洲。为了使马坝小占这一特异水稻品种既优质又高产，特制定本技术规范。

一、编制思路

马坝小占 1985 年引入南陵县，最初单产只有每公顷 4 500 kg 左右。经过农业科技工作者和广大种植户的多年努力，对马坝小占提纯复壮，现在该品种抗性增强，单产逐渐提高至每公顷 5 250 ~ 6 000 kg。为了总结广大种植户的经验，并传播最新农业科技成果，将传统措施与现代农业技术紧密结合，用以指导今后生产，提高单产，增加效益，特编写本地方标准，以“规范”本县马坝小占水稻的生产。

二、基本构成

本地方标准主要围绕种植技术部分编写，由“前言”和“高产生产技术规范”两部分组成。其中“前言”对马坝小占的品种特性和制定宗旨做了说明；“高产生产技术规范”对育秧、大田生产各环节做出了详细规定。每个部分既互相独立，又前后关联；既体现科学性，又注重可操作性；既重视提高单产，又注重改善品质。

三、编制过程

《特种稻马坝小占高产生产技术规范》南陵县地方标准，由南陵县农业委员会提出，南陵县农技推广中心起草，王泽松、宋卫兵编写。在编写过程中，编者首先走访农户，总结农民生产实践经验，其次查阅了我们以往总结的技术资料，在征求了粮食加工企业的意见，并接受了安徽省农业委员会农业生态环境总站关于农业标准化培训的基础上，由南陵县质量技术监督局指导完成。

四、总体评价

《特种稻马坝小占高产生产技术规范》总体评价如下：

(1) 技术指标明确：本标准提出了在目前条件下所应采取的技术路线，以高产、高效为目标，应有何种产量结构，所应采取的技术措施，基本都有明确的数据界定，便于实施。

(2) 技术步骤明确：本标准既明确了培育壮秧的技术步骤，又明确了大田管理步骤。在培育壮秧部分，既包括苗床旱育、软盘育秧，也包括湿润育秧；大田管理部分，针对育苗移栽、抛秧、直播等种植方式，采取了相应的技术措施，便于操作。

(3) 地方特色明显：马坝小占是地方特色品种，其栽培措施既体现了农业科学技术先进性，又切合南陵地方实际，其中施肥、植物保护手段符合本地水平，通俗易懂，切实可行。

(4) 三种效益明显：本地方标准的实施，可进一步提高南陵县马坝小占水稻大田生产水平，降低单位面积成本。按每公顷大田单产比未实施本标准增产600 kg推算，可增收720元，节省农业成本60元，每公顷增收节支780元。据加工企业和销售商介绍，每千克米价比杂交稻米高出0.4元，按每公顷所产稻谷加工成的米（3 150~3 600元）推算，又可增收1 260~1 440元。本县现年产马坝小占水稻至少3.5万~4万吨，并且种植范围已扩散至无为、池州、宣城等周边县市，作为“订单”收购水稻约有20万吨，增收节支不少于8 000万元，并带动相关产业增加了收入，其经济效益和社会效益十分可观。马坝小占植株叶色较淡，病虫危害轻，施肥总量、使用农药次数和总量均比其他稻谷少约40%，对周边环境污染轻，故生态效益也十分明显。

安徽省地方标准
芜湖大米

DB34/T 313—2003　　2003 - 01 - 24 批准
安徽省质量技术监督局发布　　2003 - 01 - 24 实施

前　言

DB34/T 313—2003《芜湖大米》分为以下三个部分；

DB34/T 313.1　芜湖大米　第1部分　基本准则；

DB34/T 313.3　芜湖大米　第2部分　质量标准；

DB34/T 313.2　芜湖大米　第3部分　生产技术规范；

本部分根据GB/T 1.1—2000《标准的结构和编写规则》并参照DB34/T 208—2000《安徽省无公害农产品生产技术规范》编写。

本部分规定了芜湖大米生产的稻田生态环境、品种选择、农药和肥料的合理使用、实验方法与检验规则，这些要求和方法均采用了现行国家标准和有关规定，旨在规范生产、加工和贸易等环节，推动芜湖大米的发展。

本部分由安徽省农业委员会提出。

本标准于2003年01月24日首次发布。

本部分起草单位：芜湖市农业委员会。

本部分主要起草人：朱国平、王泽松、曹荣富、周毛妹。

第一部分　基本准则

一、范　围

本部分规定了芜湖大米生产的稻田生态环境、品种选择、农药和肥料的合理使用、实验方法与检验规则。

本部分适用于芜湖大米生产。

二、规范性引用文件

下列文件中的条款通过本标准的引用而成为本标准的条款。凡是注明日期的引用文件，其随后所有的修改单（不包括勘误的内容）或修订版均不适用于本标准，然而，鼓励根据本标准达成协议的各方研究是否可使用这些文件的最新版本。凡是不注明日期的引用文件，其最新版本适用于本标准。

GB 3095—1996　环境空气质量标准；
GB 4404.1—1997　粮食作物种子质量标准——禾谷类；
GB 5084—1992　农田灌溉水质标准；
GB/T 14550—1993　土壤质量——六六六、滴滴涕的测定气相色谱法；
GB/T 14593.1—1993　复混肥料中砷、镉、铅的测定；
GB 15618—1995　土壤环境质量标准；
GB/T 17136—1997　土壤质量 总汞的测定 冷原子吸收分光光度法；
GB/T 17137—1997　土壤质量 铬的测定 火焰原子吸收分光光度法；
GB/T 17138—1997　土壤质量 铜、锌的测定 火焰原子吸收分光光度法；
DB 34/T 208—2000　安徽省无公害农产品生产技术规范。

三、术语和定义

（1）芜湖大米：产地环境符合本部分的有关规定，按本标准组织生产、加工、包装，产品质量达到优质、无公害，供人们食用的各类商品大米。

（2）农家肥料：指就地取材、就地使用的各种有机肥料。它由含有丰富有机物质的生物排泄物、动植物残体、生物废弃物等积制而成，包括堆肥、沤肥、厩肥、绿肥、作物秸秆肥、饼肥等。

（3）无机（矿质）肥料：矿物经粉碎、筛选等物理工艺制成，呈无机盐形式肥料。

（4）微生物肥料：能提供特定肥料效应的无毒、无害、不污染环境的活性微生物制剂。

（5）有机复混肥：有机肥料和无机（矿质）肥料经机械方法混合形成的肥料。

（6）叶面肥料：喷施于植物叶面并能吸收利用的肥料。

（7）生物源农药：直接利用具有防治病虫草害功效的生物活体或生物代谢过程中产生的生物活性物质或从生物体中提取的物质，包括微生物源农药，植物源农药和动物源农药。

（8）矿物源农药：有效成分直接来源于不经化学处理的矿物，以及具备防治病虫草害功效的无机化合物。

四、产地环境

1. 产地环境标准

（1）大气环境质量标准（见表1）。

表1 大气环境质量标准

项 目		指 标		单 位
		日平均	1小时平均	
总悬浮颗粒物（TSP）	≤	0.30		mg/m³（标准状态）
二氧化硫（SO_2）	≤	0.15	0.50	
氮氧化物（NO_X）	≤	0.10	0.15	
氟化物（F^-）	≤	10		μg/（dm^2·d）
铅	≤	季平均1.50		mg/m³（标准状态）

（2）土壤环境质量标准（见表2）。

表2 土壤环境质量标准

单位：mg/kg

污染物及允许值项目	pH	
	<6.5	6.5~7.5
镉≤	0.30	0.30
汞≤	0.30	0.50
砷≤	30	25
铜≤	50	100
铅≤	250	300
铬≤	250	300
锌≤	200	250
镍≤	40	50
六六六≤	0.50	0.50
滴滴涕（DDT）≤	0.50	0.50

（3）农田灌溉水质量标准（见表3）。

表3 农田灌溉水质量标准

单位：mg/L

序号	项 目		指 标
1	氯化物	≤	250
2	氰化物	≤	0.50
3	氟化物	≤	3.00
4	总汞	≤	0.001
5	总砷	≤	0.05
6	总铅	≤	0.10
7	总镉	≤	0.005
8	铬（六价）	≤	0.10
9	石油类	≤	5.00
10	pH（酸碱度）		5.5~8.5

2. 检验方法

（1）土壤环境质量、采样和检验方法：按 GB 15618—1995 的 5. 1、5. 2 规定执行。

（2）农田灌溉水质、采样和检验方法按 GB 5084—1992 的 6. 2、6. 3 规定执行。

（3）大气环境质量、采样和检验方法：按 GB 3095—1996 的 6. 1、6. 2. 7 规定执行。

（4）肥料中砷、镉、铅的测定：按 GB/T 14593. 1—1993 规定执行。

（5）土壤中六六六、滴滴涕的测定：按 GB/T 14550 规定执行。

（6）土壤中汞的测定：按 GB/T 17136—1997 规定执行。

（7）土壤中铬的测定：按 GB/T 17137—1997 规定执行。

（8）土壤中铜的测定：按 GB/T 17138—1997 规定执行。

3. 检验规则

芜湖大米稻田的土壤、灌溉水、大气等各项环境质量指标必须符合标准的规定，如不符合则不能作为芜湖大米生产基地。

五、茬口安排

（1）合理轮作：与旱作物轮作，与养地作物轮作，植稻期内每 3 ~5 年换茬一次。

（2）种植制度：以油菜—稻—稻、肥（紫云英）—稻—稻、西瓜—稻、菜—稻、油菜—稻、麦—稻等种植制度较为适宜。

六、品种选择

（1）要根据当地生产现状、销售市场及茬口安排选择最适合的高产、优质、多抗品种，特别要注意选择对当地主要病虫草害具有多种抗性的水稻品种，以便在生产中少用农药。

（2）选用品种必须是经省级以上品种审定委员会审定认证的优质品种。

（3）选用种子质量符合 GB 4404. 1 标准的规定。

七、肥料使用准则

肥料使用必须采用优化配方施肥技术，增施有机肥，使足够数量的有机物返回土壤，以保持或增加土壤肥力及土壤生物活性。所有有机或无机（矿质）肥料，应以对环境和水稻的营养、味道、品质和植物抗性等不产生不良后果为依据使用。

（1）禁止使用未经省级以上农业部门登记的化学或生物肥料。

（2）允许使用的肥料种类：

①有机肥：堆肥、沤肥、厩肥、人畜粪、绿肥、作物秸秆、泥肥、饼肥等。

②化肥：氮肥、钾肥、磷肥和复合（混）肥。

③微生物肥料：根瘤菌肥料、固氮菌肥料、磷细菌肥料、硅酸盐细菌肥料、复合微生物肥料、光合细菌肥料。

④叶面肥料：以大量元素、微量元素、氨基酸、腐殖酸、精制有机肥中一种或数种为原料配制的叶面喷施的肥料。

⑤微量元素肥料：锌、铜、铁、锰、硼、钼等微量元素及有益元素为主配制的肥料。

⑥植物生长辅助肥料：用天然有机提取液或接种有益菌类的发酵液，添加一些腐殖酸、氨基酸、维生素、糖等配制的肥料。

⑦中量元素肥料：以钙、镁、硫等中量元素肥料为原料配制的肥料。

（3）化肥提倡与有机肥、微生物肥配合使用。最后一次追肥必须在收获 30 天前进行。

（4）用作肥料或经过处理用作肥料的城市垃圾、污泥必须符合国家有关质量标准和污染物控制标准。

（5）秸秆还田：秸秆直接翻压还田时，注意盖土要严，不要产生根系架空现象，并加入含氮丰富的肥料调节碳氮比或加入生物速腐剂，以利秸秆分解。

（6）绿肥：利用形式有覆盖、翻入土中、混合堆沤。栽培绿肥最好在盛花期翻压，翻压深度为 15 cm 左右，盖土要严，翻后耙匀。压青后 15 ~20 天才能进行播种或栽插。

（7）叶面肥料：喷施于作物叶片。可施一次或多次，但最后一次必须在收获 20 天前喷施。

（8）微生物肥可用于拌种，也可作基肥和追肥使用，使用时应严格按照使用说明书的要求操作。

（9）其他规定：秸秆焚烧只有在病虫害发生严重的地块采用较为适宜，禁止盲目焚烧。农家肥料原则上就地取材、就地生产、就地使用。外来农家肥料应确认符合要求后才能使用。商品肥料及新型肥料必须通过国家有关部门的登记认证及生产许可。因施肥造成土壤、水源污染，或影响水稻生长、农产品达不到安全标准时，要停止施用这些肥料。

八、农药使用准则

应从作物—病虫草害等整个生态系统出发，综合运用各种防治措施，创造不利于病虫草害孳生和有利于各种天敌繁衍的环境条件，保持农业生态系统的平衡和生物多样化，减少各种病虫草害所造成的损失。

优先采用农业措施，通过选用抗病抗虫品种，进行化学药剂种子处理，培育壮苗，加强栽培管理，中耕除草，秋季深翻晒土，清洁田园，轮作换茬等一系列措施起到防治病虫草害的作用。

应尽量利用灯光、色彩诱杀害虫，机械和人工除草等措施，防治病虫草害。

使用化学农药遵循以下准则：

（1）生产过程中对病虫草害等有害物的防治，必须坚持“预防为主，综合防治”的原则，提倡统防统治、生物防治和使用生物生化农药防治，使对有害生物的防治向可持续控制方向发展。

（2）使用的农药应具有农药登记证、农药生产批准证、执行标准。

（3）应使用高效、安全、经济农药。

（4）每种有机合成农药在水稻生长期内避免重复使用。

（5）提倡采取释放寄生性捕食天敌动物，如赤眼蜂、瓢虫、捕食螨、各类天敌蜘蛛及昆虫病原线虫等。芜湖大米生产中禁止使用的化学农药种类见表4。

表4　芜湖大米生产中禁止使用的化学农药种类

种　类	农　药　名　称	禁用原因
无机砷杀虫剂	砷酸钙、砷酸铅	高毒
有机砷杀菌剂	甲基胂酸锌、甲基胂酸铁铵（田安）、福美甲胂、福美胂	高残留
有机锡杀菌剂	薯瘟锡（三苯基醋酸锡）、三苯基氯化锡和毒菌锡	高残留
有机汞杀菌剂	氯化乙基汞（西力生）、醋酸苯汞（赛力散）	剧毒、高残毒
氟制剂	氟化钙、氟化钠、氟乙酸钠、氟乙酰胺、氟铝酸钠、氟硅酸钠	剧毒、高毒、易药害
有机氯杀虫剂	滴滴涕、六六六、林丹、艾氏剂、狄氏剂	高残毒
卤代烷类熏蒸杀虫剂	二溴乙烷、二溴氯丙烷	致癌、致畸
有机磷杀虫剂	甲拌磷、乙拌磷、久效磷、对硫磷、甲基对硫磷、甲胺磷、甲基异硫磷、治螟磷、氧化乐果、磷胺、马拉硫磷	高毒
氨基甲酸酯杀虫剂	克百威、滴灭威、灭多威	高毒
二甲基甲脒类杀虫剂	杀虫脒	慢性毒性、致癌
取代苯类杀虫杀菌剂	五氯硝基苯、稻瘟醇（五氯苯甲醇）	国外有致癌报导或二次药害
磺酰脲类除草剂	甲磺隆	持效期长，影响后茬

（6）严格禁止使用剧毒、高毒、高残留或者具有致癌、致畸、致突变的农药。

第二部分　质量标准

一、范　围

本标准规定了芜湖大米的分类、要求、检验方法、检验规则、标签、包装、贮藏、运输。

本标准适用于各类食用大米。

二、规范性引用文件

下列文件中的条款通过本标准的引用而成为本标准的条款。凡是注明日期的引用文件，其随后所有的修改单（不包括勘误的内容）或修订版不适用于本标准，然而，鼓励根据本标准达成协议的各方研究是否可使用这些文件的最新版本。凡是不注明日期的引用文件，其最新版本适用于本标准。

GB 2715—1981　粮食卫生标准；
GB 7718—1994　食品标签通用标准；
GB/T 8170—1987　数值修约规则；
GB 1350—1999　稻谷；
GB/T 17891—1999　优质稻谷。

三、分　类

（1）籼米：用籼型非糯性稻谷制成的米。米粒一般呈长椭圆形或细长形。按种植季节和生育期又可分为中籼米和晚籼米。

（2）粳米：用粳型非糯性稻谷制成的米。米粒一般呈椭圆形。按种植季节和生育期又可分为中粳米和晚粳米。

（3）糯米：用糯性稻谷制成的米，包括籼糯米和粳糯米。按种植季节和生育期又可分为中籼糯米、晚粳糯米。

四、要　求

（1）碾米品质。

表5　碾米品质表

等级	糙米率（%）		精米率（%）		整精米率（%）	
	籼稻、籼糯	粳稻、粳糯	籼稻、籼糯	粳稻、粳糯	籼稻、籼糯	粳稻、粳糯
1	≥81	≥85	≥70	≥76	≥57	≥66
2	≥79	≥81	≥68	≥74	≥54	≥64
3	≥77	≥79	≥66	≥72	≥52	≥62

（2）外观品质。

表6　外观品质表

等级	透明度和光泽		垩白米率（%）	垩白度（%）	籽粒长度（mm）	粒形（长宽比值）
	籼米	粳米	籼米、粳米	籼米、粳米	籼米、籼糯，粳米、粳糯	籼米、籼糯，粳米、粳糯
1	半透明有光泽	半透明有光泽	<10	≤1	6.5~7.5 5.0~5.5	>2.8 1.5~2.0
2	半透明	半透明	<20	≤3	5.6~6.5 5.0~5.5	2.5~2.8 1.5~2.0
3	半透明	半透明	<30	≤5	5.0~5.7 5.0~5.5	2.0~2.5 1.5~2.0

（3）蒸煮和食用品质。

表7　蒸煮和食用品质表

等级	直链淀粉含量（%）			胶稠度（米胶长）（mm）			食味品质（分）		
	籼米	粳米	糯米	籼米	粳米	糯米	籼米	粳米	糯米
1	17.0~22.0	15.0~18.0	0	≥70	≥80	100	≥9	≥9	≥7
2	16.0~23.0	15.0~19.0	<2	≥60	≥70	100	≥8	≥8	≥7
3	15.0~25.0	15.0~20.0	2	≥50	≥60	100	≥7	≥7	≥7

营养品质（蛋白质含量）：籼米一、二、三级大于8%；粳米和糯米一、二、三级大于7%。

（4）市场品质。

表8　市场品质表

等级	水份（%）		不完善粒（%）			黄米（%）			杂质（%）			异品种粒（%）		
	籼米、籼糯	粳米、粳糯	籼米	粳米	糯米	籼米	粳米	糯米	籼米	粳米	糯米	籼米	粳米	糯米
1	≤13.5	≤14.5	≤2	≤2	≤5	≤0.5	≤0.5	≤0.5	≤1	≤1	≤1	≤1	≤1	≤3
2	≤13.5	≤14.5	≤3	≤3	≤5	≤0.5	≤0.5	≤0.5	≤1	≤1	≤1	≤2	≤2	≤3
3	≤13.5	≤14.5	≤5	≤5	≤5	≤0.5	≤0.5	≤0.5	≤1	≤1	≤1	≤3	≤3	≤3

（5）卫生品质：农药残留量和其他有害物质含量，必须符合无公害标准要求。

五、检验方法

（1）检验的一般原则，扦样、分样及色泽、杂质、不完善性、出糙率、黄粒米、水份、谷外糙米以及整精米率的检验，按GB 1350—1999执行。

（2）垩白粒率：从优质稻谷精米试样中随机数取整精米100粒，拣出有垩白的米粒，按式（1）求出垩白粒率。重复一次，取两次测定的平均值，即为垩白粒率。

$$垩白粒率（\%）=垩白粒数÷总粒数×100\% \quad (1)$$

（3）垩白度：从上一步骤中拣出的垩白米粒中，随机取10粒（不足粒者按实有数取），将米粒平放，正视观察，逐粒目测垩白面积占整个籽粒投影面积的百分率，求出垩白面积的平均值。重复一次，两次测定结果平均值为垩白大小。垩白度按式（2）计算。

$$垩白度（\%）=垩白粒率×垩白大小 \quad (2)$$

（4）直链淀粉检验按GB/T 15683—1995执行。

（5）异品种粒：随机数取稻谷或完整糙米试样两份，每份100粒，拣出外观和粒形不同的异品种粒，计数为异品种粒，取其平均值，即为异品种粒。

（6）胶稠度检验按附录A执行。

（7）粒型长宽比检验方法按附录B执行。

六、检验规则

产品质量在符合相应大米国家标准或行业标准的基础上，按本标准进行检验，检验结果的数据修约按 GB/T 8170—1987 执行。

（1）组批：以来自同一生产基地、同一品种、同一生产期、同一生产加工技术的产品为同一批次。

（2）扦样：分样按 GB 1350—1999 执行。随机抽取样品 2 kg 两份，一份检验，一份留样备检。

（3）判定：检验结果全部符合本标准者，判为合格产品。以整精米率、垩白度、直链淀粉含量、食味品质为定级指标，其余指标为限级指标，若有二项以上（含二项）指标不符合，取留样对不合格项复检，如仍不合格而其他指标不低于下一个等级的降一级定等，任何一项指标达不到三级要求时，则判定产品为等外品。

七、标签、包装、贮藏、运输

（1）标签：食用大米的包装标签必须按照 GB 7718—1994 规定执行，标签内容必须清楚、简单、醒目。

（2）包装：包装必须符合牢固、整洁、美观的要求，便于装卸、仓贮和运输。包装材料必须符合食品卫生要求，必须符合 GB 9693—1988、GB 9687—1988 规定。

（3）贮藏：应遵守《中华人民共和国食品卫生法》中关于食品贮藏的规定，禁止与有毒、有害、有异味、易污染的物品接触；保持仓库清洁卫生，做好防鼠、防虫、防鸟工作。

（4）运输：运输工具必须清洁卫生、干燥，严禁与有毒、有害、有异味、易污染的物品混装、混运；运输时必须稳固、安全，防雨、防潮、防暴晒。

附录 A（标准的附录）：胶稠度检验方法；

附录 B（标准的附录）：粒型长宽比检验方法。

附录 A（标准的附录）：

胶稠度检验方法

一、仪　器

（1）高速样品粉碎机；

（2）孔径 0.15 mm 筛；

（3）国际振荡器；

（4）分析天平（感量 0.0001 g）；

（5）试管（13 mm × 100 mm）、电冰箱及冰浴箱；

（6）沸水浴箱水平操作台；

（7）水平尺、坐标纸；

(8) 直径为1.5 cm的玻璃弹子球;

(9) 实验室用砻谷机、碾米机。

二、试 剂

(1) 0.025%麝香草酚蓝乙醇溶液:称取125 mg麝香草酚蓝溶于500 mL 95%乙醇中。

(2) 0.2 mol/L氢氧化钾溶液。

三、操作方法

(1) 试样准备:将精米(精度为国家标准一级)样品置于室温下两天以上以平衡水分,取约5 g磨碎为米粉,过孔径为0.15 mm筛,装于广口瓶中备用。

(2) 米粉水分测定:米粉水分测定按GB 1350—1999执行。

(3) 溶解样品和制胶:称取通过孔径0.15 mm筛的米粉试样两份,每份100 mg(按含水量12%计,如含水量不为12%时,则进行折算,相应增加或减少试样的称量)于试管中,加入0.025%麝香草酚蓝溶液0.2 mL,并轻轻摇动试管,使米粉充分分散,再加0.2 mol/L氢氧化钾溶液2.0 mL,并摇动试管,置于涡旋振荡器上使米粉充分混合均匀,紧接着把试管放入沸水浴箱中,用玻璃弹子球盖好试管口,加热8分钟,控制试管内米胶溶液面,使之在加热过程中达到试管高度的二分之一至三分之一,之后取出试管,拿去玻璃弹子球,静置冷却5分钟后,再将试管放在0 ℃左右冰浴箱中冷却20分钟取出。

(4) 水平静置试管:将试管从冰浴箱中取出,立即水平放置在铺有坐标纸、事先调好水平的操作台上,在室温(25±2)℃下静置1小时。

(5) 测量米胶长度:即时测量米胶在试管内流动的长度(mm),双试验结果允许误差不超过7 mm,取其平均值,即为检验结果。

附录B(标准的附录):

粒型长宽比检验方法

一、仪器用具

测量板(平面板上粘贴黑色平绒布)、直尺、镊子。

二、测量方法

(1) 随机数取完整无损的精米(精度为国家标准一等)10粒,平放于测量板上,按照头对头、尾对尾,不重叠、不留隙的方式,紧靠直尺摆成一行,读出长度,双测验误差不超过0.5 mm,求其平均值即为精米长度。

(2) 将测量过长度的10粒精米,平放于测量板上,按照同一个方向肩靠肩(即宽度方向)排列,用直尺测量,读出宽度。双测验误差不超过0.3 mm,求其平均值即为精米宽度。

三、结果计算

长宽比=长度/宽度。

第三部分　生产技术规范

一、范　围

本部分规定了芜湖晚稻（单季和双晚）大米的优质高产栽培及加工技术要求。

本部分适用于芜湖大米生产。

二、规范性引用文件

下列文件中的条款通过本部分的引用而成为本部分的条款。凡是注明日期的引用文件，其随后所有的修改单（不包括勘误的内容）或修订版均不适用于本部分，然而，鼓励根据本标准达成协议的各方研究是否可使用这些文件的最新版本。凡是不注明日期的引用文件，其最新版本适用于本部分。

GB 1350—1999　稻谷；

GB 4285　农药安全使用标准；

GB 8321. 1　农药合理使用准则；

GB/T 17891—1999　优质稻谷；

DB34/T 208—2000　安徽省无公害农产品生产技术规范。

三、术语和定义

下列术语和定义适用于本部分。

（1）单季稻：在一块田地上，一年内种植一次且一般在 8 月份抽穗扬花的水稻。全生育期一般在 150 天左右。

（2）双季晚稻：在一块田地上，一般在 6 月中下旬播种，9 月份抽穗扬花，10 月至 11 月份收获的水稻。全生育期一般在 130 天左右。

（3）原粮：用于加工大米的稻谷。

四、产量目标

（1）单季稻：包括籼型和粳型杂交稻、常规中籼（糯）稻和常规中粳（糯）稻，产量目标 7 500 ~ 8 250 kg/hm^2（500 ~ 550 kg/亩）。

（2）双季晚稻：包括籼型和粳型杂交稻、常规晚籼（糯）稻和常规晚粳（糯）稻。其中常规晚籼（糯）稻产量目标为 6 000 ~ 6 750 kg/hm^2（400 ~ 450 kg/亩），其余三类双季晚稻产量目标为 6 750 ~ 7 500 kg/hm^2（450 ~ 500 kg/亩）。

五、栽培管理

（一）品种选择

充分考虑到本地区夏季多高温酷暑，入秋（候日均温≤22 ℃）后降温迅速的气候特点，应选择抽穗扬花期适宜的高产、优质、多抗的品种或组合。

（1）单季稻：籼稻有两优培九、绿稻24、国丰一号、粤优938、协优9308、金优晚三、扬稻6号、扬辐糯4号、皖糯51号等；粳稻有80优121、皖稻50号、Ⅲ优98等。

（2）双季晚稻：籼稻有马坝小占、马坝油占、金优77、金优207、协优晚三、培两优288等；粳稻有晚粳97、70优双九、丙89－79、晚粳48、M1148等。

大田用种量：籼型杂交稻和常规籼（糯）稻15～22.5 kg/公顷（1～1.5 kg/亩），粳型杂交稻、常规籼（糯）稻和常规粳（糯）稻45～75 kg/公顷（3～5 kg/亩）。

（二）育　秧

1. 旱育秧

（1）旱育稀植及抛秧的壮秧标准：苗高15 cm，叶龄4～5，苗挺有蘖白根多，秧龄22～25天。

（2）旱育稀植及抛秧的苗床处理：选择疏松肥沃、排灌方便、病虫草害少的田地做苗床。苗床应于前一年秋冬季进行培肥处理。育秧可用育秧软盘，用于抛秧。旱育秧既可用于移栽，也可用于抛植。

播种前两天施肥翻松，每平方米施腐熟人畜粪3～5 kg、45%三元复合肥150 g，与床土拌匀并做畦，畦长约10 m，宽1～1.2 m，沟宽0.3～0.4 m。备地膜适量，跨畦竹弓若干。夏季用膜是为了保持旱育状态，避免秧苗因淋雨而徒长。播种前一天傍晚将苗床用水润透并消毒，每平方米用旱育壮秧剂或敌克松2～3 g兑水1 kg均匀喷雾。

（3）适期播种：应根据品种说明书确定适宜播种期。本地适宜播种期为：

单季稻：籼型杂交稻和常规籼（糯）稻一般为5月中下旬，粳型杂交稻和常规粳（糯）稻一般为5月中旬至6月初。

双季晚稻：籼型杂交稻和常规籼（糯）稻一般为6月中旬，不得迟于6月25日；粳型杂交稻和常规粳（糯）稻一般为6月15日至28日，不得迟于7月7日。

（4）浸种消毒与催芽：浸种时先漂去秕粒，再采用下列药剂和在水中，可有效预防多种病害，并使秧苗矮壮：浸种灵或施保克2 mL、5%烯效唑10 g兑水10 kg，浸种6～8 kg，浸种时间为36～48小时，每天搅拌2～3次或露水1～2次，起水沥干后放在常温下自然催芽，破胸露白即可播种。

（5）软盘育秧播种操作步骤：将育秧软盘摆在已润透水并糊软的苗床上，用木板轻压入土，盘与盘之间不留缝隙，边缘用泥糊严。先将播种孔中填入一半营养土，将预定用种量的70%播撒入孔，后以30%种子填补空穴；用另一半营养土将孔盖平。注意孔与孔之间不得有泥土相连，否则有浮根缠绕，对抛秧操作不利。每平方米用旱育壮秧剂或敌克松2～3 g兑水1 kg消毒。盘面浇透水，保持湿润至苗出齐。以后保持旱育状态。若过分缺水，可洒水润苗。

每孔播种粒数：杂交籼稻1～2粒，其他类型籼稻和杂交粳稻2～3粒，常规粳稻4粒左右。以上单、双季相同。

（6）旱育秧及软盘育秧的苗床管理：播种至二叶期前保温保湿促齐苗。二叶期以后，以旱育炼苗防病保健为主，只有傍晚出现秧苗卷叶时才浇水少许润苗。二叶一心期施好断奶肥，每平方米用尿素25～30 g、磷酸二氢钾3 g，以少量温热水溶解后兑水至3 kg喷雾，喷后淋清水洗苗。移栽前3～5天追施送嫁肥，每平方米用尿素30 g、氯化钾15 g，先用少量温热水溶解后兑水5～7 kg泼浇。

（7）病虫草害防治：苗床虫害主要有稻蓟马、稻象甲、黑尾叶蝉等，随时发现，随时防治。病害主要有青枯病、立枯病，可用旱育壮秧剂或敌克松喷雾防治。播种土盖严后，用丁草胺或含有二氯喹啉酸、苄黄隆的除草剂综合防除稗草和其他杂草。

2. 湿润育秧

（1）湿育壮秧标准：苗高20 cm左右，叶龄6～7，苗挺白根多，秧龄30天左右。

（2）选好秧田：选择疏松肥沃、灌排方便、病虫草害较轻的田块做秧田。采用湿润育秧，做合（涸）式秧田，要求做到“肥、平、软、净”。

（3）播前处理：播种前10天左右，中等肥力田块每公顷撒施腐熟人畜粪或土杂肥15 000 kg（1 000 kg/亩）作基肥。播种前7天左右做畦，畦宽1.5～1.7 m，畦面略呈龟背形，无凼，平滑有浮泥，整块秧田畦面高差不过寸。畦沟宽30 cm左右。田间关寸水5～7天。秧畦做好且田间上寸水后，立即使用除草剂以防治草害。每公顷用60%丁草胺乳油1 500～2 250 g（100～150 g/亩），兑水450～900 L喷雾。播种前一天将田水放干，在畦面上按每公顷撒施水稻专用肥或45%三元复合肥225 kg（15 kg/亩）左右作面肥。

（4）浸种消毒与催芽育秧处理：将每公顷需用量的稻种催齐的稻芽，分别播在1 000 m^2的净秧田里。

（5）水肥管理：播种后至一叶期前不上水，二叶期以后勤换水，风雨来前灌寸水（护苗），风雨过后慢排水。秧苗长至二叶期时，每平方米施尿素6～7.5 g作断奶肥。移栽前5～7天，视苗情酌施尿素3～4.5 g作送嫁肥，以“茎基转色，叶片不嫩”为标准。

（6）病虫草害防治同育秧内容。

3. 大田栽培管理

（1）翻耕施肥：前茬让茬后或有空闲田，应尽早翻耕，干耕干耙。以有机肥如绿肥、人畜粪尿、厩肥、堆肥、沤肥、饼肥、泥肥及作物秸秆作基肥，每公顷施15 000～30 000 kg，翻耕前施下，翻耕后混入土中。耖田前施面肥，每公顷施尿素和过磷酸钙各300～375 kg（20～25 kg/亩），氯化钾105～120 kg（7～8 kg/亩），混匀撒施。也可每公顷施用45%三元复合肥225～300 kg（15～20 kg/亩），另外需施硅肥450～750 kg（30～50 kg/亩）。瓜、菜茬可不施面肥，但要施硅肥。

（2）合理密植：应根据品种特性、分蘖能力、大田肥力水平和秧苗质量确定栽插密度。

单季籼型杂交稻和常规籼（糯）稻栽插行株距一般为20 cm×20 cm，每穴有茎蘖苗2～3苗，每公顷有基本苗50万～75万苗（3.3万～5万苗/亩）。

单季粳型杂交稻和常规粳（糯）稻栽插规格同上，每穴有茎蘖苗4～6苗，每公顷有基本苗100万～150万苗（6.7万～10万苗/亩）。

双晚籼型、粳型杂交稻和常规籼（糯）稻栽插行株距一般为20 cm×13.3 cm，每穴有茎蘖苗4～5苗，每公顷有基本苗150万～180万左右（10万～12万苗/亩）。

常规粳（糯）稻栽插规格同前，每穴有茎蘖苗6～7苗，每公顷有茎蘖苗200万苗左右（13万～15万苗/亩）。若是抛秧，一般每公顷36万～45万穴（2.4万～3万穴/亩），每公顷基本苗同前。

（3）巧施追肥：单季稻施肥原则是“前重、中稳、后补足”。在施足基面肥的基础上，应尽早施茎蘖肥，以促进早分蘖、多分蘖。最好在移栽后5～7天内，每公顷施尿素300～375 kg（20～25 kg/亩）。多次烤田后，根据苗情分次稳施攻花肥和保花肥，一般每公顷施尿素75 kg左右，氯化钾减半。

双季晚稻施肥原则是“攻前、控中、后补足”。施茎蘖肥期限及数量同上。抽穗前10～15天根据苗情酌施穗粒肥，每公顷撒施尿素45～75 kg，氯化钾减半，苗旺不施。齐穗前后可用磷酸二氢钾、尿素及硼砂作叶面肥，以提高结实率，增加千粒重，改善品质，增强抗逆性，提高单产。天气降温影响齐穗时，提倡喷施“九二〇”以促进早齐穗。

（4）科学用水：要掌握“浅水抛栽寸水活，干干湿湿到收割”的原则。活棵前、孕穗和开花期勤灌浅水，其余以保湿为主。分蘖末期及时烤田，要求：“时到不等苗，苗到不等时”；“泥不陷脚田开裂，润水再晒到拔节”。遇连阴雨应敞开田缺并开挖沥水沟，以利排水晾田。

（5）病虫草害防治。

水稻生长期间病害主要有：纹枯病、稻瘟病、稻曲病、白叶枯病等。

虫害主要有：二化螟、三化螟、稻飞虱、稻纵卷叶螟、蚜虫等。

草害主要有：稗草、鸭舌草、四叶萍、牛毛草、竹叶草、三棱草、野慈菇等。

对以上病虫草害的防治方针是“预防为主，综合防治”。为及时有效防治病虫草害，农户应及时与病虫测报部门联系，及时防治。提倡采用生物防治、稻鸭共养、保护天敌、灯光诱杀等手段防治病虫草害。若必须使用化学农药，也应使用高效低毒低残留农药，把有害生物造成的损失控制在经济允许程度内。

常用农药安全使用的技术指标可参见前文《优质水稻马坝小占生产技术规范》中表1。

六、收　获

（1）收获适期：一般在90%左右的谷粒变黄或呈现品种固有的颜色，穗枝梗也已变黄时适期收获。过早收获不但会影响产量，而且青米多，也会降低品质和出米率。过迟则容易落粒，损失大，且碎米也多。

单季籼稻、糯稻的收获期一般为9月下旬至10月上旬，双晚粳稻、糯稻的收获期一般为10月下旬至11月中旬。

（2）脱粒：应分品种收割、脱粒稻谷。提倡用联合收割机进行收割与脱粒。条件缺乏的，可人工收割，机械脱粒。粳稻难脱粒，又多有后熟期，收割后经过一段时间的晾晒，可以促进后熟，便于脱粒。

（3）翻晒：应按品种翻晒。有条件的，稻谷最好采用机械干燥烘干，可以改进稻米品质，减少收获季节因阴雨等不良天气而造成的损失。条件缺乏的，可在稻场上进行翻晒。一般在晴天上午8～9时，晒场干燥后，将稻谷摊晒，厚度约5 cm，以后勤翻晒，并将稻谷堆成“波浪形”，高差约10 cm，以利谷粒水分蒸发。稻谷的合格水分标准：籼稻谷≤13.5%，粳稻谷≤14.5%。感官标准是：手搓“沙沙”响，牙齿很难咬动。

七、稻米加工

1. 原粮贮藏

（1）仓库准备：用于贮藏原粮的仓库必须防潮、通风、保持阴凉，同时做到防虫、防鼠、防火和防污染。原粮入仓前可用粮食专用杀虫剂、杀菌剂进行消毒处理。

（2）原粮的运输与包装：用于原粮运输的车、船等工具，应保持清洁干燥。装车时需分清品种，分清等级；严加覆盖，防止潮湿；不得与危险品、有毒物品混装。用于原粮的包装材料，要采用无毒无异味的麻袋或其他包装材料。

（3）入库前原粮的检验。

①取样：布点均匀，数量一致，扦样包数不少于总包数的5%，抽样样品不少于2 kg。

②处理不合格品：对水份超标的原粮进行低温烘干或翻晒处理，杂质超标的原粮进行精选去杂，其余超标的情况则作清退处理。

（4）原粮入仓和管理：经检验合格的原粮，入仓时要做到一仓一品，堆码成行，留出0.5 m通风道和工作行。仓库内必须除湿和进行人工定期监测，采取相应措施保证原粮质量稳定不变质，不出现意外损失。

2. 原粮加工

（1）原粮须作出库入厂前的检验，在水份及其他品质检验合格的情况下才可加工。合格原粮由进料口进入，进料工对所进原粮进行逐包目测检验，剔除明显不合格产品，与此同时清理麻绳、包装物等大杂质及草梗等，防止堵塞传送通道和损坏机器。

（2）由提升机提升至自衡振动筛，清除稻谷中所含中、小杂质。

（3）再由比重去石机除去谷物中所含沙子、石头。

（4）转入胶辊砻谷机去壳。脱壳率：籼谷 75% ~80%，粳谷 80% ~90%，完成谷糙分离达 85% 以上，要求达到：稻壳含米率 <30%，砻下含碎率 <5%，谷糙含壳率 <0.8%。

（5）糙米经清理和清选除去糙米中所含碎糙、沙子以及石头。

（6）清选后的糙米进入砂辊碾米机开糙出白，去除米皮 99% 以上，达到米粒基本无背沟、无糠粉，然后转到铁辊米机磨皮进一步去糠磨白，后用抛光机抛光，在抛光过程中均匀喷洒少量纯净水，让米粒表面淀粉在磨擦高温作用下糊化凝结形成一层极薄的胶质层，具有光泽，晶莹如玉，煮食细腻，同时能够起到保护作用，防止大米在生产、贮藏、运输、销售等各环节中米糠粘附或米粉脱落，保持米粒洁净。

（7）对抛光后形成的精制米进行分级：去掉碎米，使之达到预设整精米率要求，整米含碎率≤5%。

（8）分级精制米经过色选机色选去除所有的异色粒后，再进行包装。

（9）检验：参照 GB/T 17891—1999 标准，检验色泽、气味、垩白、黄粒、品种、杂质、水分、不完善粒和整精米率等。合格品入库，待售；不合格品重新加工或作普通米降级处理。在整个加工生产过程中，各工序都要严把质量关、卫生关，严格控制不合格产品进入市场。

（10）建立健全市场反馈系统，设立质量跟踪热线，对产品销售后出现的质量问题进行处理。

3. 谷壳、碎米、油糠处理

精制加工生产的油糠、碎米、谷壳以及由谷壳加工成的统糠进入下脚料仓库作饲料或加工原料销售。

附录 C：

《芜湖大米》标准编制说明

《芜湖大米》标准由安徽省农业委员会提出，芜湖市农业委员会起草，南陵县农委、芜湖市种子公司承担，朱国平、江哲、王泽松、曹荣富、周毛妹等 5 人编写。在编制过程中，芜湖市农业委员会分别召开了编写研讨会和评审会，征求了市质量技术监督局、粮食局及有关粮食加工企业等方面的意见。

一、基本思路

在《芜湖大米》系列标准制定过程中，我们的基本思路是：每个部分既要独立成章，又要相互联系；既要体现科学性、先进性，又要注重可操作性；既要注重品质要求，又要重视生产、加工等各个环节。

二、基本构成

《芜湖大米》系列标准由基本准则、质量标准、生产技术规范三部分构成。基本准则对芜湖大米生产的稻田生态环境、品种选择、农药、肥料的合理使用做出了规范；质量标准对芜湖大米的外观品质、碾米品质、内在品质、卫生品质等各个方面提出了具体指标；生产技术规范对育秧、大田生产及加工的各个环节作出了详细规定。

三、参照标准

在标准制定过程中，我们收集了上海市标准化协会2000年10月编写的标准汇编资料，引用了其中的有关国家标准，参照了有关国外指标。为提升芜湖大米档次，增强竞争力，在安全卫生品质上引用了安徽省无公害标准。外观品质以部颁行业标准和国家标准为准。

四、总体评价

《芜湖大米》系列标准结构合理，内容充分，具有较强的科学性、先进性和可操作性。科学性表现在该标准以传统“芜湖大米”的知名度为出发点，争创优质知名品牌，实现资源共享。以优质、无公害为基础，从栽培、加工、储运到包装等各个环节上体现出了芜湖大米的特色。先进性表现在该标准既引用了国内最先进的有关标准，又参照了国外有关技术指标。可操作性表现在对水稻生长的田间管理提出了一系列切实可行的具体措施。

附录D（有关报导）：

《芜湖大米》九项标准将作为安徽省地方粮食标准

近日安徽省质量技术监督局正式批准《芜湖大米》的九项标准为安徽省地方标准。这不仅标志一些小加工厂生产的大米，一些没有品牌、质量不过关的大米不可再打着“芜湖大米”的牌子对外销售，同时也标志着芜湖大米将进行品牌整合，并作为安徽省大米产业的第一块牌子，对外开拓市场，并带动整个安徽大米业的发展。

芜湖大米历史悠久，在全省乃至全国都颇负盛名，2003年产水稻60万~70万吨，并已拥有了一批大米品牌，如“云谷贡”大米、“福昌”大米、“双丰”大米等，在江浙沪一带颇为抢手，特别是“双丰”大米已被认定为安徽省无公害农产品，“双丰”商标也被省工商局评定为安徽省著名商标，其大米远销深圳、新疆等地。

近几年随着粮食市场的逐步放开，芜湖周围有很多小加工厂如雨后春笋般经营起来，但由于规模相对较小，力量分散，没有形成合力，在外地品牌大米的市场冲击下，显得势单力薄，加之这些加工企业都没有自己的品牌，质量参差不齐，很多市民反映，在同一家商店所购买的同一牌子大米的口感、质量差别很大，这些情况使“芜湖大米”的形象严重受损。

于是从2000年起，芜湖市农业委员会就开始酝酿整合芜湖大米品牌，并着手起草“芜湖大米”地方标准，并于近日正式发布。以后只有产地环境符合本标准的有关规定，并且按本标准组织生产、加工、包装，产品质量达到优质、无公害，供人们食用的各类商品大米才能称作是“芜湖大米”。目前芜湖市上规模的大企业正在积极学习新标准，提高产品质量，预备联手为“芜湖大米”开拓出一番新天地。

2003年5月26日

南陵县地方标准

无公害食品双孢蘑菇生产技术规程

DB340223/T 8—2003　　2003－12－01 批准
南陵县质量技术监督局发布　　2004－01－01 实施

前　言

双孢蘑菇的大面积生产，已成为南陵县农业产业结构调整的一大特色。为了规范双孢蘑菇生产，使广大菇农更好地掌握无公害双孢蘑菇生产技术，在总结县菇农多年实践经验的基础上，参照有关技术资料，制定本标准。

本标准由南陵县农业委员会提出。

本标准由南陵县农业技术推广中心负责起草。

本标准主要起草人：宋卫兵、陶陶、王泽松。

正　文

一、范　围

本标准规范了无公害双孢蘑菇的生产技术和主要病虫害的防治技术。

本标准适应于气温4～33 ℃范围内的南陵县及周边地区的无公害双孢蘑菇生产。

二、生产基本要求

（1）温度：菌丝体生长温度范围为6～33 ℃，最适温度为24～26 ℃。子实体生长温度范围为4～23 ℃，最适温度为14～16 ℃。

（2）湿度：菌丝体生长阶段的培养料含水量为60%～65%，覆土后覆土层含水量可达饱和状态。菌丝体生长阶段的菇房空气相对湿度为60%～70%，子实体发育阶段菇房的空气相对湿度为85%～95%。

（3）空气：最适于蘑菇菌丝体生长的二氧化碳浓度为0.1%～0.5%。子实体分化和生长阶段的二氧化碳浓度以0.03%～0.1%为宜。因此，菇房应经常通风换气，排除有害气体，补充新鲜空气。

（4）酸碱度：培养料在播种时pH应调整到7.2左右，覆土材料的pH可调整为7.5～8。

（5）光照：蘑菇菌丝和子实体生长均不需要光照。

为保证南陵县所产蘑菇达到上述生长发育条件，取得最佳效果，应充分利用自然气候条件、物质条件，选择当年7月下旬至次年5月为生产季节并搭建适宜蘑菇生长的菇房和菇床。

三、产地选择

选择周边3 km内无污染源（包括工矿企业和医院等），水质符合国家标准，空气质量良好的场地。

四、培养料

配制蘑菇原材料时，原材料碳氮比为30∶1～33∶1并含相应的矿物质。

生产蘑菇的培养料主要由作物秸秆、畜禽粪和少量辅料配制而成。下面介绍四种配方，目前采用的大多是第四种。

（1）牛马粪57%、无霉变稻草或麦秸40%、石膏1%、过磷酸钙1%、干石灰1%，水适量。

（2）棉子壳99%、尿素1%，水适量。

（3）无霉变稻草或麦秸57%、畜禽粪37%、豆饼或花生饼或棉子饼3%、尿素1%、石膏1%、石灰1%，水适量。

（4）稻草88%、含量为45%～48%的三元复合肥1.6%、尿素0.4%、过磷酸钙3%、石灰4%、石膏3%，水适量。具体到南陵县每间菇房（以1 110 m^2计）所用培养料数量是：稻草22 000 kg，复合肥400 kg、尿素100 kg、过磷酸钙750 kg、石灰1 000 kg、石膏750 kg，水适量。本配方中复合肥与尿素两项也可合并为使用复合肥500 kg。

五、生产技术

（一）菇房建设

1. 选　址

菇房应选在交通便捷，取水方便，地势平坦的地方。可以新建，也可以利用旧房改造。南陵县一般用稻草、毛竹搭建菇房，使用期限一般为5年。好处是造价低廉，保温性能好，缺点是后期容易滋生杂菌。

2. 菇房搭建

南陵县菇房搭建一般长24 m，宽12 m，檐高4 m，顶高5.8 m，菇房实际占地288 m^2。但菇房四周需设堆原材料及翻堆操作场所，故一般占地600～667 m^2。菇房搭建所需材料为毛竹、铁丝、元钉、稻草等。

菇房搭建需安置和搭配好门、窗及拔风筒三种通风装置。

（1）门：放4行菇床的菇房，一般开两扇门，门宽与走道相同，高度以人可以进出为度。如有条件，每隔两行走道在两端各开一扇南北对门。

（2）窗：菇床每条走道两端墙上需各开上、中、下通气窗各一对，以加强通风换气。菇房门上开一对通气窗，与上窗平齐。上窗上檐一般略低于屋檐，下窗要开低一些，一般高于地面7～10 cm即可。窗框大小以宽40 cm、高46 cm为好。窗框外安装窗扇。窗扇要略大于窗框。窗扇上檐用合页与窗框相连，以便适应通风透气需要开启或关闭。

（3）拔风筒：菇房每条走道中间的屋顶上置拔风筒一只。拔风筒一般高1.3～1.6 m，直径0.3～0.4 m。拔风筒顶端装风帽，风帽大小为筒口直径的2倍。帽缘应和筒口相平，这样拔风效果好，又可防止风雨倒灌。

3. 菇床搭建

南陵县菇房内架设的菇床一般为7层。菇床四周不靠墙，南北两面（靠门一侧）留走道宽约66 cm，东西两面靠墙走道宽约50 cm。菇床一般长10.6 m，宽1.7 m，层高0.66 m，底层离地0.17 m，两床之间留过道0.6 m。菇床面积约为1 110 m^2（10 000平方尺）。

4. 菇房消毒

进料前，菇房要打扫干净，室内的东西要洗净、晒干，与菇房一起消毒。菇房消毒一般用熏蒸法，即每立方米用甲醛10 mL，高锰酸钾5 g，加入桶内烧热水熏蒸。密闭菇房熏蒸24小时，然后开窗排气。菇房无刺激味时，即可把培养料移入菇房。有些菇房结构简陋，不易密闭，可用50倍的石硫合剂喷洒四周墙壁及菇床。

（二）培养料的堆制

（1）堆制场所的选择：堆制场所要选在地势较高，坐北朝南，背风向阳，距水源近，而且排水通畅的地方，地面要夯实，或利用水泥地面，打扫干净。

（2）堆制时间：一般在播种前 20～30 天进行，即 7 月下旬至 8 月上旬堆制，8 月中下旬至 9 月上中旬播种。

（3）堆制材料的处理：首先将稻草充分浇水湿透。边浇水边将稻草堆成假堆，可同时撒适量石灰促使稻草软化。干牲畜粪要捣碎，过筛，加水浸润，直至含水量达到 65%～75%。

（4）堆制方法：先在地面上开宽约 25 cm，深 10～15 cm 的排水沟，并比堆料的堆数多 1 条，以备翻料时用。准备拔气筒若干，以利通气。在地面上先铺一层 15～20 cm 厚湿透的稻草或麦秸，宽度 1.5～2 m，然后依次一层草一层肥料地堆积起来，并将拔风筒插在草堆中，料堆堆至 1.8～2 m 高即可。堆的大小要适中，松紧要适宜，堆形要做成馒头状。堆好以后，上盖草席，以便保持湿度和温度。从建堆到翻堆，在水分掌握上应做到“一湿、二调、三不动”，也就是建堆和第一次翻堆应使培养料充分湿透，第二次翻堆时应控制水分，以调水为主，第三次翻堆可以不喷水，只在料干的地方喷一点水。

（5）发酵与翻堆：在培养料堆制过程中，要进行多次翻堆。翻堆方法是把料堆扒开，将料抖松，把内外、上下的培养料混合均匀，并适当喷水调节温度，结合添加肥料等。翻堆一般要进行 3～4 次，翻堆每次间隔时间为 5 天、4 天、3 天、2 天，翻堆的时间要根据堆温的变化和天气灵活掌握。正常情况下，建堆后，堆温就开始上升，3 天温度可达到 70～80 ℃。温度达到高峰后，可维持 2 天左右，然后开始下降，此时即可进行第一次翻堆。在翻堆前 1 天晚上，对料堆表面喷足水。第一次翻堆时可结合施入石灰和石膏重新建堆。翻堆要做到：抖松、均匀、快速。第一次翻堆后经 1～2 天，堆温很快就上升到 75 ℃左右，约经 2 天，温度又开始下降时可进行第二次翻堆。第二次翻堆时，可加入过磷酸钙和石膏（按干粪草 1%～2%）。第二次翻堆后经 3 天可进行第三次翻堆，如此进行 3～4 次。最后一次翻堆后，即可移入菇房进行后发酵。

（三）培养料的后发酵

适合各地农村采用的后发酵方法是：在菇房内生炭炉或煤球炉或用油桶烧水升温，关闭门窗，室内和料温便会升高。料堆在 24 小时内逐渐升高到 60 ℃左右，不可超过 65 ℃，维持 12 小时左右。当第一桶水烧至剩三分之一时，加入桶容积 3.5% 的甲醛溶液，1% 的 80% 敌敌畏乳油，加足水后继续升温。在 50～60 ℃的情况下，保持 72 小时左右，然后停火降温。降温速度不可太快，每天只要能降低 10 ℃左右就可以了。如降温太快，堆肥易变化，霉菌易生长。一般经过 3～4 天的缓慢降温，当温度降到 28 ℃以下时，后发酵即告结束，便可以进行播种了。

（四）播　种

（1）菌种选择：选用低温优质菌种。标准是：瓶壁菌丝呈短线绒状，生长势强，菌丝健壮，色泽洁白，蘑菇味香浓。其他异色或菌丝断裂的均不能采用。

（2）菌种瓶清毒：播种前，将菌种瓶的外壁，盛菌种的容器，挖瓶工具以及播种人的手，均用0.1%高锰酸钾或福尔马林溶液擦洗干净，然后拔去棉塞钩挖菌种，钩出的菌种块用手掰成颗粒状。如果是用盐水瓶装的，可将瓶子敲碎后播种。

（3）播种：后发酵结束，料温降至30 ℃以下时，即可铺料播种。铺料厚12～15 cm，将表面整平，采用穴播、撒播或条播。穴播按10 cm×10 cm规格播种，深3～4 cm，每穴塞一块菌种，用培养料盖好压平，菌种顶端稍露于外，以利通气。每平方米播种量为粪草种3瓶或麦粒种1瓶。如使用麦粒种亦可撒播，即先将料面耙松，撒菌种后盖一层薄料，轻轻拍平料面；条播是在料面上开一条3～5 cm深的播种沟，将菌种均匀地撒在沟里，覆一薄层培养料，然后按10～15 cm行距再开第二条沟，直至播完。

（五）播种后的管理

播种后的管理分为菌丝生长阶段的管理、覆土、覆土后的管理、收菇后的管理。

1. 菌丝生长阶段的管理

从播种到覆土是菌丝生长阶段，也叫发菌。此阶段的管理要求是：

（1）保持菇房适宜的温度、湿度，即保持菇房温度为24～26 ℃，空气相对湿度为60%～70%。

（2）保持菇房良好的通气条件，以促进菌丝生长。菇房的通气要视天气情况来进行调节。一般播种后3～4天以保湿为主，可适当开窗通小风，7天后可加大通风量。若料面过干可覆盖纸张，向纸张上洒水以保持表面湿润。如果菌丝生长缓慢，培养料可打大扦（直径3 cm左右的木棒）增氧，促使菌丝向料中层生长。

（3）经常检查菌丝生长情况，若播种一周后仍不萌发新菌丝，应及时进行补种。若发现杂菌危害，要及时处理。

2. 覆　土

这是蘑菇栽培中的一个重要环节。覆土的作用在于提高培养料表层的湿度，改变培养料中氧气和二氧化碳的比例，促进菌丝体及时发育成子实体，并对子实体起支撑作用。

（1）土的选择：应选择吸水保水性好的壤土或黏壤土，pH为6.8～7.0最适宜，这样的土壤遇水也不会散。

（2）覆土的处理：取土时应取30 cm以下的土壤，因为表层土壤含杂菌多，不宜做覆土。去掉表层土后取30 cm以下土壤，经过筛分成粗土（土粒直径1.5 cm）和细土（土粒直径0.5～0.8 cm），经曝晒12小时后，加入1%～2%石灰或喷5%甲醛闷杀病虫害（喷甲醛后把土堆积起来，用薄膜盖4～5天）。

（3）搔菌：覆土前，料面要结合平整进行一次搔菌，就是整平料面，用粗铁丝做成的弯钩轻轻拉断料面菌丝，随后轻轻拍平料面，待菌丝恢复1～2天后，即可覆土。经过搔菌的菌丝，生命力强，上土快而有力。

（4）覆土的方法：将土喷水调至半湿，先覆粗土2.5～3 cm厚，用木板轻轻拍平，然后使土壤含水量达60%～65%，粗土覆土7～10天，当菌丝爬出土粒时再覆1 cm的细土，也可将粗、细土一起覆3.3 cm厚。

3. 覆土后的管理

正常情况下，从覆土到出菇约18～20天，在此期间蘑菇菌丝逐渐发育成子实体，各种代谢活动加强，消耗的氧气和排出的二氧化碳加多，而子实体形成和发育又要求较低的温度和较大的湿度。因此管理的重点是：

（1）加大菇房通气量，补足新鲜空气。在无风天气，菇房的前后窗都要打开；有风天气，只开背风面的窗户；冬天中午开窗换气；热天早、晚或夜间开门换气；喷水时要同时开门窗换气。

（2）降低菇房温度，使之保持在12～18 ℃。

（3）提高菇房湿度，加强水分管理，保持菇房湿度85%～95%。当土粒表面出现米粒大小的白色子实体原基时，每天要轻喷结菇水，每平方米喷2.25～3.6 kg等量式波尔多液。每天喷水1～2次，2天作4次，喷水量要少，喷水的雾滴要细。当子实体长到黄豆粒大小时，喷出菇水，每平方米0.9～1.35 kg，每天喷2次；采菇高峰期，适当减少喷水量。每收完一批菇后要重喷一次水。根据季节，还要掌握冬季少喷水，由重到轻，春季多喷水，由轻到重的原则。

4. 收菇后的管理

每种一次蘑菇可以收4～5潮菇。每潮菇可以连续收数天。第一潮收完，到下一潮菇采收，约经5～8天，两潮菇的间隔时间叫作调整期。在此期间，菌丝体仍继续发育，扭结成子实体原基。为促使下潮菇出得更多，每收完一潮菇后，要及时清理料面上的死菇以及残留物，并把收菇留下的孔洞用粗、细土补平，重喷一次水。当收完第三潮菇后，培养料内养分消耗过多，不能满足蘑菇生长的要求，应及时追肥以补充营养。每潮菇可追肥2～3次，追肥的种类很多，可根据具体情况采用。现介绍几种经常使用的追肥种类：

（1）腐熟的人粪尿、牲畜尿，煮开20～30分钟过滤后兑水10倍喷施。

（2）1%葡萄糖溶液。

（3）胡萝卜、菠菜汁：将胡萝卜、菠菜剁碎，加水煮沸，过滤后再兑4～5倍水。

（4）豆汁水：黄豆粉500 g，加水25～40 L煮沸，过滤、冷却后使用。

（5）培养料浸出液：取已发酵的干培养料5 kg，加水50 L，浸泡24小时，或煮沸过滤，冷却后使用。

（6）菇脚水：将新鲜的菇脚冲洗干净，加水煮沸10～15分钟，再加水10～20倍喷施，能促进小菇的生长。

追肥要从实际情况出发，不能盲目乱用，应掌握不同时期施用追肥的种类、浓度及各种肥料的搭配，以便收到良好效果。

（六）采　收

蘑菇适时采收，不但质量好，而且产量高。若采收过早，菌盖还没充分长大，影响产量。采收过迟，菇易开伞，菌褶变细，品质下降。在菌盖充分长大还没开伞以前，为采收的适宜时期。采收方法是：手捏菌柄轻轻旋转连根扭下，丛生菇成熟不一致时，可用小刀轻轻割下大菇，留下小菇，切勿伤害小菇。

六、主要病虫害防治

1. 主要病害及防治

（1）蘑菇褐腐病：又叫疣孢霉病，为世界性病害，常导致蘑菇产量大幅度下降，甚至绝收。蘑菇在不同发育阶段染上该病，其症状也不相同。在菌菇子实体分化前侵染，可形成白色棉絮状菌团，菇盖和菇柄区分不明显，菌柄中空而柄基膨大。在菇盖和菌柄分化后侵染，则菇床上菇蕾较短矮，出土后一般不明显高出床面；初期颜色较健菇暗淡，无光泽，菇盖表面凹凸不平，以后病菇长出一层白色绒毛状菌丝体和分生孢子；后期病菇出现透明的暗褐色液滴，并伴有腐臭味；最后病菇坏死且呈湿腐状。

防治方法：第一，严格按生产技术规程操作，特别是掌握“前发酵高温有氧，后发酵甲醛熏蒸”的方法。第二，合理调节菇房温、湿度，控制第一潮菇的出菇期在气温 17 ℃以下；注意菇房通风换气，及时挖除病菇并深埋；第三，化学防治：①混灭剂（上海食用菌技术推广站研制的化学农药与生物农药的混合剂），每平方米 10 mL；②50% 咪鲜胺每平方米 0.4 ~0.6 g；③多丰农，每平方米 2.7 g；④特克多，每平方米 1.4 g，后两种药的用药适期为覆土后一星期。

（2）白霉菌：又叫白色石膏霉菌或臭霉菌。当培养料腐熟不好、菇房闷热时，白霉常发生在偏碱性的培养料或覆土表面。浓密的白色菌丝呈斑块状，先由白色毛状变成白色革状物，继而变成白色石膏粉状菌斑，最后变成桃红色粉状颗粒。菌丝自溶后产生臭味，在培养料内往往呈粉状，抑制食用菌菌丝生长。

防治方法：堆好培养料，提高堆温，增加过磷酸钙和石膏用量，防止偏碱；第一次翻堆时，加干料重量的 0.2% 的 25% 多菌灵拌料。局部发生白霉菌后，喷 1：7 的醋酸溶液，或用 2% 甲醛或 1：200 倍克霉灵做局部处理，也可用过磷酸钙粉撒在菌斑上。

（3）绿霉菌：又称青霉菌。发病初期极难区分，分生孢子形成后，青霉菌呈现淡蓝色或绿色粉层，抑制食用菌菌丝生长，使之不能形成子实体或使子实体变褐腐烂。

防治方法：第一，严格按规程操作，不使菌种受污染。拌料时用足石灰，或用干料重的 0.1% 的甲基托布津拌料，效果更好。第二，如在菇床上发现绿霉，首先通风干燥，室温控制在 20～22 ℃，撒石灰粉或喷石灰水。

（4）毛壳菌：又名橄榄绿霉菌，是蘑菇生产中的指示性杂菌。与绿霉菌一样，可造成菇房二次污染，因为它们是线虫、螨虫的原料。毛壳菌污染基质后，基质表面出现棉絮状淡灰色菌丝，在料堆表面形成橄榄绿状菌落，抑制食用菌菌丝生长，造成少出菇、不出菇或烂菇。

防治方法：合理配比培养料，料含水不过量，料堆控制在一定高度和厚度，培养料要充分腐熟，后发酵温度控制在 60 ℃左右；菇床一旦发病，立即挖除病菇并暂停喷水 1～2 天，床面可用 50% 多菌灵 800 倍液喷洒防治。

（5）胡桃肉状菌：又叫牛脑髓菌、菜花菌或块菌。当遇高温、高湿、通气不良时，容易发生和蔓延。开始出现短而浓密的白色菌丝，而后形成一颗颗像胡桃肉状的东西，其破裂后放出大量孢子，并有腥臭味。菌丝被害后严重影响子实体的形成。

防治方法：认真搞好菇房消毒，严格检查菌种，发现有漂白粉气味时勿用其接种。发病后加强通风，停止喷水，将室温降至 16 ℃以下，再按常规管理，仍可正常出菇。

2. 主要虫害及防治

（1）菇蚊：菇蚊成虫黑色，长约 2 mm，在菇床上爬行很快，常栖息在杂菌和腐烂的植物材料上。幼虫为白色，近似透明，头黑色发亮。与蘑菇有关的菇蚊有 12 种以上，其中茄菇蚊和金翅菇蚊危害很大。蚊产卵在培养料中，蘑菇菌丝长满，幼虫就孵化，出第一批菇前幼虫长大，钻入菌柄和菌盖。它完成一代生活史约 35 天。

防治方法：培养料进行后发酵处理可以杀死料中的虫卵。若在出菇前发生菇蚊，可用敌敌畏、马拉硫磷熏蒸或者喷洒除虫菊酯。出菇后发生菇蚊，应尽快收菇，减少损失，采收后，处理同上。

（2）菇蝇：菇蝇成虫呈淡褐色或黑色，幼虫是一种白色的蛆。卵多产在菌柄的下部或菌索上，产卵后 3 天左右即可孵化。幼虫侵害菌柄至菌伞，有时也咬食菌丝。

防治方法：出菇前发生菇蝇，可喷洒 800 倍敌敌畏，也可在堆肥时拌用除虫菊酯或二嗪农。菇房周围的门要封严实，防止菇蝇成虫飞入菇房。

（3）菌虱：菌虱即为螨类，危害食用菌的螨类有蒲螨和粉螨。菌虱个体小，肉眼看不见，多在斜面或土粒上集中成团，体色呈咖啡色。粉螨比蒲螨体大，呈白色，不成团，多时集中呈粉状。菌虱主要来源于仓库、饲料间或鸡舍里的粗糠、棉子饼、菜子饼等饲料中。菌虱危害蘑菇的菌丝、菌柄、菌盖，啃食成一些小凹点，给病菌入侵创造条件。另外菌虱在菇房内爬动，携带病菌，起到传病作用。搞好培养料的前发酵和后发酵，可以预防菌虱的发生。如在菇房内局部发生菌虱，可在床架的正面、反面及地面喷洒 0.5% 的敌敌畏。

附：南陵县质量技术监督局关于发布本规程的文件通知

南陵县质量技术监督局文件

关于批准发布《无公害食品双孢蘑菇生产技术规程》的通知

南质监［2003］57号

各镇人民政府，县直有关单位：

蘑菇生产已成为我县农业产业结构调整的一大特色。为使广大农民更好地掌握双孢蘑菇生产技术，规范双孢蘑菇生产，提高双孢蘑菇产量和质量，县农技推广中心农技人员起草了《无公害食品双孢蘑菇生产技术规程》地方农业标准。该标准已于2003年10月30日经专家评审委员会审定，符合国家法律法规和技术要求，现予以批准发布，自2004年1月1日起实施。请认真做好宣传贯彻工作。

南陵县质量技术监督局（盖章）

二〇〇三年十二月一日

抄：市质监局、农委、县人大、政府办、县农委、科技局

莲藕栽培技术规程

一、选地及整地

莲藕怕风，宜选择避风的田块。藕田以能保住蓄水、富含有机质的黏壤土最为适宜。水塘应选择水位稳定、最高水位不超过100 cm、淤泥层较厚的地段为好。连作藕田，于栽植前半月结合耕耙进行消毒处理，亩施石灰100 kg左右，也可用50%多菌灵或70%托布津2 kg拌土撒施。

二、种藕选择及消毒处理

选择具有本品种特性、把节较粗的主藕用作藕种，主藕的顶芽、侧芽、叶芽要完整健壮，无病虫害。

栽植前，种藕应用50%多菌灵或70%托布津600～800倍液浸种5～6小时或喷药闷种24小时，待药液干后栽培，可防止种藕带毒，减少苗期病虫害发生。

三、栽　藕

种藕随挖随种，栽植密度和用种量视藕田种类、品种、熟性及供应期而定。一般早熟品种比晚熟品种要密，早收的比迟收的要密。早藕行距160 cm，株距130 cm，

每亩排放带有 3～4 个藕头的种藕约 300 支。晚藕行距 250 cm，株距 130 cm，每亩排放带有 3～4 个藕头的种藕约 200 支。

四、田间管理

（1）中耕除草。田藕在立叶出现到荷叶封行前这段时间，需除草 2～3 次，结合松土、追肥，将杂草和枯萎的浮叶深埋当作肥料。

（2）追肥。生育期追肥 2～3 次，栽植后 25 天，亩施腐熟人粪尿 1 000 kg 或尿素 15 kg。过半月后，进行第 2 次追肥，亩施腐熟人粪尿 1 500 kg 或 45% 复合肥 20 kg。终止叶出现时，进行第 3 次追肥，亩施腐熟人粪尿 1 500～2 000 kg 或 45% 复合肥 20～30 kg。

（3）水位管理。萌芽阶段保持 5～10 cm 浅水，以提高土温，促进萌发，以后逐渐加深到 20 cm 左右，大雨后要及时排水。

（4）植株调整。当立叶满田时，应将浮叶摘去，以减少营养消耗，使阳光透入水中，提高泥温。现花蕾后应及时扭曲花梗，以减少养分消耗，但不要折断，以免雨水由茎杆通气孔侵入，引起藕鞭腐烂。

南陵县地方标准

中药材凤丹种植技术规程

DB340223/T 8—2003　　2004－12－30 批准

南陵县质量技术监督局发布　　2005－08－01 实施

前　言

中药材凤丹是南陵县一大特色农业产品，它产于南陵县西南何湾镇的丫山与铜陵接壤的凤凰山一带。丫山独特的地形、地貌、土壤、气候条件和药农在长期生产过程中积累的丰富经验，创造了丹皮中的精品——凤丹。为发展凤丹生产，总结、规范凤丹生产技术，保护原产地凤丹品牌，特编写制定《中药材凤丹种植技术规程》，在南陵县凤丹原产地域保护范围内执行。

本标准由南陵县农业技术推广中心提出。

本标准由南陵县农业技术推广中心、何湾镇人民政府负责起草。

本标准主要起草人：汪平、孙殷祥、王泽松、徐月异、宋卫兵。

正　文

一、范　围

（1）本标准规定了凤丹种植育苗、移栽、田间管理和采收的技术要求。

（2）本标准适用于在南陵县凤丹原产地保护范围内生产。

二、育　苗

1. 苗地选择

选择朝阳、坡度为15°～20°、疏松、沥水、缓坡开垦山地或抛荒2～3年的山地育苗，并以偏酸性、团粒结构的腐质土为佳。不能用熟地做苗床，否则丹皮苗会发育不良，甚至会引发病害。

2. 整　地

第一年秋冬季，在选择的荒地上，就地砍倒野生竹木、杂草、荆棘，晒干烧荒炼地。炼地后即深翻30～50 cm，进行开垦。坡度大于15°～20°的坡地要垒石坎，以便保持土壤的排水透气性，防止水土流失。开垦过的山地须经过一个冬夏的冻晒和雨雪的浸润，待到第二年晚秋时再进行深耕细作，即剔除土壤里的小石块和杂物，将畦沟做成深、宽15 cm×25 cm、畦面做成宽为1.5～2 m，长为7～10 m的苗床，结合整畦施足有机肥，也可以边播种边施肥。肥料以饼肥和人粪尿为主。

3. 土壤消毒

每亩用55%敌克松250 g兑水50 kg向畦面喷雾。

4. 选　种

分为有性繁殖和无性繁殖。

（1）有性繁殖：选用3～5年生、无病虫害丹皮植株的籽作种。在7月下旬至8月初，当丹皮植株籽蓇葖果表面呈蟹黄色时摘下，放在室内阴凉潮湿地上，使种子在果壳内。要经常翻动，以避免堆积发热烧坏。待大部分果壳自然裂开后剥下种子，置于簸箕中，分层放于阴凉木架上或置于湿砂或细土中，层积堆放于阴凉处备用。

（2）无性繁殖：选用3～5年生、无病虫害丹皮植株，即在当年加工丹皮的同时，保护好植株上部的所有芽点，保留丹皮根下入土位置5～10 cm的须根3～5根，剪下主根和多余部分，按苗秧移栽的方法栽下即可。此法可解决缺苗问题，但产量不高，一般不采用此繁殖方法。

5. 播　种

在立秋后到白露前下种育苗，不能超过霜降节气。取出经过层积处理的种子，播种前用50 ℃温水浸泡10～15分钟。按行距15～20 cm开5～8 cm深的平底浅沟，在行沟内施入腐熟的人畜粪适量，然后均匀摆播种子，每亩播种30～50 kg。播种后覆土与畦面相平，淋水，再铺盖一层草，可保温过冬并可防止水土流失。第二年开春解冻后，应揭去覆草，以利幼苗出土。

6. 幼苗管理

幼苗生长期间要经常拔草，松土保墒，每隔 3 ~ 5 天施稀薄水粪或腐熟的饼肥 1 次，促进幼苗生长，并注意做好雨季排水和暑季的灌溉工作。丹皮从种子到成苗，需要三个年头、两整年的生长时间。这期间禁用化肥和除草剂。

三、移　栽

（1）产地选择：凤丹苗移栽后，需要 3 ~ 5 年时间才能采挖加工，所以产地必须得到 2 ~ 3 年轮休，不能连作，否则就会降低产量，影响丹皮的品质。丹皮喜温暖、湿润环境，怕涝，忌连作，适宜阳光充足，排水良好，地下水位低，土层深厚肥沃的砂质土壤及腐殖质土，尤以“金砂土”即麻砂土为最好。前作以种植芝麻、花生、黄豆为佳，地势仍选向阳缓坡地，坡度以 15° ~ 20° 为宜。

（2）整地：分为两次。在 6 月至 7 月间深翻土地 40 ~ 50 cm，注意翻的地底子要平，经过夏季的曝晒，土壤自然疏松。到 10 月份再一次精细翻地，同样要求地底子要平，不积水，以免丹皮烂根，然后耙细整平做畦。要求有：一字坡，畦呈龟背形，一方流水，四方沥水。每畦宽 2 m 左右，长 7 ~ 14 m，沟宽 40 cm，第二次整平做畦的同时，每亩可施农家肥 5 000 kg 和饼肥 100 ~ 200 kg，撒匀。也可边栽边施肥。

（3）选苗：在 9 月至 10 月进行。挖出两年生的秧苗，剔除病苗、虫苗，大小分开，以便分别移栽，避免混栽，造成植株生长不齐。将苗子用藤草扎把备栽，如一时栽不完，可存放于阴凉处，用河砂覆盖保苗。

（4）栽植：栽植时间在 10 月至 11 月。栽植方法有两种：一种是对花栽，即栽植上行和下行对齐，适宜栽小苗；一种是破花栽，适用于栽较长的大苗和老档苗，即栽植下行秧苗与上行秧苗位置成三角形。按行、株距 50 cm × 40 cm 打凼，凼底打成上首高、下首低的斜坑，由高渐低，切忌相反而导致“翘梢”。一般坑深 10 cm 左右，长 20 ~ 25 cm，每坑下两根苗。下苗时要注意根朝下，顶芽朝上，根在土中不卷曲。栽后覆土、浇水、培根、轻提苗、拍实再盖草，有利于防冻、防旱、防水土流失。每亩可栽 5 000 株左右，约需种苗 100 kg。

四、田间管理

1. 除草松土

丹皮生长期间，应经常除草松土，防止土壤板结和杂草滋生。

2. 施　肥

每年开春化冻、开花以后和入冬前各施肥一次，每亩施有机肥（人畜粪）1 500 ~ 2 000 kg，或施腐熟的土杂肥、厩肥 3 000 ~ 4 000 kg，也可施腐熟的饼肥 150 ~ 200 kg。肥料可在植株行间的浅沟中，施后盖上土，及时浇水。

3. 排涝抗旱

丹皮怕涝，积水时间过长易烂根，故雨季要做好排涝工作。天旱季节要及时浇水，暑季浇水宜在早、晚进行，最好能掺一些稀薄粪水，以增强抗旱能力。对刚植一年的苗地也可铺草防止水分蒸发。

4. 整　枝

为了促进丹皮根系生长，提高产量和品质，应将1～2年生和不留种的植株花蕾全部摘除；秋末将生长细弱的单茎植株从基部剪去，并在植株旁掏浅坑，施少量腐熟饼肥，翌年春即可发出3～4枚粗壮新枝，这样也能使丹皮根粗枝壮产量高。

5. 病虫害防治

贯彻“预防为主，综合防治”植保工作方针，首先注意做到清沟沥水，清洁田园，清除病株，然后再根据病虫为害情况进行防治。

（1）病害。

①叶斑病：多发生在春夏两季。初起叶片有褐色病斑，以后叶片逐渐枯萎。防治方法：发病初期可喷施1∶1∶140～1∶1∶120的波尔多液，中后期则应拔除病株，带出畦外烧毁或掩埋。

②锈病：多因栽植地低洼积水引起，6月至8月发病严重，初期叶面出现灰褐色病斑，严重时全株枯死。防治方法：可用97%的敌锈钠400倍的稀释液对叶面喷雾，每隔7～10天防治一次，连续3～4次。

③根腐病：多发生于雨季，因雨水过多，地面积水时间过长造成，感病后根皮发黑，呈水渍状，继而扩散至全根死亡。防治方法：每亩用70%甲基托布津100 g兑水100 kg灌根。

④灰霉病：主要发生在4月至7月，危害丹皮植株下部叶片，症状是病斑后期出现灰霉状物，病部腐软，尤其阴雨潮湿时发病重。防治方法：冬前清园，消灭病残体，其次是在发病前及发病初期喷1∶1∶100的波尔多液，每10天一次，连续数次。

（2）虫害：主要有蛴螬、蝼蛄和小地老虎。

①蛴螬（俗称“白土蚕”）：蛴螬是金龟子的幼虫，属鞘翅目金龟甲总科，全年均可为害，但以5月至9月最为严重。常危害根部，导致丹皮根系受伤、霉烂、死亡，引起地上部分长势衰弱或凋萎，严重影响丹皮的生长。防治方法：应视情况而定。如果蛴螬量多，首先应采用灯光诱杀成虫，再按每亩用50%辛硫磷乳油或90%敌百虫晶体1 000～1 500倍液浇注根部，浇后覆土。如果蛴螬量少，可在清晨将受害植株扒开捕杀。

②蝼蛄（俗称“土狗子”）：属直翅目蝼蛄科。蝼蛄喜食幼根及接近地面的嫩茎，并将根咬食成丝缕状，还在土表下开掘隧道，使根脱离土壤因缺水而枯死。防治方法：利用其趋光性，晚上用灯光诱杀，或用90%敌百虫晶体0.2～0.3 kg加炒成半熟的饵料3～5 kg，充分拌匀撒于田间诱杀。另外应施用充分腐熟的有机肥，减

少蝼蛄产卵。

③小地老虎（俗称“地蚕”“黑土蚕”“切根虫”）：属鳞翅目夜蛾科。在春秋两季为害最重，常从地面咬断幼苗或咬食尚未出土的幼芽造成缺苗，在杂草丛生地块发生较重。防治方法：首先应清除小地老虎赖以生存的杂草后再用药。低龄幼虫用90%晶体敌百虫1 000倍液或50%辛硫磷乳油1 200倍液喷雾，高龄幼虫可用切碎的鲜草30份拌入敌百虫1份，傍晚撒入田间诱杀。

6. 采收、加工与贮存

（1）采收：丹皮栽植3～5年后，于8月上旬、10月上旬分两次采收。前次采收称“新货”，水分较多，容易加工，质韧白色，但产量和有效成分均偏低；后次采收称“老货”，质地偏硬，但产量和有效成分高。采收应选择晴天，否则丹皮接触水会发红。采收时，先挖四周，再把根全部刨出，抖去泥土，将根齐茎基部剪下，取下植根。

（2）初加工：将挖出的丹皮根剪去须根，用尖刀在侧面划一条直线，或纵剖，抽去中间木芯后进行晾晒，晒干至水分低于16%即可。

（3）贮存：将晒干的丹皮装入垫有防潮纸的木箱或纸条中，密封，置于阴凉干燥处。

小麦种植技术篇

小麦保优高产栽培技术

一、品种选择与处理

南陵县和附近地区有句农谚："霜降早，小雪迟，立冬点麦正当时。"所以此地小麦适宜播种期一般为阳历 11 月上中旬。可供选择的小麦品种主要有：扬麦 9 号、扬麦 13 号、扬辐麦 2 号、皖麦 48、扬麦 158 等。播前可晒种 1 天，并用拌种双、福美双或多菌灵，防治小麦腥、散黑穗病，兼防根腐病，用量为种子重量的 0.3%。

二、整地播种

本地小麦前茬多为水稻田，也有旱地，可先机械深翻 25 ~ 30 cm，以增强土壤的通透性，后耙深 10 ~ 15 cm，达到地表平整，上虚下实。采用机条播的，播深 3 cm，行距 20 cm，操作要稳定一致，开沟土盖籽要均匀。每亩播种量为 8 ~ 10 kg，每亩基本苗数量控制在 14 万 ~ 16 万。播后田间开好"三沟"，保证沟沟相通，排灌自如，雨止田干。

三、合理施肥

俗话说："麦要胎里富，人怕老来穷。"因此，小麦的施肥原则是前促后控，养分全面。氮肥中基肥占总肥量的 70%，平衡肥占 10%，返青肥占 20%；磷钾肥 70% 作基肥，30% 作返青肥。每亩可施复合肥 50 kg，有机肥 40 担。越冬期施腊肥，看苗亩施尿素 3 ~ 5 kg，最好是用人畜粪、土杂肥等农家肥。返青时亩施复合肥 15 kg 加尿素 5 kg，促进小麦后期生长。小麦初穗期和齐穗期各进行一次根外追肥，每亩用磷酸二氢钾 200 g 加尿素 500 g 兑水 50 kg 喷雾，可增加产量，提高品质。

四、化学除草

小麦在播后苗前每亩可用 50% 丁草胺兑水 50 kg 喷雾，不过在杂草二至三叶期用其他化学除草剂防除杂草效果最佳。以禾本科杂草为主的田块，每亩用 6.9% 骠马 50 ~ 60 mL；以阔叶杂草为主的田块，每亩用 20% 使它隆或 75% 巨星 1 g 兑水 50 kg 喷雾防治；对于两种杂草全有的田块，可将骠马与使它隆混合使用。畦面湿润，效果较好。

五、病虫害防治

小麦的病虫害主要发生在中后期。小麦的主要病害有纹枯病、锈病、白粉病，但主要是赤霉病。2 月底至 3 月中旬，亩用 5% 井冈霉素 400 ~ 500 g 或 12.5% 纹霉净 250 ~ 300 mL 兑水 50 kg 喷雾防治纹枯病；白粉病、锈病于拔节期用 20% 粉锈宁 20 ~ 25 mL 兑水 50 kg 喷雾；赤霉病和蚜虫的防治，可于抽穗扬花期用 33% 麦丰宁 75 ~ 100 g 或 47% 麦病宁 100 g 或克赤增 80 g 加蚜虱净兑水 50 kg 喷雾防治。

六、收　贮

俗话说："麦熟一晌。"小麦要抢在籽粒九成熟时收获，实行单收、单晒、单贮，避免机械混杂，提高小麦商品品质，有利于产业化开发，提高小麦生产的综合效益。

麦田话春管

冬去春来，麦苗返青，从营养生长进入生殖生长阶段，是争穗多、穗大，增加粒数，提高结实率和增加千粒重，夺取丰收的关键阶段。因此，一定要根据年前麦苗长势和春季生育的特点，结合土壤、气候等条件，加强管理，争取增收。

一、巧施肥

对群体较大、麦苗健壮的高产田块，应掌握"苗期促、返青控、拔节攻"的施肥原则，少施或不施返青肥，重施拔节孕穗肥，控叶蹲节，防止倒伏。

对于因缺肥造成的落黄早衰和晚播迟发的弱苗，要巧施返青肥，重施拔节肥，猛攻二、三类苗。应做到氮磷结合，有机无机结合，控旺促弱。每亩用人畜粪 20 ~ 30 担加尿素 4 ~ 8 kg 或碳铵 10 ~ 25 kg（旺苗可少用，弱苗宜多用），适当增加磷肥。旺长的麦苗，可在第一节定长后（即拔节起身前），每亩用 15% 多效唑粉剂 40 g 兑水 40 kg，对畦面喷雾，可壮秆防倒，并可同时加入 20% 粉锈宁乳油 30 ~ 50 mL 兼治白粉病，也可使用矮壮素。抽穗至灌浆期，可亩施 160 mL（约 200 g）多元液体复合肥，进行叶面喷施，每隔 7 ~ 10 天喷一次。

二、防渍抗旱

渍害是影响南陵县小麦高产稳产的致命伤。春季雨水多，因此要在短期内突击清理畦沟，深挖腰沟和围沟，做到雨住水干；后期若遇"干热风"，应及时灌水喷肥防早衰。

三、除草松土

开春后，麦田草多土板苗僵，应及时利用晴好天气，中耕松土，铲除杂草。如结合追肥，效果更好。春季化学除草只能在麦苗分蘖末期，用二甲四氯或2，4－D丁酯防除双子叶杂草，若单子叶杂草多（如小鸡草）只有人工锄掉。

四、及时防治病虫害

纹枯病一般发生于2月下旬至4月上旬，当病株率达20%时，用5%井冈霉素150 mL兑水100 kg喷粗雾。

赤霉病对产量和品质影响极大，在抽穗扬花期，无论有无病害，均应进行防治。可亩用20%粉锈宁乳油30～50 mL或25%多菌灵粉剂150～200 g，兑水50 kg，抢晴喷雾防治，且可兼治白粉病、叶锈病等。

麦田常见害虫有麦红蜘蛛、麦蚜和黏虫等，可用敌杀死、速灭杀丁、乐果、敌百虫、敌敌畏等杀虫剂进行防治。

（本文刊登于《南陵农技推广》1992年第1期第3版。）

麦苗发黄及对策

近期麦苗发黄，尤以撒播的麦田为甚。有以下原因：

一、播量过大

从理论上讲，一般亩播种量达5～6 kg足够，考虑到其他因素，10～12 kg一般也就可以了，但有些农户的亩播种量达到30～40 kg。他们的“理论”是“有钱买种，无钱买苗”。从前些日子电视上播放的小麦专家胡承霖到淮北指导生产的画面看到，个别田间麦苗的拥挤程度可以用“密不透风”来形容，加上其他因素，麦苗自然发黄。

二、播期偏早

安徽省从北到南，小麦的适宜播种期大致是从霜降到小雪（10月下旬到11月下旬）这一段时间，但沿淮淮北大部分农户早在国庆节前后就播种下地，沿江江南也有农户在晚稻收割后播种，播种较早，造成前期旺长，一旦遇到不利气候因素，容易受伤。

三、施肥不当

长势良好的麦苗，基本上采用的是配方施肥技术；而苗色发黄的麦田，则不是配方施肥，即使用的是复合肥，也加施了尿素，造成氮多苗旺，磷素不足以运送养分，钾素不足以抗寒。

四、气候不利

这是今年造成麦苗发黄的最主要、最直接的因素。小麦播种后，恰逢天气条件较好，麦苗出土迅速，长势旺盛，但在12月中旬，气温下降明显，很多地方达到0 ℃以下。前期长势过旺的（甚至有部分已经在拔节了）麦苗，遇到这种不利的天气条件，再加上前面几个因素，发黄就在所难免了。

根据目前情况，笔者认为应该采取以下对策：

（1）狠抓当前，及时抢救：适当补充氮、磷、钾等元素肥料，可以使受伤的麦苗促弱转壮，“转危为安”。笔者建议，每亩施用尿素5～6 kg、过磷酸钙20～25 kg、钾肥3～5 kg；若施用复合肥，建议使用含氮、钾较高而含磷较低的复合肥。自行配方的配方肥效果要好于复合肥。麦田湿润，则肥料转化速度较快，效果较好。过磷酸钙中有一半是硫酸钙，即石膏，也是促进农作物生长的很好的肥料。

（2）着眼未来，做好调控：到小麦返青拔节时，根据苗情施用复合肥10～15 kg加尿素5 kg。另外还要做好化学调控，大致可以使用以下调控剂：

矮壮素：对群体大、长势旺的麦田，在拔节初期亩喷0.15%～0.3%矮壮素溶液50～75 kg，可有效抑制节间伸长，使植株矮化，从而防止倒伏；若与2，4－D丁酯混用，还可以兼治麦田阔叶杂草。

助壮素：在小麦拔节期，每亩用助壮素15～20 mL，兑水50～60 kg叶面喷施，可抑制节间伸长，防止后期倒伏，并能增产10%～20%。

烯效唑：在小麦拔节前一周内，亩喷30～40ppm烯效唑溶液50 kg，可以防止高密度、高肥水条件下的植株倒伏，并具有减少不孕小穗和提高千粒重的作用。

植物细胞分裂素：在小麦拔节期或齐穗期，用植物细胞分裂素15 g，兑水20～30 kg，搅匀后按常规方法喷雾，可以促进叶绿素的形成和蛋白质的合成，增强光合作用和抗逆能力，有利于早熟、高产。

（成文于2013年1月15日）

油菜种植技术篇

早中熟油菜栽培管理技术指导表

油菜栽培管理技术可参见表1与表2，本表主要适用于安徽沿江江南地区，其他地区可供参考。

表1　油菜直播技术指导表

栽培类型		甘蓝型油菜·直播	白菜型油菜·直播
代表品种		中油821、中双1号、中双2号、川油系列、皖油5号、滁油4号、江油19选等	皖油7号及各地品种
产量结构		每标准亩0.8万~1万穴（除田沟），单株角果数150~200个，每荚粒数15~20粒，千粒重约3 g，亩产约120 kg。	
生育阶段	播种	中熟10月中下旬，早熟10月下旬至11月初	
	初花	3月中旬	2月下旬至3月
	成熟	5月5日至15日	5月初
整地		水稻收割前约7天排水晾田，收割后及时翻耕，精细整地，达到畦平土碎，上虚下实。畦宽2 m左右，畦沟、腰沟、围沟分别深20、25、30 cm，做到三沟配套，雨止田干。旱地操作要求同上。	
基肥		以有机肥为主，氮、磷、钾、硼肥配合，分层施用。 亩施厩杂肥15~20担、菜子饼40~50 kg、过磷酸钙25 kg、碳铵10 kg，用磷铵或进口复合肥10~15 kg做底肥，效果更好。硼砂0.3 kg与灰土粪5~6担拌匀。播种后用稀水粪淋凼，灰土粪盖籽。	
播种		平底穴播。株行距17cm×33 cm（5寸×10寸），每亩0.8万~1万穴（净），每穴5~6粒种子。播后喷施丁草胺防止草害，每亩用100 mL兑水60 kg喷雾。	
间苗		第一次在子叶期，第二次在二叶期，四叶期定棵并做好移苗补缺，甘蓝型每穴留1~2株，白菜型留2~3株。	
追肥		追肥原则：勤施苗肥，重施腊肥，稳施薹肥，巧施花肥，喷施硼肥。	
		（1）勤施苗肥：苗期结合间苗分次施肥，每次亩施稀水粪10担左右或酌加碳铵10 kg。	
		（2）重施腊肥：越冬期亩施土杂肥或厩肥15~20担，加3 kg氯化钾或草木灰，或用塘泥100担壅根保苗。	
		（3）稳施薹肥：蕾薹期结合中耕亩施人畜粪20担或碳铵15~20 kg或尿素7~8 kg及氯化钾3 kg，并将11%硼砂100~200 g用温热水溶解后兑水50 kg喷雾。	
		（4）巧施花肥：抽薹后半月酌施速效氮肥一次，亩施尿素3~4 kg或碳铵8~10 kg。始花期叶面喷肥2次，每次每亩用磷酸二氢钾100 g加尿素1 kg，兑水50 kg喷雾，用叶面宝等助剂也可。	
植保措施		（1）及时中耕除草，或喷施盖草能、稳杀得等除草剂防除单子叶杂草（注：当时尚不清楚防除双子叶杂草的除草剂，数年后才得知有“高特克”“好施多”“草除灵”等阔叶除草剂），其他杂草可人工清除。 （2）春季应摘除老叶、黄叶，防止得病，清沟培土，排除积水。 （3）加强对病虫草害预测预报，苗期及时防治蚜虫、菜青虫和黄曲条跳甲，后期防治菌核病、龙头瘟、蚜虫和潜叶蝇等。	

表 2 油菜育苗移栽技术指导表

栽培类型		甘蓝型油菜·育苗移栽
代表品种		中油 821、中双 1 号、中双 2 号、川油系列、皖油 5 号、滁油 4 号、江油 19 选等
产量结构		每标准亩 1 万株左右（除田沟），单株角果数 200～250 个，每荚 20 粒左右，千粒重约 3.5～4.5 g，亩产 150～200 kg。
生育阶段	播种	9 月下旬至 10 月初
	移栽	11 月上中旬
	初花	3 月 5 日至 15 日
	成熟	5 月 5 日至 15 日
育苗技术	壮苗标准	绿叶 7 片，苗高 7 寸，茎粗 7 mm。 每亩苗床（净面积）播种 0.4～0.5 kg，可栽大田 6～7 亩。
	苗床管理	苗床选择水源较近、土质肥沃的轻（砂）壤土，犁耙至土细田平草净，开沟做畦，畦宽 1.3～1.5 m，畦沟深、宽各 23～27 cm。基肥每亩施腐熟人畜粪 20～30 担，过磷酸钙 20～30 kg。均匀播种，播后泼浇稀人粪尿，撒细土灰盖籽。
	间苗	一～三叶期共三次，定苗时“三寸见方一株苗”，除密留稀，除小留大，除弱留强，除病留健。
	水肥管理	五叶期前促苗，浇水浇肥。间一次苗，追一次肥。每亩折合施硫铵 5～12.5 kg，由少至多。五叶期后控苗，停水停肥炼苗，移栽前 5～7 天施少量氮肥作送嫁肥，移栽前一天浇透水。
	植保措施	苗床勤除草，防治幼苗猝倒病和根腐病。 防治蚜虫、菜青虫和黄曲条跳甲等害虫，每亩用 40% 乐果乳剂 100 g 加 90% 敌百虫 50 g、速灭杀丁等兑水 75 kg 喷雾防治。
大田栽培技术	整地	大田整地措施同前。 基肥用量及施肥方法同前。
	移栽	株行距 20cm×27 cm（6 寸×8 寸），坚持移栽苗带土、带肥、带药、带水，移栽时做到“深、直、紧、匀”，勤浇水，促活棵。
	苗肥	移栽成活后 5～7 天，亩浇水粪 20～30 担，半月后再施一次并加碳铵 10～12 kg，将硼砂 100 g 用少量温热水溶解后兑水 50 kg 喷雾。
	追肥	追肥原则及其余阶段施肥方法同前。
	植保措施	（1）除草：活棵后及时中耕除草，喷施盖草能、稳杀得、都尔等除草剂防除单子叶杂草（注：当时尚不清楚防除双子叶杂草的除草剂，数年后才得知有“高特克”“好施多”“草除灵”等阔叶除草剂），其他杂草可人工清除。 （2）使用多效唑：苗床三～五叶期，每亩用 15% 多效唑粉剂 67 g 兑水 50 kg 均匀喷雾，使苗矮健壮，防止高脚苗。春季应摘除老叶、黄叶，防止得病，清沟培土，排除积水。 越冬期前每亩用 50 g 多效唑兑水 50 kg 均匀喷雾，可增强植株防冻抗寒能力，增加分枝和角果数，有利于增产增收。 （3）加强对病虫草害的防治：开春后防治菌核病、龙头瘟，首先摘除老叶、黄叶和病叶，清沟沥水。 药剂防治：每亩用 25% 多菌灵粉剂 200 g 兑水 75 kg 进行粗点喷雾。防治菌核病。用 70% 代森锰锌粉剂 100～150 g 或抗枯灵水剂 4～5 支兑水 60 kg 喷雾防治龙头瘟。虫害防治同苗期。

油菜品种介绍

一、特别早熟的油菜良种——79601

79601 是由浙江农业大学培育的早熟甘蓝型油菜良种。该品种 5 月 10 日前即可成熟，与白菜型油菜熟期相近；1990 年，它在南陵县进行的 8 个油菜品种比较试验中产量位居第一，其后茬完全可以栽早稻或早熟中稻。

79601 株型紧凑，成熟时仍青秀，株高 150 cm 左右，种子皮呈黑褐色，圆形，千粒重 2.4 g。

该品种冬性较弱，不耐寒；后期恢复力较强，耐肥抗倒，对油菜病毒病、霜霉病、菌核病均有较强的抗性。

79601 育苗移栽的适宜播种期为 9 月底至 10 月上旬，苗龄 30～35 天；如直播应在 10 月下旬至 11 月上旬，均在次年 5 月 10 日前后成熟，其余的栽培管理同一般甘蓝型油菜。不过笔者建议，在三叶期和冬至前后酌情喷施多效唑（每亩每次用 15% 多效唑粉剂 50 g 兑水 50 kg 对畦喷雾），以增强其抗寒防冻能力；在播种前、三叶期或蕾薹期施用硼砂，防止“花而不实”。

（本文刊登于《安徽科技报》1990 年 10 月 3 日第 2 版。）

二、高产中熟优质油菜品种——镇油 1 号

油菜良种“镇油 1 号”，原名 75－17－2，由江苏镇江农科所育成，1988 年 5 月经江苏省农作物品种审定委员会审定合格。该品种属低芥酸早中熟甘蓝型油菜。南陵县农技推广中心于 1988 年秋引进试种，三年品种试验均居第一位，比中油 821 增产 5%～24%。三年亩产 116.0～146.7 kg，平均 132.7 kg，近两年推广种植面积已将近千亩。

品种特征特性：该品种自苗期起长势旺，出叶快，叶片大而深绿。成熟时呈帚状，株高 140～150 cm，第一分枝高度 45～50 cm，下部通风透光性好。一次有效分枝 6.3～7 个，主花序长度 38～59 cm，主花序有效荚数 53～89 个，结荚密度每厘米 1.53 个，荚较密。全株有效荚数 217～356 个，平均 279 个，单荚粒数 17～20 个，千粒重 4 g 左右，含油率 38.7%，芥酸含量 0.17%。冬季抗寒性较强，对油菜病毒病、菌核病和霜霉病抗性均较强。

育苗移栽，全生育期 223 天；直播，全生育期 210 天，均于 5 月 15 日至 17 日成熟。其后茬可以栽插早熟早稻。每向北一个纬度，其成熟期大约推迟 5 天。它是近年来涌现出的优于中油 821 的中熟高产优质良种。栽培要点有以下几个方面：

（1）适期播种。该品种属半冬性品种，对播期要求不甚严格，一般说来，沿淮、淮北9月下旬育苗，淮河以南9月底、10月初播种育苗较好（我们曾将10月25日才出苗的直播田油菜秧于11月底间苗移栽至其他田，结果春季收获时亩产量仍比其他品种高）。为了培育壮苗，可在三叶期时，按每亩用15%多效唑粉剂50 g兑水50 kg，配制成150ppm的药液对苗床喷雾，具有防止“高脚苗”，提高油菜抗寒耐旱能力，增加有效分枝数与每株荚数并且比对照增产15%的作用。该技术应用于苗床，得益于本田。沿淮、淮北地区10月中旬，淮河以南地区10月20日前后直播均可。

（2）适当密植。移栽壮苗的标准是：苗高六七寸，茎粗六七毫米，绿叶六七片。栽种密度为20 cm×26.7 cm（6寸×8寸），每穴1～2苗。

（3）合理施肥：要重施底肥和蕾薹肥，注意氮、磷、钾、硼肥配合施用。开春后控制施用氮肥。但在现蕾及初花期应根外喷肥，以提高产量。每亩将尿素0.5～1 kg、磷酸二氢钾0.1 kg、硼砂0.1 kg用温热水溶解后兑水至50 kg喷雾。

（4）及时防除病虫草害。在移栽后、田间杂草萌发前及时喷洒丁草胺等除草剂；或在杂草长到三叶期以上时喷施稳杀得、盖草能等以杀灭单子叶杂草，并注意清沟沥水和中耕除草培土。干旱时，注意消灭蚜虫，以防发生病毒病。

（本文刊登于《安徽科技信息报》1991年9月26日第2版。）

三、高产杂交油菜——秦油2号

“秦油2号”是陕西省农垦科教中心李殿荣研究员用雄性不育法培育的甘蓝型杂交油菜，也是世界上第一个大面积用于生产的杂交油菜品种。一般比当地推广良种增产30%以上，高产田块亩产可达200～300 kg。1988年，葛林乡芦塘村农民赵孟国移栽0.8亩，亩产达203.1 kg，比南陵县油菜平均亩产48 kg增产3.23倍。该品种属半冬性，全生育期230天左右，后茬可栽中稻或单晚；适应性广，丰产性好，耐肥抗倒，长势强，较抗菌核病，高抗病毒病和白锈病。

栽培要点：秦油2号栽培技术与常规甘蓝型油菜大体相同，但必须注意以下几点：

（1）适期播种：育苗移栽宜在9月10日至20日播种，10月中旬至11月上旬移栽；点播以10月上旬为佳。

（2）培育壮苗：选择肥水条件好的田块作苗床，净播量为每亩0.5 kg，苗床与大田比为1∶6。通过及时间苗，间小留大，间弱留强，减少不育株，培育大壮苗。

（3）合理密植：中上等肥力田块移栽的密度为每亩0.8万至1万株，过稀会减产，过密易得病。若是直播，每亩1万～1.1万穴，每穴2株。

（4）科学施肥：在施足农家肥料的基础上，每亩用碳铵50 kg或尿素18 kg、过磷酸钙30 kg、钾肥7～10 kg和硼肥0.5～1 kg作基肥，用尿素拌种，随拌随播。苗期每亩追施尿素8～10 kg，腊肥以人畜粪为主，配施碳铵，薹肥每亩追施碳铵20 kg；现蕾及初花期根外追肥。

（5）加强管理，防治病虫害。如遇冬干天气，要及时浇水粪抗旱，结合中耕培土防冻。苗期和花期要及早防治蚜虫。中后期注意清沟沥水，重视防治菌核病、病毒病。

（6）注意：秦油 2 号收获后的菜籽不能用作种子，否则会严重减产。该品种熟期较迟，后茬不宜栽早稻。

（本文刊登于《南陵农技推广》1989 年 9 月 10 日第 2 版。）

四、高产早熟油菜良种——江油 19 选

合肥以南地区的农民在种植油菜时，为了争季节、早让茬、抢栽早稻，宁愿种植产量低（亩产 50 ~ 60 kg）、抗逆性差的白菜型油菜，而不愿种植甘蓝型油菜。现向广大农民推荐一个既高产又早熟，并且抗逆性较强的甘蓝型油菜良种——江油 19 选，南陵县已引种成功，现介绍如下：

品种特征特性：株型较松散，株高 150 cm 左右，属匀生分枝型。一次分枝 6 ~ 8 个，有效角果数 300 ~ 360 个，每角 16 ~ 20 粒。种子呈圆球型，种皮呈黑褐色，千粒重 4. 1 ~ 5 g。冬性较弱，早播易出现早薹早花。育苗移栽宜在 9 月底至 10 月上旬播种；直播期为 10 月下旬，均于次年 5 月 10 日前后成熟。生育期短，迟播早熟。需肥量较大，特别适合于高肥条件下种植。抗寒、抗倒能力强，较抗病毒病，中抗菌核病。

栽培要点：

（1）适期播种。由于该品种春性较强，要严格控制播种期。沿淮、淮北 9 月底至 10 月初播种，沿江、江南 10 月上旬播种，苗龄以 30 ~ 35 天较好。移栽壮苗的标准是：苗高 6 ~ 7 寸，茎粗 6 ~ 7 mm，叶片 6 ~ 7 张。直播以 10 月下旬为宜。全生育期 200 天（直播） ~225 天（移栽）。

（2）适当密植。栽种密度为 20 cm × 26. 7 cm（6 寸 × 8 寸），每亩 1. 1 万 ~ 1. 25 万穴，每穴 2 株。

（3）合肥施肥。要重施底肥和蕾薹肥，注意氮、磷、钾、硼肥配合施用。开春后控制施用化学氮肥，但在现蕾期及初花期应喷施一次肥（按每亩用 50 kg 水加 0. 5 ~ 1 kg 尿素、0. 1 kg 磷酸二氢钾、0. 1 kg 硼砂配制），以提高产量。

（4）及时防治病虫草害。在栽种后田间杂草萌发前，及时喷洒丁草胺等除草剂，或在杂草长到三叶期以上时喷施稳杀得以杀灭单子叶杂草，并勤中耕除草培土。干旱时注意消灭蚜虫，以防发生病毒病。

万一发生早薹早花，开春前可适当摘蕾心，增施肥料，保证稳产。

（本文刊登于《安徽农林科学实验》1989 年第 8 期第 29 页。）

五、优质黄籽油菜新品种 87 – 197

优质低硫黄籽白菜型油菜良种 87 – 197 由安徽省农科院作物所育成，为近年来

白菜型油菜中表现最好的一个，亩产98～106 kg，全省各地都可种植，固镇、庐江、宣城等地已种植多年。南陵县去年引进较迟，11月15日才播种，12月底遭冻害，今年5月2日成熟，亩产仍达70多千克。在适期早播、土质肥沃的旱地上种植，亩产可达120～150 kg。

特征特性：87－197一般用于直播，南陵县10月下旬至11月中旬均可播种，秧龄弹性大。全生育期170～190天，克服了一般白菜型油菜早播易早薹、早花和易发生病毒病的弱点。

该品种幼苗直立，出苗迅速，叶片较小，呈卵圆形，叶缘缺刻浅，叶色淡绿。抗寒性强，耐旱耐涝，菌核病、白锈病、霜霉病轻。年后长势旺，发棵快。成熟时株高148～162 cm，帚形分枝，一次分枝节高22～25 cm，一次分枝7～8个。荚数因肥力等原因变异较大，每株荚数91～271个，平均161个，平均每荚粒数17.6个，千粒重2.2～2.3 g。在种子纯度较高的情况下，黄籽外显率达80%，含油率达48.4%，比一般油菜籽高5%，硫甙含量仅22 μmol/g。

栽培要点有以下几个方面：

（1）适期早播。虽然87－197播期广，早种高产，迟播稳产，但为求高产，在茬口允许的情况下，还是应该适期早播。播期一般在10月中旬，迟则11月中旬。若穴播，每亩用种0.25 kg，要足墒带肥播种，争取一播全苗。

（2）合理密植。87－197株型紧凑，可适当密植。肥力中上等田块亩植2.3万～2.6万株，中下等肥力田块每亩不少于3万株，穴播株行距20 cm×25 cm，每亩有1万～1.1万穴，每穴2～2.5株。

（3）优化配方施肥。87－197增产潜力大，耐肥抗倒，应施足基肥，壅施腊肥，重施蕾薹肥，巧施花肥，三叶期及蕾薹期喷施硼肥及多效唑（100～150ppm），可提高产量，使其抗寒、抗病、抗倒。注意氮、磷、钾肥配合施用，数量参照以往资料，大致是亩施纯氮10 kg，纯磷5 kg。

（4）加强田间管理。防治草害：播后芽前可喷施丁草胺防止杂草丛生，冬春季可喷施盖草能、拿捕净、稳杀得等。防治病虫害：油菜前期及后期应注意防治蚜虫、跳甲及菜青虫等；发现“龙头瘟”病株应及时拔除；春季及时用多菌灵防治菌核病等。防渍：播种前应做成高畦深沟，冬春雨水多，应清沟沥水，降湿排渍，防止病虫草害蔓延发展。

（5）收获：收获时应选取黄籽秸的主轴作种子，以保持种性。

（本文刊登于《南陵农技推广》1992年9月15日第2版，笔名周华。）

调控剂介绍

多效唑在油菜生产上的应用

种植油菜（包括育苗移栽和直播）使用多效唑，具有“一降五提高”的效果，即降低苗高，防止高脚苗；提高成活率，提高抗寒、抗旱、抗冻能力，提高主轴和全株有效结荚数，提高结实率，最终可提高单位面积产量（一般可提高 9% ~24%，平均 15%）和经济效益（产投比为 40∶1）。多效唑在油菜生产过程中的使用方法如下。

一、育苗阶段

如果油菜播种密度较大，可能会出现高脚苗，喷施多效唑可控制其徒长，使其叶色浓绿，叶片变厚，增强光合能力；还可使其株高明显变矮，密度变大，控高效果愈明显，移栽后活棵快。使用方法：油菜苗三叶期时，每亩用 15% 多效唑可湿性粉剂 35 g 兑水 50 kg 喷雾。

二、越冬临界期

据试验，在油菜进入越冬阶段的前几天喷施多效唑，可使冻害率下降 32%，株高降低 15. 1 ~ 33. 8 cm，分枝部位降低 10 cm，总分枝数增加 9. 4 个，亩产增加 14. 8% ~19. 6%。在株型高大的秦油 2 号上使用，控高增产效果更明显。使用方法为：于 12 月下旬每亩用多效唑 35 g 兑水 100 kg 喷雾。

三、注意事项

要将多效唑均匀喷施在叶片和畦面上，才能充分发挥控高增产作用。

（本文刊登于《南陵农技推广》1989 年 9 月 10 日第 4 版。）

附：

刊登在 1991 年 12 月 15 日《南陵农技推广》第 8 期（总第 22 期）第 3 版上的另一相近内容：种植油菜使用多效唑的方法简单易行，归纳起来就是“四个一、两个三”，即在一亩苗床或大田上，用一两 15% 多效唑粉剂兑水一百斤喷雾，每亩苗床播种一斤或每亩大田栽一万穴。育苗在三叶期，大田（包括移栽苗和直播苗及苗床用过多效唑的）在冬至前三天施用。

其他作物种植技术篇

荸荠两段育秧法

在安徽南陵一带，农民种荸荠大多采用育芽、育苗两段育秧法，此法每亩仅用种荠2～2.5 kg，仅是直接用种荠种植荸荠用量的1/50～1/40，并且所育的荠苗健壮、整齐，生长势强，产量比直播球茎高10%～20%。

一、育　芽

在清明前整地做苗床。每亩苗床施腐熟人粪尿1.5～2担、过磷酸钙2 kg、氯化钾0.5～1 kg，耕翻混肥后做成2～2.5 m宽的苗床。同时挑选个大、芽眼多、荸荠底外凸、红褐色的荸荠种放入药液（25%多菌灵50 g兑水25 kg，药液用量根据种荠数量而定）中消毒12小时。清明后播种，荸荠芽向上，按2 cm×10 cm株行距排入苗床中，之后覆土，土厚不超过主芽，最后盖上稻草。以后保持苗床湿润（畦中的水不能淹没荸荠芽），促使球茎多发芽。

二、育　苗

在小满至芒种期间育苗。每亩育苗田施腐熟人粪3担、饼肥5 kg、氯化钾1 kg，然后耕翻耙平，即可移植育好芽的种荸荠。带芽的荸荠，于移植前1～2天，先用少量有机磷杀虫剂（如甲胺磷、敌百虫、乐果等）与少量杀菌剂（如多菌灵、克瘟散等）混合兑水喷茎，然后将带芽的种荸荠植入育苗田中，株行距均为50～60 cm。移植时，应使荠顶离土表10 cm左右，让荸荠芽露出土面。育苗初期，苗田中的水层可达5 cm左右。在耘田时，应先将田内的积水排出，每亩追施2 kg碳铵后再耘田。之后，育苗田要保持湿润状态，不可有深水层，以防荸荠苗徒长和病虫害侵袭。

荸荠从育苗到移栽，大约需要60天，其间荸荠会不断发生分蘖，并渐渐布满苗田，此时可选择大壮苗移栽到生产田中。

（原文《荸荠两段育苗及高产栽培技术》刊登于《江苏农业科技报》1989年3月21日第2版，收入本书中节选该文前一部分，改名《荸荠两段育秧法》。）

荸荠栽培管理指导表

荸荠栽培管理可参见下表。

荸荠栽培管理指导表

月份	4月	5月	6月	7月	8月	9月	10月	11月
节令	清明　谷雨	立夏　小满	芒种　夏至	小暑　大暑	立秋　处暑	白露　秋分	寒露　霜降	立冬　小雪至第二年
生长时间	起种排种：15～16天　出芽：30～40天		育苗：90～105天	移栽	移栽（7月下旬至8月上旬）至采收（11月中旬起）：110～120天			
施肥原则	基肥足，有机肥为主。		基肥、追肥结合。		施足基肥和面肥，关键阶段重施追肥			
合理施肥	每分秧田施腐熟人粪尿1.5～2担、过磷酸钙1.5 kg、氯化钾0.5 kg。		每分育苗田施人粪尿3担、饼肥5 kg、氯化钾1 kg，追肥可施碳铵2 kg。		施基肥和面肥方法有2种，可酌情选用其中一种： (1) 每亩大田施饼肥30 kg、磷肥30 kg、人粪尿或厩肥50担、氯化钾10 kg，耕后每亩施碳铵10 kg作面肥，也可用尿素1 kg作面肥，然后耙匀。 (2) 将铡碎的稻草撒入田中，每亩撒施碳铵50 kg，然后犁入田中作基肥。 巧施追肥： (1) 移栽后7天左右施一次滴孔肥，每亩施人粪尿20担。 (2) 9月15日左右至10月上旬为夺取高产的关键阶段，每亩应施尿素15 kg或碳铵50 kg，通过施重肥以促分蘖、结大球。施肥时间应在下午3时以后，施肥时应脚尖下田，探索前进，以免碰断匍匐茎。			
科学用水	保持畦面湿润，水不淹没荠芽即可。		育苗初期水深可达5 cm，耘草前后保持饱和湿润状态，不能过多。		移栽前后田中水深3～4 cm，以利扎根，发棵后水深可达5～7 cm，最好每隔5 m开一浅沟，纵横交错成井字形，增产效果更显著。		球茎在土中越冬时，田中保持浅水层，以防土壤脱水干裂，寒风侵入或雪水渗入易使球茎遭冻害。	

续表

月份	4月	5月	6月	7月	8月	9月	10月	11月
栽培要点	（1）选种：应挑选个体圆大而丰满，荠芽多而无损伤，荠底向外突出，皮为红褐色，无腐烂变质的荸荠作为种荠。 （2）选苗床：按每亩大田选4~5个平方米的秧田排种育芽，可与水稻秧田在一起。 （3）排种：顶芽朝上，一个一个顺次排列，泥土不得盖过主芽，行距9~10 cm（3寸）。 （4）管理：排种后苗床铺些稻草，一直保持湿润状态，水不得淹没荠芽。		育苗：将芽荠植入水田中，株行距均为50~66 cm，荠顶离土约10 cm。		（1）适时移栽：大暑至立秋间移栽，在此期间越早越好，可用早稻田、西瓜田等作荠田，泥烂平整，耕作层深20 cm左右。 （2）合理密植：株行距均为50 cm左右，每亩2 500株左右，早栽宜稀而深，迟栽宜密而浅。 （3）正确栽种：栽种深度为叶状茎基部入土7~10 cm，把根全部植入土中，根部四周不要压得过牢，只要不倒伏即可，苗高度20 cm左右，过高可将梢尖剪去。 （4）及时除草：移栽后7天进行耘耨，扒空棵边土促早发；以后再耘1~3次，除草用手抓不用耘耙，以免伤根。		适时采收：霜降前后球茎形成，但皮色浅、肉质嫩、味不甜、不耐贮存，叶状茎经3~4次重霜才能基本枯萎，因此一般在立冬至小雪开始采收比较好，此时皮色为红褐色，肉实、味甜、质好，从当年立冬到第二年清明分批上市，留种田一定要到清明左右采收。 削皮加工技术：削荠皮刀为弧形，刃锋利，先削去上下两部分，然后一手持荠另一手从上面开始持刀螺旋形向前推进，以上下不见荠芽，周围不见荠皮，削好的果荠呈白、光、圆、净状即可。	
病虫草害防治	排种前用25%多菌灵500倍液浸泡12小时，杀死表皮病菌，即50 g药兑水25 kg，可浸泡17~20 kg种荠。		铲除田埂杂草，减少害虫孳生。		移芽荠和移栽到大田前先用少量农药喷茎，移栽后7天、15天各用一次杀虫剂和杀菌剂混合喷雾。如发现“荸荠瘟”病株，可在秧田及大田发病初期（约9月20日前后）喷药防治，以后每隔7天防治一次，连续3~4次。若病情较重应拔除。			

南陵县石铺乡荸荠生产经营服务站编制

蘑菇喷水的“九看九忌”技术

蘑菇喷水是一项实践性很强的菇房管理技术，喷水次数的多与少，喷水量的大与小，喷水时间的早与迟，直接影响蘑菇产量的高低和品质的好坏。因喷水失误而导致幼菇大批死亡和发生病虫害等情况时有发生。因此，掌握好喷水的关键技术是保证蘑菇高产稳产的重要条件。根据蘑菇的生物学原理，结合长期栽培的实践经验，笔者总结出蘑菇喷水的“九看九忌”技术，并认为对指导菇房水分管理有重要意义。

一、蘑菇喷水“九看”的内容

一看菌株喷水。贴生型菌株耐湿性强，出菇密，需水量大，同等条件下喷水量比气生型菌株多。

二看天气喷水。晴朗干燥天气，菇房喷水量要多；阴雨潮湿天气，要停水或少喷水。

三看气温喷水。气温适宜时应当多喷水；气温偏高或偏低时，要少喷水、不喷水或择时喷水。若在土层调水期间，遇到 25 ℃左右的高温时，喷水应选择夜间或早晚凉爽时进行；气温在 12 ℃以下时，宜在中午或午后气温较高时喷水。

四看菇房保湿性能喷水。菇房漏气严重，保湿性能差，要多喷水、少通风；反之，喷水量要适当减少，加大通风量。

五看土层持水力喷水。若覆土材料偏于黏性小、沙性重、持水性差，则喷水次数和喷水量都要增多；若覆土材料偏湿、持水性好，或采用河泥砻糠覆土时，应采用轻喷勤喷的方法且喷水量要小。

六看土层厚薄喷水。若覆土层较厚，用水可间歇重喷；若覆土层较薄，应分次轻喷。

七看菌丝强弱喷水。覆土层和培养料中的菌丝生长旺盛，要多喷水，其中结菇水、出菇水或转潮水要重喷；反之，菌丝生长细弱无力，要少喷、轻喷或喷维持水。

八看菇体多少和大小喷水。出菇高峰期，床面菇多而大，吸水量大，水分蒸发快、消耗多，喷出菇水、转潮水和维持水时要相应增加用量；如果床面菇少而小或进入产菇后期，喷水量则要相应减少，必要时见菇才喷水。

九看菌床所处位置喷水。床架下层和靠近门窗处的菌床，由于通风条件好，水分散失快，应多喷水；床架上层和菇房四角靠边的菌床通风条件差，水分散失慢，应少喷水。

二、蘑菇喷水“九忌”的内容

一忌喷关门水。喷水时和喷水后，不可马上关闭门窗，避免菌床菌丝缺氧窒息衰退，防止菇体表面游离水滞留时间过长产生斑点。

二忌喷水不匀。防止土层菌丝出现“包衣”，避免菌床出菇参差不齐，或出薄皮菇、小菇。

三忌高温时喷水。发菌期气温在25 ℃以上时，产菇期气温在20 ℃以上时，菌床不宜喷水。避免菇房高温高湿，造成菌床菌丝萎缩、死菇增多和诱发病害。但床面菇体长至1 cm以上时，不能一概停水，应根据情况选择早晚或夜间喷水。

四忌采菇前喷水。采菇的菌床至少在提前2小时喷水通风后，方能进行采收。防止菇体采收时与手接触，否则菇体会变红或产生色斑。

五忌寒流来时喷重水。避免菌床降温过快，菇房温差过大，造成死菇或产生硬开伞。

六忌喷过浓的肥水或药水。防止菌床产生肥害、药害，避免因反渗透作用而使菌丝细胞出现生理脱水萎缩，造成菇体大量死亡或发红变色。

七忌阴雨天气喷重水。避免菇房处于高湿状态，控制菌床病害发生，防止菇体发育不良。

八忌菌丝衰弱时喷重水。防止菌床产生退菌。

九忌菌床一次性全面泼浇重水。避免土层起浆泛黏，造成土粒摊散形成板结，防止发生“漏床”退菌现象，以延长菌床产菇寿命。

（安徽省南陵县国清食用菌有限公司：朱国清　王泽松）

紫云英田间栽培管理技术

南陵县种植的绿肥主要以紫云英为主，又名红花草，是长江以南和江淮之间最主要的稻田冬绿肥，是我国栽培面积最广的肥、饲、食兼用的绿肥作物。种植紫云英有六大好处：一是优质肥源，二是优质蜜源，三是绿色食品蔬菜，四是优质饲料，五是可作盆景，六是在开花期间是很好的景观。

紫云英性喜温暖，适宜湿润气候。种子发芽的适宜温度为15～25 ℃，日平均温度10～15 ℃时生长最快。在越冬期间-10～-5 ℃时叶片开始受冻害，但是有2～4个分枝以上的壮苗，地面覆盖度较大时却能忍受-19～-17 ℃的短期低温，即使叶片受冻枯死，叶簇间的茎端和分枝芽也不致受冻。开春后，日平均气温为6～8 ℃时，生长明显加快，日平均气温为13～18 ℃时生长最快。开花、结荚最适宜温度为13～20 ℃；超过23 ℃结荚差，千粒重降低。对土壤要求不严，在松软、肥沃湿润的壤质土上生长较好；适宜生长的土壤pH为5.5～7.5。耐旱、耐渍、耐瘠、耐盐力均较差，全生育期为210～230天。一般鲜草产量为1 500～2 000 kg/亩，长势好的亩产可达 5 000 kg 以上，地下部分根茬产量约为茎叶的 1/5 ~ 1/4。

一、播种技术

紫云英的播种适期在 9 月下旬至 10 月上旬，播种过迟易受冻害，越冬苗不足。播种量为每亩 1.5 ~2 kg，以保证每亩基本苗达到 30 万 ~40 万。播种方式以稻田套播为主。播前应晒种，将种皮擦破，用少量磷肥和根瘤菌剂（每亩种子用 200 g）拌种后撒播。

二、水稻残茬处理

水稻收割后应及时处理残茬，残茬的处理方法有两种：全量出茬，即水稻收割时不轧断稻草，采用人工捆扎后或另地堆放或出售给稻草收购单位再利用；全量还田，即水稻收割时提升收割高度，留茬 15 ~20 cm，同时轧断稻草，然后用硬扫帚或钉耙进行人工均匀拨散，减少残茬覆盖厚度，防止残茬压苗损苗，又可起到抗旱防冻效果。

三、肥水管理

1. 增施磷、钾肥，提高固氮效率

增施磷肥可增加豆科作物根瘤数和提高根瘤菌中固氮酶活性，增加固氮量，促进绿肥作物及根系生长，增强植物抗性，提高鲜草产量。这种效应称为“以磷增氮”。每千克磷（P_2O_5）可增加鲜草量 250 ~480 kg，增加氮 1 ~1.75 kg。增施钾肥可提高根瘤菌的固氮量，冬至前后，可撒施一层草木灰或牛栏粪等覆盖物御寒，确保安全过冬。

磷钾配合施用比单施磷、钾增产幅度大。据对紫云英的试验结果表明：单施磷、钾分别增加鲜草产量为 52% 和 14%，磷钾配合施用可增加 80% 左右。

2. 适当施用氮肥和微量元素肥料，以小肥换大肥

绿肥需从土壤中吸收氮素，在苗期根瘤菌未固氮以前和生长盛期适量补施氮肥也很重要。

因此，晚稻收割后每亩施过磷酸钙 15 ~20 kg，促进早结根瘤，幼苗早发。冬至前后，每亩施钾肥 3 ~4 kg，提高幼苗抗寒能力，减轻冻害。立春后，每亩施尿素 3 ~5 kg，以促进春发，提高鲜苗产量。紫云英春后叶面喷施 2‰硼砂液及 0.05% 钼酸铵溶液，用水量为 50 kg/亩，可提高鲜草产量 20% 以上。

3. 加强水分管理

紫云英耐湿性较强，但最怕田间积水。播种时水稻田应保持地面湿润，出苗后不可积水，防止烂芽缺苗。收获时严防烂田割稻（割前搁硬田板），防止小苗被压陷泥而死亡。晚稻收割、残茬处理后要及时开好田内沟，要求每块田开 4 ~5 条竖沟（沟距 3.5 ~4 m），2 条横沟，沟深 25 ~30 cm，并做到沟沟相通，雨过田面不积水，

以利全苗、壮苗。越冬期和开春后还应做好沟系清理工作，确保沟系畅通，做到雨后无积水。如遇严重干旱，应及时灌“跑马水”湿润土壤，以适应紫云英的生长要求。

四、病虫草害防治

1. 病　害

若发现菌核病和白粉病等，要立即拔除病株并深埋，同时在发病处及周围，选用10%真灵悬浮剂、70%甲基托布津可湿性粉剂、40%多菌灵胶悬剂、15%粉锈宁可湿性粉剂等对路杀菌剂实施封杀。

2. 虫　害

主要是蚜虫、蓟马、潜叶蝇等，选用10%氯噻啉可湿性粉剂、50%烯啶虫胺粉剂、10%吡虫啉可湿性粉剂等新型高效、低毒农药及时防治。

3. 草　害

主要是看麦娘，选用高效除草剂防除（如高效盖草能），在看麦娘三~五叶期喷施。气温低于10 ℃以下时不宜用药，以确保紫云英安全生长。

土 壤 肥 料 篇

南陵县中低产田土壤改良刍议

自2008年起，南陵县根据国家农业部测土配方施肥项目实施方案的要求开展耕地地力评价工作。通过此次调查与地力评价，基本摸清了南陵县耕地地力的基本情况。本文旨在通过对各级土壤肥力状况等因素的分析，提出对中低产田的改良建议，为建设旱涝保收、稳产高产基本农田，提高农田综合生产水平和抗灾能力，以及为促进结构优化和农民增收作出贡献。

一、耕地类型划分

（一）耕地地力等级的划分

南陵县面积共1 263.7 km^2，其中耕地面积约328 km^2（32 801.66 hm^2），耕地面积约占全县总面积的26%，是农业部确定的全国300个农业生产大县之一。据2007—2010年的土壤普查结果可知，南陵县耕地地力共分为五级，其中，一、二两级是肥沃适耕的高产耕地，其余三级属中低产耕地。耕地地力等级是根据其单位面积粮食生产能力划分的。全国耕地地力共划分为十个等级，南陵县耕地地力等级划分与全国耕地地力等级划分因生产能力的差异有所不同。县耕地地力等级划分与全国耕地地力等级划分方式详见表1。

表1　全国耕地地力等级与综合指数法耕地等级对照

全国等级	一	二	三	四	五	六	七	八	九	十
南陵等级		1	2	3	4	5				
生产能力（kg/hm^2）	≥ 13 500	12 000 ~ 13 500	10 500 ~ 12 000	9 000 ~ 10 500	7 500 ~ 9 000	6 000 ~ 7 500	4 500 ~ 6 000	3 000 ~ 4 500	1 500 ~ 3 000	≦ 1 500

（二）耕地级别分析

南陵县各级耕地面积及所占比例如下：一级地面积为4 587.21 hm^2，占耕地总面积的14%；二级地面积为8 894.98 hm^2，占耕地总面积的27.1%；三级地面积为8 713.09 hm^2，占耕地总面积的26.6%；四级地面积为6 753.64 hm^2，占耕地总面积的20.6%；五级地面积为3 852.73 hm^2，占耕地总面积的11.7%。

表2　南陵县耕地地力评价结果统计

等级	一级地	二级地	三级地	四级地	五级地	总计
面积（hm^2）	4 587.21	8 894.98	8 713.09	6 753.64	3 852.73	32 801.66
面积百分比（%）	14	27.1	26.6	20.6	11.7	100

从表2可以看出，一级地和二级地的耕地面积共13 482.19 hm^2，占耕地总面积的41.1%。三、四、五级地总面积共19 319.47 hm^2，占耕地总面积58.9%，超过一半。后三级耕地即属于中低产土壤类型，所谓中低产土壤，是指存在各种制约农业生产的土壤障碍因素，产量相对低而不稳定的耕地。

1. 一、二级地分析

一、二级地广泛分布于东部平畈区，弋江镇、籍山镇、许镇镇等乡镇，以及工山、家发两镇的东部都有大面积分布。土壤类型基本为水稻土，利用类型主要是灌溉水田，面积占92.86%，其次是菜地，约占6.36%。土壤类型主要由沙泥田、乌沙泥田、泥骨田等土种的评价单元构成，有机质含量大部分在30 g/kg以上（在其他等级耕地中，也有不少含量超过30 g/kg的，它们之所以被纳入中低产田，是因为它们存在障碍因子，所以下文不再提及有机质含量），达到中等及肥沃水平。地形部位起伏较小，成土母质主要为壤质河流冲积物。耕层质地类型以中壤土和重壤土为主，少数为轻壤土；剖面构型总体上较好，水田属于潴育型水稻土，有发育很好的剖面构型A－P－W－C（分别表示耕作层—犁底层—潴育层—母质层，下同）。地下水位低，灌溉条件以很好、好为主，排涝能力强。土壤pH平均为6.33，高度适宜水稻生长。其中，二级地仍有一定的增产潜力。

2. 三～五级地分析

（1）三级地分析：三级地耕地面积共8 713.09 hm^2，占耕地总面积的26.6%。三级地全县范围都有分布，工山镇、弋江镇、三里镇等乡镇为大面积分布，其中工山镇三级地面积占该镇耕地面积的20.31%。三级地土地利用类型主要是灌溉水田，还有少量的旱地和菜地，分别占到96.7%、3.1%、0.2%，土壤类型主要由砂泥田、黏身砂泥田、次潜砂泥田等评价单元构成。剖面构型良好，以A－P－W－C为主。成土母质以壤质河流冲积物为主，也有少部分第四纪红土、壤质洪冲积物。耕层质地类型以重壤和轻黏为主，其余地块为中壤、轻壤、中黏，分别占63.31%、19.65%、9.23%、4.81%、2.74%；耕层较厚，耕性良好，平均耕层厚度在14.5 cm左右。灌溉条件一般，排涝能力也一般。土壤养分、有效磷、速效钾稍缺，其余养分含量水平中等以上。土壤pH平均为6.30。

（2）四级地分析：四级地耕地面积共6 753.64 hm^2，占耕地总面积的20.6%。四级地在何湾镇、工山镇、三里镇等乡镇都有大面积分布，其中何湾镇四级地占该镇耕地面积的32.6%。四级地土地利用类型主要以灌溉水田为主，也有部分旱地和望天田，其中灌溉水田占92%以上，旱地占7%左右。土壤类型以红砂泥田、砂泥田等土种为主。成土母质以壤质洪冲积物、壤质河冲积物和中层坡残积物为主，分别占40.6%，29%和12%。耕层质地类型以中壤和重壤为主，其余地块为轻黏、轻壤、重黏，分别占45.2%、42.2%、9.3%、2.3%、1%。土体剖面构型以A－B（淀积层）－C和A－P－W－C为主；耕层较厚，耕性良好，平均耕层厚度在15 cm左右。灌溉条件较差，排涝能力也差。土壤养分含量水平一般且不平衡。土壤pH平均为6.30。

（3）五级地分析：五级地耕地面积共3 852.73 hm^2，占耕地总面积的11.7%。该级耕地大多与四级耕地相间分布。五级地主要分布在三里镇、何湾镇、烟墩镇、工山镇等乡镇，其中三里镇五级地的分布面积占全镇耕地面积的25.8%，其余几个乡镇的分布面积也占其乡镇耕地面积的20%以上。五级地主要是坡耕地，所分布的地貌类型主要为低山地和丘陵；所处地形部位大多为中、陡坡地，地形坡度大于15°；土壤侵蚀严重。成土母质以中层残积物和薄层残积物为主。耕层质地类型以中壤、重壤为主，砂壤、轻黏、轻壤相对较少，分别占61.7%、26.7%、5.5%、3.8%、2.3%。剖面构型以A－B－C为主，少量地块为A－（B）－C，A－C。土层非常瘠薄，耕层较薄，耕性差，平均耕层厚度在12 cm左右。该区原来的水利灌溉条件有限，经过大力兴修水利，多数田块灌溉条件有所改善，但部分地区仍然缺乏灌溉条件；排涝能力较强，排涝能力多数达到一日暴雨一日能够排出，但旱涝保收不能保证。土壤养分含量水平总体中等偏下。土壤pH平均为6.31，偏酸，保水保肥以及缓冲能力弱。

各级耕地分布情况见表3。

表3　南陵县耕地地力等级的行政区域分布

单位：hm^2

等级	一级地		二级地		三级地		四级地		五级地	
乡镇	面积	%	面积	%	面积	%	面积	%	面积	%
何湾镇	0.00	0.00	0.00	0.00	191.41	2.20	2 201.42	32.60	912.20	23.68
三里镇	0.00	0.00	11.69	0.13	1 333.23	15.30	1 377.45	20.40	995.19	25.83
工山镇	44.66	0.97	131.14	1.47	1 769.73	20.31	1 486.45	22.01	798.74	20.73
弋江镇	1 658.86	36.16	2 764.71	31.08	1 330.11	15.27	14.41	0.21	16.26	0.42
家发镇	141.95	3.09	350.41	3.94	1 294.58	14.86	371.20	5.50	119.83	3.11
烟墩镇	0.00	0.00	0.00	0.00	269.27	3.09	582.71	8.63	815.74	21.17
籍山镇	1 591.50	34.69	1 926.99	21.66	1 284.16	14.74	720.01	10.66	194.77	5.06
许镇镇	1 150.25	25.08	3 710.05	41.71	1 240.61	14.24	0.00	0.00	0.00	0.00
合计	4 587.22	99.99	8 894.99	99.99	8 713.1	100.01	6 753.65	100.01	3 852.73	100

（三）耕地障碍类型分析

以上所分耕地级别是就其分布区域、土壤肥力的状况介绍的，其实，许多中低产田并非是养分缺乏，而是由某些条件不协调或存在障碍因子造成的。中低产田土壤是根据土壤主导障碍因素的改良主攻方向，依据中华人民共和国农业部发布的行业标准NY/T 310—1996，引用农业部耕地地力划分标准，并结合实际进行分析而确定的。这些障碍因子主要是缺水干旱、黏重瘠薄、障碍层阻滞、渍涝潜育，相对应的中低产田类型就被确定为缺水干旱型，黏重瘠薄型，障碍阻滞型，渍涝潜育型；南陵县中低产田总面积约为19 319.46 hm^2，占全县总耕地面积的58.9%。由这些障碍因子所形成的耕地与地力等级其实是并行不悖的，如同样是三级或五级地，可能都有上面所述的障碍因子。

下面将论述四种中低产田类型的土壤状况及分布情况。

1. 缺水干旱型

缺水干旱型是由于气候条件造成的降雨不足或降水季节性分配不均，又缺少必要的调蓄手段，以及地形、土壤性质等方面的原因造成的有保水蓄水能力的缺陷，不能满足作物正常生长所需要的水分需求的耕地，但是具备水源开发条件，可以通过发展灌溉加以改良。

全县缺水干旱型农田面积为 5 722.43 hm^2，占总耕地面积的 17.4%，主要分布于何湾镇、三里镇等乡镇。

2. 黏重瘠薄型

黏重瘠薄型耕地主要是指离村庄较远，耕作管理水平较低，有机肥源不足，土壤黏重，结构性差，土壤较瘦瘠的耕地，这些是影响农业生产的主要障碍因素。全县黏重瘠薄型农田面积为 11 625.30 hm^2，占总耕地面积的 35.4%，分布在工山镇、三里镇、家发镇等乡镇。

3. 障碍阻滞型

全县障碍阻滞型耕地面积为 902.06 hm^2，占总耕地面积的 2.8%，多分布于起伏岗地的顶部，在何湾镇、三里镇、工山镇、烟墩镇等乡镇都有不同面积的分布。该种耕地分布地势部位较高，因此水土流失较严重。由于雨水下渗，黏粒下移，黏粒的淋溶聚集过程较为强烈，有的黏盘层甚至于接近地表，一般作物根系难以穿透，滞水性强，通透性差。

4. 渍涝潜育型

全县渍涝潜育型耕地面积为 1 069.66 hm^2，占总耕地面积的 3.3%。主要代表土壤为分布在西部山区冲沟会合处及长期关冬水的冲田。土壤主要障碍因素是潜育化。土壤类型主要是潜育性水稻土，土壤剖面多表现为表潜型，土体内部因水分长期饱和，处于还原状态，土粒分散，呈稀糊状结构，水冷泥温低，养分供应速率慢，水、肥、气、热不协调，导致水稻坐蔸严重，产量低而不稳。

二、存在的问题及原因分析

（一）投入不足

中低产田面积大，除了自身的自然条件之外还有些其他原因，一是农田基本建设投入相对不足，中低产田改造措施不力；二是用地而不养地，造成地力水平不高；三是农民对耕地的投入不足，尤其是有机肥的投入仍处于较低水平。

（二）施肥结构不合理，土壤养分不协调

南陵县大多数农户在施肥方面主要表现为“四重四轻”：重化肥，轻有机肥；重

氮、磷肥，轻钾肥；重大量元素，轻中微量元素；重用地，轻养地。由于施肥结构不合理，导致氮、磷、钾养分不平衡，土壤钾素偏低，缺硫、锌、硼等微量元素的土壤面积较大。

三、中低产田改良措施

根据各种中低产土壤所存在的不同障碍因素，有针对性地对不同类型的中低产田进行改良。

（一）缺水干旱型改善灌溉条件

这类中低产田是指山地丘陵区的望天田、塝田，主要包括渗育型水稻土、部分潴育型水稻土。这类稻田水源不足，灌溉条件差，灌溉设施不足，排灌不分家，串灌、漫灌严重，养分缺乏，旱灾频繁，耕作制度多为一年一熟或一年二熟。缺水干旱型中低产田主要分布地区是中南部丘陵区，灌溉条件相对较差，是影响农业生产的主要障碍因素，同时土壤养分含量低，耕层质地为轻壤、重黏，还有小部分中壤。

改良的措施和途径有：

（1）建立健全水利设施。实行排灌分家，改串灌、漫灌为沟灌、畦灌，防止耕层土粒随灌溉水流失。

（2）因地制宜修建山塘水库，增加灌溉水源或实行提水灌溉。

（3）推广秸秆覆盖还田技术和堆腐还田技术，以改善土壤理化性状，培肥地力。秸秆还田后，提高了土壤有机质含量，增加了土壤的团粒结构，调整了土壤的紧实度，增加了土壤空隙度，增强了土壤抗寒、保温及保水性能，同时为土壤微生物活动创造了良好的环境，促进了土壤有机质分解转化，增加了土壤耕作层的养分来源和积累，为作物生长发育创造了有利条件。

（4）平衡施用化肥，增施有机肥，每公顷施用磷素肥料（P_2O_5）30～40 kg、钾素肥料（K_2O）90～150 kg、有机肥 15 000～30 000 kg。

（5）推广旱育秧，提高水源利用率，扩大旱作，减少旱灾。

（二）黏重瘠薄型注重培肥土壤

这类型中低产田主要分布于县域西部和西北部的低山丘陵区，施肥不足、耕层较浅，只有 13 cm 左右，土壤结构不良，多是黏重土壤，还有部分中壤、土壤养分含量低，氮、磷、钾含量均属中等偏下水平，旱涝灾害相对较多，单产较低，而目前又无见效快且能较大幅度提高产量的治本性措施，是只能通过长期培肥消除土壤不良性状进行逐步改良的一类旱耕地。耕作管理水平较低，有机肥源不足，土壤黏重结构差，土壤较瘦瘠，是影响农业生产的主要障碍因素。

改良措施有：

（1）平整土地，完善水利设施。平整土地，建立完善的坡面水系和蓄水配套设施，改坡地为梯地，做到地面平整，减少水土流失，解决旱灾。

（2）增加土体厚度，去石聚土，客土加厚土层，使土体厚度大于 30 cm。

（3）加深耕层厚度。结合施用有机肥深耕，每年增施有机肥 30 000 ~ 45 000 kg/hm^2，增加耕层厚度 3 ~ 5 cm，使耕层厚度达 18 cm 以上。

（4）秸秆覆盖。秸秆覆盖量为 4 300 ~ 7 500 kg/hm^2，连续覆盖三年以上，这样可以有效减少土壤侵蚀，吸纳保蓄降水，增强土壤抗旱保墒能力。

（5）平衡施肥，协调土壤养分。每公顷施用磷素肥料（P_2O_5）40 ~ 50 kg、钾素肥料（K_2O）90 ~ 180 kg 以上，并补充中微量元素肥料，连续三年。

（三）障碍阻滞型注重深耕改土

这些土壤多分布于起伏岗地的顶部，在何湾镇、三里镇、工山镇、烟墩镇等乡镇都有不同面积分布。改良措施有：

（1）结合施用有机肥深耕，逐年增加耕层和有效土层，消除土体中下部的黏盘层、砂层、砂砾层的危害。

（2）平衡施用化肥，协调土壤养分。

（3）在利用管理上要选择抗逆性强的品种种植，保证水源、及时灌溉，尽可能用秸秆覆盖土面，以防水分过快蒸发，多施有机肥料。

（四）渍涝潜育型注重排涝清淤

（1）改良土壤本性：以稻治涝，把土壤质地黏重滞水、易旱易涝的中低产田改成水田，大幅度提高粮食产量；进行深松改土，加深耕层，扩大肥水库容，改良土壤的水、肥、气、热状况，改善土壤通透性。

（2）完善水利措施：降低地下水位，排除土壤积水，截断冷泉水，协调土壤水气，达到能排能灌。

以上各种类型耕地，除了有针对性地改良外，还可以采取下列共性措施：

（1）利用绿肥改土：实施绿肥分带间套轮作种植模式。通过绿肥与粮经作物实行宽厢间套轮作，不仅可促进一年一熟向二熟三熟发展，还培肥了土壤，实现了用地与养地结合，是保持耕地肥力不断提高的一项技术。采用绿肥分带间套轮作种植模式，可大大提高土地利用率和生产能力，增产效果十分显著。

（2）轮作倒茬：每三年粮经草轮作一次，以田养田，边用边改，养用结合。

（3）掺砂改土：客土掺砂，可以调节土壤通透性，提高地温，这是比较普遍的改土措施。

（4）增施有机肥：有条件的地方，应尽可能多施有机肥，它不仅可以提高土壤肥力，还可以改善土壤的通透性。

（5）采用综合栽培技术：推广模式化栽培技术，将各项增产技术、措施进行组装，形成标准化技术规范，这不仅能提高作物产量，而且对改造中低产田土壤的不良属性也有很好的作用。

四、顶层设计与建议

（一）各级政府要提高对合理利用耕地的认识，制订具体的培肥措施并抓好落实

农村土地虽是集体土地，但关系到农民的生存和国家的稳定。目前农民不积极培肥地力，不愿意进行长期投入，使种田成为短期行为。政府应主动将培肥地力的担子挑起来，把地力培养提上政府的重要议事日程，列入乡镇、村领导的工作责任之中。

建议各级政府从财政收入中拿出部分资金设立地力培养专项资金，用于农田基本建设以增加培肥能力，并加以具体落实，保障该项工作的顺利开展，实现“取之于土，用之于土；取之于民，用之于民”。制订具体的可操作性的培肥措施和验收标准。

推广秸秆还田，大力推广大田生产冬季绿肥，政府补贴冬种绿肥种子的价款以调动农民养地的积极性。

（二）努力改善耕地的生产条件和生态环境，提高耕地的利用率

提高耕地的利用率和科学合理地开发利用耕地资源，加大耕地的保护改良和开发力度，根据资源优化配置的原理，实现资源有效配置。充分利用国家农业综合开发及其他各项农业项目，改善耕地的生产条件和生态环境，要从治山、治水和改良土壤等多种治理措施入手，实现山、水、田、林、路等的综合治理。

（三）调整农业区域结构，发展特色农业，推进农业区域化布局、专业化生产

要充分利用生态农业县建设的成果，发展绿色、保健食品和畜牧水产业。要大力发展具有本地特色、市场潜力大的农产品。就南陵县而言，可以将农产品分为“三类”：第一类是独有、最具特色的农产品，这一类要着力发展，如稻米、食用菌、莲藕等。第二类是具有山区特色，现为主导产品的，可适度发展，如丹皮、蚕茧、红薯及其他果品。这一类产品有一定优势，但不是独有，需要进一步开拓市场，注重加工、包装。第三类是目前总量不够，但具有发展前途的，对于这一类农产品要突出优势，抓好拳头产品，如蓝莓、水面养殖、草食动物养殖、观赏大棚蔬菜等。积极发展高效农业、出口农业和旅游观光农业。在调整区域结构的过程中，要注重特色和规模，把有限的资源用到主导产品、重点区域经济和支柱产业的开发中去。

（本文系笔者于2014年3月根据《南陵县耕地地力评价与利用》一书有关内容而写，笔者是此书主编之一。）

南陵县绿肥现状、问题与对策

一、绿肥生产现状与利用现状

（一）面积与产量

南陵县位于长江南岸，面积 1 263.7 km^2。全县有 8 个镇，157 个村，21 个社区居委会。全县人口 54.5 万人，其中农业人口 49.55 万人。乡村劳动力 30.4 万人，其中从事农业的有 14.1 万人，从事其他行业的有 16.3 万人。全县现有常用耕地 49.2 万亩，其中水田约 45.75 万亩。南陵县复种指数较高，常年在 270% 以上，复种面积达 135 万亩。农业生产除稻谷外，还盛产小麦、油菜籽、棉花、红薯、烟草、蔬菜、瓜类及紫云英种子等。近年来粮食播种面积保持在 85 万亩以上，粮食总产量为年均 35 万 t 左右，其中稻谷播种面积常年在 75 万亩以上，年产稻谷 34 万 t 左右，约 35% 自用，65% 外销。农业生产一直比较发达，是典型的双季稻产区和国内少有的紫云英种植区。每年所产稻谷除自用外，大部分向外经销，很早就有“芜湖米市，南陵粮仓”之说。自“六五”计划以来，一直是国家商品粮基地县、优质粮基地县。

南陵县有耕地 87.66 万亩，其中常用耕地 49.2 万亩，非常用耕地 38.46 万亩。在常用耕地中，水田有约 45.75 万亩，水浇地（旱地）3.45 万亩。这说明，本县以生产水稻为主，且以两季稻居多，由于气候、土壤较适宜，农民耕作水平较高，平均每年种植水稻面积约 75 万～80 万亩。

冬季绿肥绝大多数是紫云英，常年种植面积 20 万亩左右，另有少量青饲草、豌豆、苕子、柽子等。以前曾试种过“大桥紫”“闽紫”等，现已消失。紫云英品种基本上是“弋江紫”。种植时间一般在 9 月下旬至 10 月上旬，基本是在双季晚稻田中撒播，与晚稻共生期约 45～60 天。亩产约在 2 000～7 000 kg。长得好的紫云英，农谚曾有“花草三道弯，亩产一万三”的说法。

（二）绿肥的利用方式及效果

利用方式有两种。一种是在春季 4 月。原来最佳（即产量接近最高、含肥量达到最高）翻压时段是 4 月 15 日至 25 日，但如今在早稻以直播为主的情况下，翻压时间提前到了 4 月初，田间草量不过 500～700 kg，刚刚开花，总量不过 10%——恐怕不能算是初花期。另一种是在紫云英种子收获后，田间残留的草秸加上种子脱粒后还田的残秸，共同翻压用作下茬基肥，本县一般是种植单季稻，也有留作双晚秧田的。

以上翻压方式均为田间上水后翻耕。虽曾提倡割刈后适当晒几个太阳，但现在农民图省事，带水翻耕。

效果分析：4 月初翻压还田的紫云英，其好处是保本田用，但肥效不太高，相当于每亩提供氮素（N）1 ~ 1.4 kg，磷素（P_2O_5）0.2 ~ 0.28 kg、钾素（K_2O）0.75 ~ 1 kg，而二盘花翻压则提供氮素（N）6.6 ~ 23.1 kg、磷素（P_2O_5）1.6 ~ 5.6 kg、钾素（K_2O）4.6 ~ 16.1 kg。翻压适期鲜草的养分含量大致是氮素（N）0.33%、磷素（P_2O_5）0.08%、钾素（K_2O）0.23%。所以 4 月初翻压提供的氮、磷、钾数量不过是正常翻压期 1/16 ~ 1/8！所以，4 月初翻压紫云英后，农民该怎么施肥还怎么施肥，没有将翻压的绿肥当回事——当然，后期效果还是有的。

绿肥产生的三大效益和技术要求有：

1. 经济效益

主要是节肥节本。凡是紫云英翻压还田的稻田，在种植早稻时，每亩施配方肥（或复合肥）20 ~ 25 kg；进入返青分蘖期时，每亩施尿素约 5 kg，以后便不再施穗粒肥。到种植双季晚稻时，紫云英后效对晚稻仍有明显效果。基肥用量基本相同，分蘖肥尿素略增，约 5 ~ 8 kg（因粳稻或杂交稻需肥量较大），穗粒肥基本不施或施得很少，大约为尿素 2 ~ 3 kg。而连续数年未种植过紫云英的田块，相同的肥料，早稻基肥每亩至少施配方肥（或复合肥）30 kg + 分蘖肥尿素 10 kg + 穗粒肥（尿素 5 kg + 钾肥 3 kg），双晚基肥每亩至少施配方肥（或复合肥）30 ~ 35 kg + 分蘖肥尿素 10 ~ 15 kg + 穗粒肥（尿素 5 ~ 7 kg + 钾肥 3 kg）。两季稻肥料费用比较，紫云英翻压还田的稻田比连续数年未种植过紫云英的田块至少节省配方肥（复合肥）20 kg + 尿素 10 kg，价值约 110 元。一季稻（采用紫云英种子收获后的干秸秆翻压还田）因单产较高，用肥较多，所以节省肥料成本平均略少，约 50 元。

其次是增产增效：紫云英翻压还田的稻田早稻一般亩产 450 ~ 500 kg，双季晚稻亩产 520 ~ 600 kg（安徽省水稻高产创建专家组在南陵县测产时，曾测过类似田块产量，所以，这种产量绝非虚构或吹嘘），两季稻亩产合计 970 ~ 1 100 kg。连续数年未种植过紫云英的田块一般亩产 900 kg 左右，前者比后者增效约 140 ~ 440 元，平均约 290 元。平均节本增效 400 元/亩，20 万亩就是 8000 万元。至于长期未种紫云英的“光板田”单产和效益更低。

2. 社会效益

由上所述，紫云英翻压还田的稻田平均每季稻节省化肥约 15 kg，折纯 6.7 kg，节省肥料成本 55 元。不仅产量增加，米质变优，而且出米率比未种紫云英的田块高 2 ~ 5 个百分点。“南陵大米”不仅获得国家工商行政管理总局注册商标，而且获得“国家农产品地理标志”称号。“南陵大米”为集体商标，会员单位经县稻米协会批准后即可使用该商标，稻米畅销全国各地。

表 1　南陵县历年水稻生产概况

年份	播种面积（万亩）	亩产（kg）	总产（万 t）	水田面积（万亩）	亩均生产量（kg）	农业人口（万人）	人均贡献量（kg）	简要说明
1949	36.28	185	6.71	51.0	131	24.6	272	当年水灾
1952	54.89	220	12.08	54.9	220	26.5	459	生产力恢复，推广合式秧田，苗壮，用种省，总产开始超过 10 万 t
1955	55.41	205	11.38	55.0	207	28.0	406	双季稻开始推广，约 3 万亩
1972	82.29	249	20.45	47.7	428	38.1	537	双季稻面积扩大，总产开始超过 20 万 t
1982	80.74	311	25.12	52.2	481	44.0	571	亩产开始超过 300 kg，杂交稻推广
1986	81.21	340	27.57	51.7	533	45.8	602	本年代最高产量，配方施肥大面积推广
1997	78.83	393	30.97	49.7	523	47.8	648	本年代最高产量，总产开始超过 30 万 t
2001	62.58	410	25.63	47.7	538	48.1	533	亩产开始超过 400 kg，因产业结构调整，粮食面积、产量下降
2004	75.60	443	33.50	46.5	720	48.3	694	中央关于“三农”的一号文件发表，配套技术得到广泛应用
2005	77.58	431	33.44	46.1	725	48.4	691	科学技术应用得当，大灾之年产量保持稳定
2006	76.38	460	35.14	45.7	774	48.6	725	九年来最高产量
2008	77.57	479	37.17	45.7	813	49.1	757	粮食创历史新高，总产突破 40 万 t
2011	77.08	490	37.77	45.7	827	49.3	766	粮食总产 40.275 万 t

注：本表系采自笔者另外一篇文章《科技对水稻生产的贡献、存在问题及对策》。

3. 生态效益

从表 2 可以看出，在种植紫云英的三个大镇中，2008 年与 1983 年相比，土壤有机质年均增加 0.393 g/kg，全氮年均增加 0.012 g/kg，有效磷年均增加 0.269 mg/kg，速效钾年均增加 0.345 mg/kg。这是一个了不起的成就，因为南陵县不但粮食总产量增加了，而且土壤也变肥沃了。

表 2　南陵县紫云英种植镇代表土种不同年份养分变化

镇名	养分名称	有机质			全氮			有效磷			速效钾		
	单位	(g/kg)			(g/kg)			(mg/kg)			(mg/kg)		
	土种	1983 年	2008 年	年均递增	1983 年	2008 年	年均递增	1983 年	2008 年	年均递增	1983 年	2008 年	年均递增
籍山	黏身砂泥田	21.3	30.5	0.368	1.35	1.77	0.0168	3.8	11.1	0.292	42.3	61.5	0.768
弋江	砂泥田	22.6	36.8	0.568	1.39	1.77	0.0152	5.3	9.15	0.154	45.3	38.4	−0.276
许镇	泥骨田	24.2	30.3	0.244	1.52	1.64	0.0048	3.4	12.4	0.36	54.6	68.2	0.544
平均		22.7	32.5	0.393	1.42	1.73	0.012	4.17	10.9	0.269	47.4	56.0	0.345

4. 技术要求

（1）适期播种：紫云英的播种适期在 9 月下旬至 10 月上旬。播种量每亩 1.5 ~ 2 kg。播种方式以稻田套播为主。播前应晒种，将种皮擦破，用少量磷肥和根瘤菌剂（每亩种子用 200 g）拌种后撒播。

（2）田间管理：

①增施磷、钾肥，提高固氮效率。增施钾肥可提高根瘤菌的固氮量，冬至前后，每亩撒施 20 kg 磷肥并撒施一层草木灰或牛栏粪等覆盖物御寒，确保安全过冬。

②加强水分管理。播种时水稻田应保持地面湿润，出苗后不可积水，防止烂芽缺苗。收获时严防烂田割稻（割前搁硬田板），防止小苗被压陷泥而死亡。晚稻收割、残茬处理后要及时开好田内沟，并做到沟沟相通，雨过田面不积水，以利全苗、壮苗。越冬期和开春后还应做好沟系清理工作，确保沟系畅通，做到雨后无积水。如遇严重干旱，应及时灌“跑马水”，湿润土壤，以适应紫云英的生长要求。

③及时防治病虫草害。紫云英的病害主要有菌核病、白粉病等。发现病株后应及时拔除深埋，并在发病处及周边使用多菌灵、咪鲜胺、甲基硫菌灵等兑水喷雾封杀。虫害主要是蚜虫、蓟马、潜叶蝇等，应选用高效、低毒农药，如吡蚜酮、阿维菌素等喷雾防治。草害主要是看麦娘，可选用高效氟吡甲禾灵、烯草酮、精吡氟禾草灵等，在看麦娘三 ~ 五叶期时喷雾防治。

二、绿肥发展存在的问题

主要是对限制绿肥发展的因素分析。包括：

（1）绿肥的直接经济效益不高：紫云英直接翻压还田，基本无直接经济效益，而同季作物小麦每亩净收益约 400 元，油菜约 690 元。

（2）高产推广技术不到位，绿肥产量低：主要是耕作粗放，不注意开沟排渍。

（3）绿肥种子价格高、种源不足：紫云英留种田亩产约 50 kg 左右。2009 年留种面积小，2010 年价格就高，收购价每千克 33 元，销售价 36 元；2011 年留种面积大，收购价每千克 9 ~ 10 元，销售价 12 ~ 15 元。

（4）其他原因：因无直接经济效益，农民不愿意种植；现在早稻直播面积大，播种期提前，过早翻压，效果不明显。

三、绿肥发展的对策

（1）种植技术和方式建议：将其他品种（一般进入二盘花的时间比“弋江紫”晚 7 ~ 12 天）与“弋江紫”交配繁育，设法培育出熟期早、产量高的品种。

高产高效技术的推广应用：**适期播种，擦破种皮。以磷增氮，开沟排渍。在未种植过紫云英的地方还应使用菌剂拌种。**

（2）绿肥利用方式建议：除了用作肥源外，还可用作菜源、蜜源、种源、饲草、盆景、赏花节观赏（配上油菜花，景致更漂亮）等。

（3）政策建议。如种子补贴：现在国家实施有机质提升项目，每亩补贴 15 元；种植绿肥补贴：上海市松江区每亩补贴 100 元，崇明县每亩补贴 150 元，22 万亩补贴 3 300 万元。

（成文于 2012 年 10 月）

硼肥对农作物的作用及其使用方法

作物缺硼的一个重要症状，就是不能正常发育，甚至完全不能形成，如油菜的“花而不实”、小麦的“穗而不实”，苹果的缩果病等。这些症状的发生，严重影响了作物的收成。可见，硼是作物生长发育中必不可少的微量元素之一。科学研究表明，硼不仅能促进作物生殖器官的正常发育，有利于受精和种子形成，而且还能提高作物的抗寒、抗旱能力，防止多种作物发生生理病害。硼还可以提高豆科作物（包括紫云英）的固氮活性，增加固氮量。

一般双子叶植物比单子叶植物需硼量大，较易出现缺硼现象。油菜、棉花、小麦、烟草、马铃薯、甘薯、豆科作物以及果树和某些蔬菜对硼都比较敏感，施硼有较好的效果。从经济效益来看，缺硼地区施硼，每亩只需花几角钱，至多 2 ~ 3 元，其增产增收效益往往有几十元甚至更多。

硼肥的种类大致有硼酸、硼砂、硼镁肥、含硼过磷酸钙、硼泥及硼玻璃等，还有专供喜硼作物油菜的含硼专用复合肥。前四种和后一种硼肥可作基肥、追肥、种肥或根外追肥，施用量可视施用方法而定。在土壤缺硼的情况下，以硼肥作基肥，一般每亩用量不少于 0. 25 kg，而以施用 0. 5 ~ 1 kg 的单产最高。最好与有机肥料或氮、磷、钾常量元素肥料混合均匀后施用。混合前先用 40 ~ 80 ℃热水溶解，如与液体肥料（如人粪尿）混合，可洒入搅拌均匀后使用；如与灰土粪或化肥混合，可先以少量的与之混匀，然后与其余肥料拌和均匀使用。作根外追肥时使用浓度为 0. 2% ~0. 3%，可先将硼砂 100 ~ 150 g 用少量热水溶解后兑水 50 ~ 75 kg，喷施一亩。对上述各种作物应先在苗期喷施，然后可在进入以生殖生长为主的阶段前（如油菜的蕾薹期）施用，效果较好。硼玻璃肥难溶于水，一般应作基肥使用。硼泥系制硼工业废渣，呈碱性，可先用废酸或过磷酸钙进行中和，然后施于土壤中。

（本文刊登于《安徽科技报》1989 年 11 月 8 日第 2 版。）

超级稻施肥误区与改进对策

本世纪初，我国开始推广超级稻。南陵县曾于2002年种植了杂交粳稻新品种III优98，当时亩产达到750.5 kg，令人感到有些不可思议。近年来，许多地方开始大面积种植超级稻，因此有一些模糊概念，认为既然是超级稻，施肥应是“多多益善”。然而根据笔者的调查和听到的反映发现，因施肥不当造成不少田块超级稻。主要表现如下：

（1）前期施肥过量。有些农户基肥每亩施用饼肥200 kg、复合肥50 kg、尿素20 kg，这本来已经有些过量了，但在移栽后，因不放心，每亩又重施复合肥20 kg、尿素20 kg，使得秧苗前期发得过了头，且因氮素过多，使茎秆发软。

（2）中期肥水管理不当。到禾苗长到中期需要晒田时，没有很好晒田，而是继续施用促花肥，使得秧苗继续旺长，相互郁蔽，造成纹枯病蔓延。

（3）后期穗粒肥过重。根据超级稻生长规律，抽穗前半个月至20天，依秧苗长势施用穗粒肥。有些农户未根据苗情，均是每亩施用尿素20 kg，有的施了钾肥，有的未施用钾肥，因此而导致的外在表现是剑叶过长下披或倒二叶长而下披。抽穗后，稻子头重脚轻，往往出现恋青和倒伏，减产自然也就不可避免了。

超级稻的施肥技术其实和其他粳稻的基本要领一样：前重、中控、后补足，只不过因超级稻单产高，施肥数量应按比例增加而已。

正确的施肥技术是：

（1）施足基面肥：种植紫云英或施用土杂肥、腐熟的人畜粪或施用厩肥，每亩总量2 000～2 500 kg，以使肥效稳长，米质变好。在耖耙田前，亩施尿素20～25 kg、过磷酸钙30～40 kg、氯化钾10 kg或含量40%以上的复合肥50 kg加尿素10 kg。将化肥的速效与农家肥的稳长结合起来。

（2）早施分蘖肥：在秧苗移栽后7天左右，结合使用除草剂，每亩施用尿素10～15 kg、氯化钾10 kg，关水5～7天并任其自然下渗，这叫做“以水带肥”。晾晒数天后再上水，促进分蘖。以后干干湿湿保持到分蘖末期，重晒至“人站不陷鞋，田开鸡花裂。四面冒白根，叶色变淡发棵歇。”

（3）巧施穗粒肥：在抽穗前15～20天，根据苗情长势，酌情施用穗粒肥。苗旺不施；叶色已经变淡、发棵已经停止的，每亩可施尿素10 kg左右、氯化钾5～6 kg。如果田间供水不足，根据笔者经验，抽穗后数天仍可施用尿素和氯化钾，不过数量要略少，不会恋青迟熟。

（4）适施根外追肥：在抽穗前后数天甚至抽穗后20天，应适当喷施叶面肥或助长剂。如每亩用尿素约1 kg、磷酸二氢钾150～200 g，先将其用少量温热水溶解，然后兑水 50 kg 喷雾，以满足超级稻二次灌浆的需要，弥补水稻生长后期根系活力减弱的不足。水量过少时，叶面易出现“烧斑”，影响水稻正常生长。

双季晚稻肥料试验总结

2007 年 7 月至 10 月，南陵县土壤肥料工作站在双季晚稻田进行了肥料试验，现将试验情况总结如下。

一、试验内容

1. 试验概况

（1）许镇镇龙潭村十八姓自然村李次宝农田，面积 2 亩。水稻供试品种为“武运粳 8 号”。前茬为早稻，早稻前茬是红花草，土壤肥力中上等。

（2）籍山镇界山村老科自然村熊木水农田，面积 1.6 亩。水稻供试品种为杂交籼稻“金优 284”。前茬为早稻，早稻前茬是冬闲田，土壤肥力中等。

2. 供试肥料及经过：

（1）配方肥：以测土配方施肥项目研制的配方肥作基肥，氮、磷、钾含量为 15－10－15（百分比），亩用量 25 kg。晚稻移栽后 7 天施分蘖肥，每亩施尿素10 kg、氯化钾 5 kg；9 月 1 日施穗粒肥，每亩施尿素 4 kg、氯化钾 2 kg。折合金额 92 元/亩。

（2）有机无机复混肥：由旌德马来大壮生物有机肥经营部提供，氮、磷、钾含量为 12－6－12（百分比），有机质占 20%，其他养分≥10%，用作基肥，亩用量 40 kg。晚稻移栽后 7 天施分蘖肥，每亩施尿素 10 kg、氯化钾 5 kg，以后不再施肥。折合金额 126 元/亩。

（3）习惯施肥：基肥每亩施三元复合肥（16－16－16）30 kg；移栽后 7 天追施分蘖肥，每亩施尿素 10 kg、氯化钾 6 kg，8 月 22 日施追肥尿素 15 kg（此时施肥对生长不利）。折合金额 122 元。

另设空白施肥区，以测定基础产量。以上田间管理均相同。

二、结果分析

1. 产量情况

（1）李次宝田：配方肥区 553 kg/亩，马来大壮肥区 536 kg/亩，习惯施肥区 502 kg/亩，空白区 466.4 kg/亩。配方肥区和马来大壮肥区分别比习惯施肥区增产 10.16% 和 6.77%。

（2）熊木水田：配方肥区与马来大壮肥区均为 453 kg/亩，习惯施肥区 411.1 kg/亩，增幅 10.19%，空白区 341 kg/亩。习惯施肥区的杂交稻主要表现为稻纹枯病和稻叶鞘腐败病均中等偏重发生，病斑上至穗颈部；稻曲病中等发生。配方肥区、马来大壮肥区和空白区病害均轻度发生。

2. 经济效益

（1）李次宝田：配方肥区比习惯施肥区每亩增产 51 kg，每千克 1.70 元，增值 86.70 元，节省成本 30 元，增收节支合计 116.70 元。

马来大壮肥区比习惯施肥区每亩增产 34 kg，增值 57.80 元，增加成本 4 元，增收节支合计 53.80 元。

（2）熊木水田：配方肥区比习惯施肥区每亩增产 41.9 kg，杂交稻每千克 1.84 元，增值 77.10 元，节省成本 30 元，增收节支合计 107.10 元。

马来大壮肥区比习惯施肥区每亩增产 41.9 kg，增值 77.10 元，增加成本 4 元，增收节支合计 73.10 元。

三、结　论

（1）施用配方肥是测土配方施肥项目的一项新举措，在晚稻生产中产生了明显效果，增加了产量，节省了肥料成本，提高了效益，值得推广。

（2）马来大壮有机无机复混肥是有机肥、无机肥与微生物肥的三肥复合，具有改良土壤、增加产量、改善品质、提高效益、抑制有害生物繁衍的功效，可以推广。

（3）施用马来大壮肥，对于田底较瘦，后期肥力供应弱的，在抽穗前 10 天左右应再施穗粒肥，每亩施尿素 5～6 kg、氯化钾 3 kg，以利增产增收。

南陵县土壤肥料工作站

2007 年 10 月 30 日

晚稻抛秧栽培氮肥运筹方式对水稻生长及产量的影响

张祥明[1)]　郭熙盛[1)]　李泽福[2)]　宋卫兵[3)]　桂云波[3)]　汪素兰[3)]　王泽松[3)]

1）安徽省农业科学院土壤肥料研究所，合肥 230031

2）安徽省农业科学院水稻研究所，合肥 230031

3）安徽省南陵县农业技术推广中心　南陵 241300

摘　要：在总施氮（纯氮）量为 180 kg/hm^2 的条件下，研究不同氮肥运筹方式对晚稻抛秧栽培的秀水79茎蘖动态、产量、氮素生产力及产量构成因素的影响。结果表明：最高分蘖数随基肥施氮比例的减小呈下降的趋势，可延长生育期。适当增加中后期施氮比例有利于提高产量，过于重施基肥或过多氮肥后移都不利于产量的提高，按基肥、分蘖肥、穗肥之比为4：3：3的处理产量表现最高，比对照增加2 233.4 kg/hm^2，增产38.62%。氮素的生产力随着基肥施用量的增加有下降趋势。在不同施氮比例下，对有效穗和结实率有显著的影响，而对穗实粒数和千粒重的影响差异不大，因而在保证颖花数的前提下，适当氮肥后移，延长剑叶生长时间，防止叶片早衰，可以提高结实率和千粒重而增加产量。

关键词：施氮方式；晚稻抛秧；产量

抛秧这一轻简栽培技术因其省工、省力、高产、高效而在安徽省各地得到了大面积推广。与常规移栽插植栽培相比，水稻抛秧栽培移栽时植株损伤轻，秧根入土浅，带土带肥，因而表现为返青快，分蘖早，分蘖多。抛秧栽植水稻生长的一个重要特点是分蘖节位低，分蘖力强，但在水稻抛秧生产中习惯施用大量氮肥且生育前期施入的比例高，造成水稻无效分蘖增多，生育后期易感病，这种施肥方法与施肥技术难以满足抛秧栽培技术对产量、品质，以及对农业生态环境安全的要求。本试验根据水稻抛秧栽培的生育特点进行了水稻抛秧栽培氮肥运筹的试验，其目的是在考虑各生育时期适宜分配比例的条件下，探索水稻抛秧栽培氮肥运筹方式对水稻生长和产量的影响，以期为抛秧栽培技术提供理论依据和参考。

一、材料与方法

（一）试验设计

试验于2005年在南陵县水稻良种繁殖示范场进行，前茬为早稻，土壤有机质26.3 g/kg，全氮2.011 g/kg，碱解氮169.1 mg/kg，有效磷16.30 mg/kg，有效钾94.2 mg/kg，pH为6.1。

试验设置：

（1）N 0（对照，不施氮肥）；

（2）N 10：0（氮肥一次基施）；

（3）N 7：3（70%N基施，30%N作分蘖肥）；

（4）N 6：3：1（60%N基施，30%N作分蘖肥，10%N作穗肥）；

（5）N 5：3：2（50%N基施，30%N作分蘖肥，20%N作穗肥）；

（6）N 4：3：3（40%N基施，30%N作分蘖肥，30%N作穗肥）；

（7）N 3：3：4（30%N基施，30%N作分蘖肥，40%N作穗肥）；

（8）N 2：3：5（20%N基施，30%N作分蘖肥，50%N作穗肥）等8个处理，四次重复，完全随机排列。小区面积为15 m^2，各小区间筑高10 cm，宽40 cm的田埂，并用塑料薄膜包埂，以防止肥水流失及相互渗漏，各小区单独排灌。

试验供试水稻品种为秀水79。塑盘育秧，氮肥为尿素，磷肥为过磷酸钙，钾肥为氯化钾。各处理均施磷、钾肥，总用肥量相同，均为 P_2O_5 75 kg/hm^2、K_2O 120 kg/hm^2，除对照（处理1）不施氮肥外，其他处理氮肥总用量相同，均为180 kg/hm^2。磷、钾肥全部基施。2005年7月28日施基肥，8月9日施分蘖肥，9月7日施穗肥。抛秧密度为48万株苗/hm^2，其他田间管理方法相同。

（二）样品的采集和分析方法

1. 生物量测定

于分蘖初期、N—n期、拔节期、抽穗期、成熟期等在各小区取植株样，每次取3穴，样品采集后立即洗净、擦干，在110 ℃下杀青30分钟，再在70 ℃下烘干至恒重，称量并换算成单位面积植株的干重。

2. 产量结构测定

在成熟期，每小区取有代表性植株5穴，进行考种，计算每穗粒数、千粒重和结实率（用水漂法测定）。小区产量单打单收，晒干称重。

二、过程与分析

（一）不同氮肥运筹处理对抛秧水稻茎蘖动态的影响

不同氮肥运筹处理对抛秧水稻茎蘖消长动态趋势的影响基本一致（图1）。抛栽密度一致，均为114万苗/hm^2，生长初期茎蘖的增长速度随基肥用量的增加而加快，N 0、N 10：0、N 7：3：0、N 6：3：1和N 3：3：4、N 2：3：5处理移栽后24天达到最高分蘖数，而N 5：3：2、N 4：3：3处理移栽后28天达到最高分蘖数。在N—n至拔节阶段，随着氮素基肥用量增多，单位面积增加的茎蘖数增多，增加的茎蘖数处理间差异显著。在拔节到抽穗阶段，是茎蘖数速降期，下降的速度亦是氮素基蘖肥用量大的下降较快，这种趋势保持到成熟期。在氮肥运筹处理中，基肥用量比例越多，茎蘖增长速度也最快，苗峰值最高，表明增加氮素基肥用量，增加了无效分蘖，多余的无效蘖又在拔节至抽穗阶段大量死亡。无效分蘖在死亡过程中，虽然部

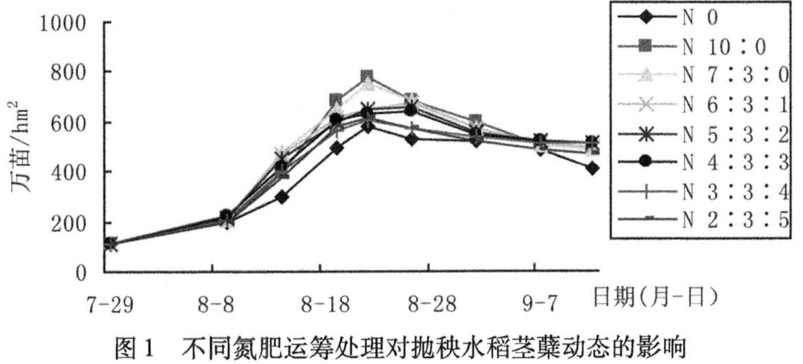

图1　不同氮肥运筹处理对抛秧水稻茎蘖动态的影响

分氮素可以转运到有效蘖，但是结构性蛋白必须回归到土壤，经矿化或微生物降解后才能再利用。部分存活到成熟时的无效蘖，对产量贡献很小，且影响通风透光，恶化群体，降低群体成穗率，直接降低了群体吸收的氮素的利用效率。

（二）不同氮肥运筹处理对抛秧水稻生育期的影响

从水稻的生育期看（表1），随着基肥施氮量的减少，拔节期相应提前，而后期施用穗肥使始穗、抽穗、齐穗和成熟期相应推迟，生育期延长。不同氮肥运筹处理比N 0处理延长8～13天。生育期的延长有利于水稻的物质积累，增加水稻籽粒的重量。但后期施肥过多，易引起病虫害的发生，水稻贪青，加之前期有效穗数偏少，影响水稻产量的提高。

表1　不同氮肥运筹处理对抛秧晚稻生育期的影响

处理	播种（月/日）	抛栽期（月/日）	拔节期（月/日）	抽穗期（月/日）	齐穗期（月/日）	成熟期（月/日）	全生育期（天）
N 0	06/26	07/29	08/26	09/13	09/15	11/11	138
N 10：0	06/26	07/29	09/01	09/19	09/20	11/19	146
N 7：3：0	06/26	07/29	09/01	09/19	09/20	11/19	146
N 6：3：1	06/26	07/29	09/01	09/20	09/20	11/19	146
N 5：3：2	06/26	07/29	08/31	09/18	09/21	11/20	147
N 4：3：3	06/26	07/29	08/30	09/19	09/21	11/21	148
N 3：3：4	06/26	07/29	08/29	09/19	09/21	11/23	150
N 2：3：5	06/26	07/29	08/28	09/19	09/22	11/24	151

（三）不同氮肥运筹处理对抛秧水稻产量的影响

1. 对抛秧水稻产量的影响

在施等量氮肥的情况下，不同氮肥运筹处理可显著影响抛秧晚稻的稻谷产量（表2），比对照增加1 250.0～2 233.4 kg/hm^2，增产21.61～38.62%，平均增产27.30%。产量排序依次为N 4：3：3＞N 5：3：2＞N 6：3：1＞N 7：3：0＞N 3：3：4＞N 10：0＞N 2：3：5＞N 0。N 4：3：3处理与N 3：3：4、N 10：0、N 2：3：5和N 0处理间产量差异达极显著水平，与N 6：3：1和N 7：3：0处理间产量差异达显著水平；N 5：3：2、N 6：3：1、N 7：3：0、N 3：3：4、N 10：0和N 2：3：5与N 0处理间产量差异达到显著水平。由此可见，前、中后期施氮比例平衡或适当增加中后期施氮比例有利于提高产量，过于重施基肥或过多氮肥后移都不利于产量的提高。

表 2　不同氮肥运筹处理对抛秧晚稻产量和氮素生产力的影响

处理	产量（kg/hm^2）	增产稻谷（kg/hm^2）	增产幅度（%）	氮素农学生产力（kg 稻谷/kgN）
N 0	5 783.3 cC			
N 10 : 0	7 166.7 bB	1 383.4	23.92	7.69
N 7 : 3 : 0	7 250 bAB	1 466.7	25.36	8.15
N 6 : 3 : 1	7 350 bAB	1 566.7	27.09	8.70
N 5 : 3 : 2	7 533.3 abAB	1 750.0	30.26	9.72
N 4 : 3 : 3	8 016.7 aA	2 233.4	38.62	12.41
N 3 : 3 : 4	7 183.3 bB	1 400.0	24.21	7.78
N 2 : 3 : 5	7 033.3 bB	1 250.0	21.61	6.94

注：同列后附大写字母为 0.01 水平显著性差异，小写字母为 0.05 水平显著性差异，字母不同为差异显著。

2. 对抛秧水稻氮素农学生产力的影响

用不同氮肥运筹处理的施氮量的实际增产稻谷产量除以施入氮肥量，计算出每千克纯氮的产稻谷量，即氮素农学生产力（kg 稻谷/kgN），从表 2 可看出，在施等量氮肥的情况下，随着基肥施用量的增多，氮素农学生产力逐渐增加，增加到一定量后逐渐下降。不同施氮运筹处理的氮素农学生产力为 6.94 ~ 12.41 kg 稻谷/kgN，N 4 : 3 : 3 处理氮素生产力最高，为 12.41 kg 稻谷/kgN，而 N 2 : 3 : 5 处理氮素生产力最低，为 6.94 kg 稻谷/kgN。说明重施基肥、早施分蘖肥或过多氮肥后移的氮肥运筹方式不利于氮素生产力的提高。

（四）不同氮肥运筹处理对产量构成因素的影响

1. 有效穗数

由表 3 可知，不同氮肥运筹处理对抛栽晚稻有效穗有显著的影响。随着基肥比例的下降，单位面积有效穗数逐渐上升，当基肥量占总施氮量的 40% 时有效穗数达到最高，然后呈下降趋势。不同氮肥运筹处理间差异不显著，有效穗数在 463.5 万 ~ 516.0 万穗/hm^2，平均为 496.36 万穗/hm^2，N 4 : 3 : 3 处理有效穗数最高，N 2 : 3 : 5 处理有效穗数最低，表明在等量氮素条件下，较高的氮素基肥的施用水平使有效穗数的增加幅度并不大，依赖增加基蘖肥用量并不能争取到有效穗数；减少基肥用量，达不到一定的分蘖数，使有效穗不足，不能获得高产。可见，要想获得适宜的有效穗数，只有在保证适宜的基肥及分蘖肥用量使土壤氮能够持续有效供应水稻生长的基础上，才能提高群体茎蘖成穗率。

2. 每穗粒数

从表 3 可以看出，每穗实粒数随着施基肥氮用量的减少而增加，当基肥量占总施氮量的 40% 时达到最高，然后呈下降趋势。每穗粒数 N 10 : 0 处理较低，为 49.8 粒/穗，N 4 : 3 : 3 处理最高，为 57.7 粒/穗，各处理间每穗粒数差异不显著。

结实率呈现随基肥用氮量的增加而下降的趋势，N 0 对照处理最高，为 90.2%，

N 10 : 0 处理最低，为 80.1%，且随基肥用量的减少呈增加的趋势，说明适当降低施基肥氮用量可以提高结实率。

表 3　不同氮肥运筹处理对产量构成因素的影响

处理	株高 (cm)	穗长 (cm)	有效穗数 (万穗/hm^2)	实粒数 (粒/穗)	结实率 (%)	千粒重 (g)	理论产量 (kg/hm^2)
N 0	65.7	10.3	409.6	52.3	90.2	29.0	6 208.4
N 10 : 0	72.3	11.0	484.3	49.8	80.1	29.1	7 022.6
N 7 : 3 : 0	76.7	10.8	490.9	52.6	80.9	29.2	7 540.3
N 6 : 3 : 1	77.0	11.0	493.9	53.3	81.1	29.1	7 664.8
N 5 : 3 : 2	73.0	11.2	512.0	52.6	82.7	29.3	7 885.8
N 4 : 3 : 3	73.7	11.3	516.0	57.7	84.4	29.4	8 753.3
N 3 : 3 : 4	73.3	11.3	513.9	54.7	86.4	29.2	8 202.7
N 2 : 3 : 5	72.0	11.7	463.5	53.0	85.1	29.1	7 148.0

3. 千粒重

千粒重高低主要决定了品种谷壳体积的容纳量、单位面积穗数和每穗粒数多少，以及相适应的灌浆物质生产量。从表 3 中可以看出，不同氮肥运筹处理对千粒重影响较小，各处理的千粒重在 29.0 ~ 29.4 g，平均为 29.18 g，变异系数（CV%）为 0.155%。随着氮肥基施比例的减小，穗肥施用比例的增加，水稻千粒重有增加的趋势，说明中后期施用穗粒肥可提高水稻的千粒重。

三、结果与讨论

（1）在总氮肥（纯氮）施用量为 180 kg/hm^2 的前提下，当基肥施氮量大于 40% 时，可促进分蘖的发生，但易造成水稻群体过大，不同程度地使无效分蘖增多，影响通风透光，而导致后期的养分供应不足，成穗率有降低的趋势。当基肥施氮量小于 40% 时，可抑制无效分蘖的发生，但易造成茎蘖数低，影响水稻的有效穗数，从而降低产量。

（2）按基肥、分蘖肥、穗肥之比为 4 : 3 : 3 的施用方式可保持较高的分蘖成穗率、适宜的每穗粒数和千粒重，使群体发展比较合理，产量表现最高，比对照增产 2 233.4 kg/hm^2，增产率达 38.62%。因此在保证颖花数的前提下适当氮肥后移，延长剑叶生长时间，防止叶片早衰，可以提高结实率和千粒重而增加产量。氮素农学生产力随着基肥施用量的增加逐渐上升，当基肥用量达 40% 时达到最高，然后呈下降趋势。

参考文献

[1] 毛璧君，潘玉燊，罗家镏，等．水稻纸筒育苗抛秧栽培技术的引进试种初报［J］．广东农业科学，1988（1）：5 -7.

［2］ 金千瑜．我国水稻抛秧栽培技术的应用与发展［J］．中国稻米，1996（1）：10－13.

［3］ 张洪程，戴其根，邱枫，等．抛秧稻产量形成的生物学优势及高产栽培途径的研究［J］．江苏农学院学报，1998，19（3）：11－17.

（本文系安徽省农业科学院土壤肥料研究所在南陵县做试验后所写。）

南陵县奎湖周边数村土壤养分变化及施肥对策

摘　要：对南陵县奎湖周边数村自 20 世纪 80 年代第二次全国土壤普查以来至 2008 年这 25 年的稻田土壤养分变化情况进行了分析，结合农业生产实际，提出了科学、合理的施肥对策。

关键词：土壤养分；变化；施肥对策

奎湖，是南陵县同时也是芜湖市境内最大的淡水湖，南北纵向较长，东西横向较窄。南起北纬 31°06′18.9″，北至北纬 31°09′7.2″，南北跨幅 2′48.3″，约合 5 158 m；西起东经 118°22′34.0″，东至东经 118°25′48.5″，东西跨幅 3′14.5″，约合 3 925 m；水面面积冬春不一，春夏水盛，秋冬水枯，平均约有 475 hm^2，平均水深约 2 m。湖内有 7 个大型土墩，状如夜空奎星布列，故名“奎湖”。周边有奎湖、文阁、东胜、建福、池湖、黄塘、高桥等 7 个行政村，这些村是南陵县离芜湖市区最近的地方。这里地势平坦，土质肥沃，盛产双季稻，平均亩产可达 1 000 kg 以上，是“芜湖米市”稻米供应的重要基地之一。但近年来，这里有不少农户反映稻子接近成熟时容易倒伏，其秸秆呈浓绿色；有些稻子的籽粒不易饱满。据此，笔者根据近年开展的测土配方技术项目的取土化验结果发现了一些问题。下面笔者就围绕奎湖周边这些村庄土壤养分的状况，将本次化验结果与 20 世纪 80 年代的化验结果进行对照，试图探讨土壤养分变化情况，并据此提出种植与施肥对策。

这里需要说明的是，第二次全国土壤普查项目于 1981—1985 年实施，南陵县的土壤养分化验数据大部分是于 1983 年产生的，故本文和表格中均以“1983”标识；同样，21 世纪初开始实施的全国测土配方施肥项目，南陵县自 2007 年开始，一直到现在还在进行，但大部分化验结果产生于 2008 年，故本文和表格中均以“2008”标识。

进行对照需要具有可比性，而具有可比性必须以同一地点的土壤状况进行比较，故本文选点的依据是：

（1）围绕奎湖周边的行政村。

（2）先从20世纪80年代实施土壤普查项目时的表格中选取记载的村民组，然后再从2007年实施测土配方施肥项目记载的汇总表中找出与之相对应的村民组，以保证可比性。

根据上述两点的选点依据，笔者选取了7个行政村的45个村民组。各村民组土壤的有机质、全氮、有效磷、速效钾含量的变化情况详见有关表格。

本文关于土壤养分耕（表）层养分的分级标准，是基于20世纪80年代《南陵土壤》中的阐述，对于各级指标的确定，一是考虑与全国和本省指标相对一致性，二是考虑不同地类的生产水平，三是考虑生产上的指导性，即合理施肥的科学性与适用性，将土壤养分划分为“丰、平、缺”3个级别，延用至今。

一、土壤有机质含量的变化

南陵县奎湖周边数村土壤有机质含量的变化可见表1。

表1　土壤有机质含量变化比较

采样地点		1983年	2008年	后期排序	含量差值	绝对值排序	百分比差值	相对值排序
行政村	村民组	(g/kg)			(g/kg)		(%)	
奎湖	高屋基	21.40	30.28		8.88		41.50	
奎湖	二房	22.80	30.66		7.86		34.47	
奎湖	埂谢	21.20	36.00	3	14.80	4	69.81	5
奎湖	后叶	26.00	39.56	2	13.56		52.15	
奎湖	后头何	22.20	30.54		8.34		37.57	
奎湖	鸭塘谢	20.60	31.67		11.07		53.74	
奎湖	二甲	20.00	31.26		11.26		56.30	
奎湖	楼下何	26.80	29.50		2.70	-4	10.07	-4
文阁	壕里	28.80	33.78		4.98		17.29	
文阁	章溪	27.90	32.89		4.99		17.89	
文阁	孟庄	19.20	32.94		13.74		71.56	4
文阁	上蔡	20.90	34.92		14.02	5	67.08	6
文阁	盛村	19.30	35.10	6	15.80	2	81.87	1
东胜	东何	26.00	32.10		6.10		23.46	
东胜	阮村	22.20	34.60		12.40		55.86	
东胜	下石门	22.20	35.96	4	13.76	6	61.98	
东胜	上石门	23.90	35.96	4	12.06		50.46	
东胜	王家咀	21.50	30.68		9.18		42.70	
东胜	邓湾	19.20	34.78	7	15.58	3	81.15	2
建福	上强	21.10	28.30		7.20		34.12	
建福	强村王	24.60	27.98		3.38		13.74	

续表

采样地点		1983年	2008年	后期排序	含量差值	绝对值排序	百分比差值	相对值排序
行政村	村民组	(g/kg)			(g/kg)		(%)	
建福	钱村	27.70	34.78		7.08		25.56	
建福	六甲	22.60	40.87	1	18.27	1	80.84	3
建福	五甲	20.80	30.52		9.72		46.73	
建福	陶村	20.30	31.18		10.88		53.60	
建福	刘村	22.70	30.54		7.84		34.54	
建福	蔡村	23.70	31.06		7.36		31.05	
建福	河口俞	24.90	30.11		5.21		20.92	
建福	小村何	25.00	31.34		6.34		25.36	
池湖	四甲崔	24.90	27.93		3.03	-6	12.17	
池湖	郑村北	22.60	31.54		8.94		39.56	
池湖	巷口何	18.90	30.42		11.52		60.95	
池湖	东塘何	26.40	34.75		8.35		31.63	
池湖	下湖南	26.80	25.95		-0.85	-2	-3.17	-2
池湖	小村许	20.00	32.18		12.18		60.90	
黄塘	王墩西	27.00	33.48		6.48		24.00	
黄塘	黄塘庵	23.00	31.19		8.19		35.61	
黄塘	戴村南	27.70	31.50		3.80		13.72	
黄塘	秦南	24.20	29.53		5.33		22.02	
高桥	新屋张	26.70	31.44		4.74		17.75	
高桥	徐家湾	26.80	28.80		2.00	-3	7.46	-3
高桥	北埂	25.50	34.08		8.58		33.65	
高桥	南坝	23.40	22.18		-1.22	-1	-5.21	-1
高桥	草坝	25.00	27.71		2.71	-5	10.84	
高桥	薛坝	22.20	31.59		9.39		42.30	
最大值		28.80	40.87		18.27		81.87	
最小值		18.90	22.18		-1.22		-5.21	
平均值		23.48	31.87		8.39		37.35	
升降数		2降43升						

根据划分标准，土壤有机质含量超过25.0 g/kg（指水稻土，下同）即达“丰”级别，20.0 g/kg以下为“缺”，20.1~25.0 g/kg为“平”。

从表1可以看出，历经25年，奎湖周边各村的土壤有机质含量大幅度提高了，也就是说，土壤“变肥沃”了。45个村民组有43个的有机质含量上升，占99.55%，仅有2个略有下降。在43个村民组中，以建福村六甲村民组土壤有机质含量增加最多，从1983年的22.60 g/kg上升到2008年的40.87 g/kg，增加了18.27 g/kg，增幅达80.84%；土壤有机质含量较高的还有：文阁盛村、东胜上石门、东胜下石门、奎湖埂谢、奎湖后叶等，含量为35.10～39.56 g/kg（各村按含量不同，从低到高排序，如文阁盛村土壤有机质含量为35.10 g/kg，奎湖后叶为39.56 g/kg，下同）；绝对值增加较多的有：东胜下石门、文阁上蔡、奎湖埂谢、东胜邓湾、文阁盛村、建福六甲（增量在13.76～18.27 g/kg）等；相对值（%）增加较高的有：文阁上蔡、奎湖埂谢、文阁孟庄、建福六甲、东胜邓湾、文阁盛村等，增幅在67.08%～81.87%，以盛村最高。从平均值来看，2008年为31.87 g/kg，而1983年则为23.48 g/kg，25年上升了8.39 g/kg，平均每年上升了0.3356 g/kg，相对值增加了37.35%。

二、土壤全氮的变化情况

南陵县奎湖周边数村土壤全氮的变化情况可见表2。

表2　土壤全氮含量变化比较

采样地点		1983年	2008年	后期排序	含量差值	绝对值排序	百分比差值	相对值排序
行政村	村民组	(g/kg)			(g/kg)		(%)	
奎湖	高屋基	1.40	1.79		0.39	6	27.86	
奎湖	二房	1.63	1.71		0.08		4.91	
奎湖	埂谢	1.40	1.48		0.08		5.71	
奎湖	后叶	1.69	1.74		0.05		2.96	
奎湖	后头何	1.53	1.59		0.06		3.92	
奎湖	鸭塘谢	1.29	1.69		0.40	5	31.01	4
奎湖	二甲	1.37	1.56		0.19		13.87	
奎湖	楼下何	1.56	1.80		0.24		15.38	
文阁	壕里	1.50	1.79		0.29		19.33	
文阁	章溪	1.63	1.95	3	0.32		19.63	
文阁	孟庄	1.29	2.16	1	0.87	1	67.44	1
文阁	上蔡	1.23	1.52		0.29		23.58	
文阁	盛村	1.30	1.86	6	0.56	2	43.08	2
东胜	东何	1.67	1.59		-0.08		-4.79	
东胜	阮村	1.43	1.56		0.13		9.09	
东胜	下石门	1.47	1.91	4	0.44	4	29.93	5
东胜	上石门	1.46	1.60		0.14		9.59	
东胜	王家咀	1.44	1.78		0.34		23.61	
东胜	邓湾	1.18	1.49		0.31		26.27	
建福	上强	1.46	1.69		0.23		15.75	
建福	强村王	1.50	1.22	-3	-0.28	-2	-18.67	-2
建福	钱村	1.70	1.67		-0.03		-1.76	
建福	六甲	1.50	1.48		-0.02		-1.33	
建福	五甲	1.32	1.49		0.17		12.88	

续表

采样地点		1983 年	2008 年	后期排序	含量差值	绝对值排序	百分比差值	相对值排序
行政村	村民组	(g/kg)			(g/kg)		(%)	
建福	陶村	1.38	1.17	-2	-0.21	-3	-15.22	-4
建福	刘村	1.44	1.34	-6	-0.1		-6.94	
建福	蔡村	1.44	1.37		-0.07		-4.86	
建福	河口俞	1.50	1.87	5	0.37		24.67	
建福	小村何	1.45	1.44		-0.01		-0.69	
池湖	四甲崔	1.57	2.06	2	0.49	3	31.21	3
池湖	郑村北	1.42	1.56		0.14		9.86	
池湖	巷口何	1.11	1.38		0.27		24.32	
池湖	东塘何	1.65	1.74		0.09		5.45	
池湖	下湖南	1.62	1.44		-0.18	-4	-11.11	-5
池湖	小村许	1.23	1.55		0.32		26.02	
黄塘	王墩西	1.59	1.50		-0.09		-5.66	
黄塘	黄塘庵	1.40	1.29	-5	-0.11	-5	-7.86	-6
黄塘	戴村南	1.53	1.42		-0.11	-5	-7.19	
黄塘	秦南	1.57	1.53		-0.04		-2.55	
高桥	新屋张	1.55	1.27	-4	-0.28	-2	-18.06	-3
高桥	徐家湾	1.60	1.08	-1	-0.52	-1	-32.50	-1
高桥	北埂	1.50	1.55		0.05		3.33	
高桥	南坝	1.56	1.50		-0.06		-3.85	
高桥	草坝	1.57	1.58		0.01		0.64	
高桥	薛坝	1.35	1.74		0.39	4	28.89	6
最大值		1.70	2.16		0.87		67.44	
最小值		1.11	1.08		-0.52		-32.50	
平均值		1.47	1.59		0.12		9.27	
升降数		17 降 28 升						

在了解土壤有机质含量变化后，再看土壤全氮的变化。根据《简明农业词典》[1] 中关于土壤“全氮”的释义，是指土壤所含有机态氮和无机态氮的总和。其中，有机态氮约占99%，主要存在于腐殖质和动植物残体中，还有少量的氨基酸态氮和酰胺态氮。无机态约占1%，包括硝态氮和铵态氮，这部分是可以直接被植物吸收的。氨基酸态氮和酰胺态氮必须经过分解才能被植物吸收利用。这就是说，土壤全氮含量表示的是对植物养分供应的强度。含量高的，对植物养分供应“能力”强而持久，反之则弱而短暂。

同样根据有关水稻土全氮“丰、平、缺”的级别划分，含量大于1.50 g/kg 的

〔1〕 北京农业大学. 简明农业词典［M］. 北京：科学出版社，1983：Ⅲ-49.

即为“丰”，小于1.00 g/kg的即为“缺”，介于二者之间的则为“平”。

相对上述土壤有机质含量普遍增加的现象，全氮的变化则不容乐观，45个村中有17个下降，占37.78%。土壤全氮含量最多的是文阁孟庄，达2.16 g/kg。含量较高的还有：文阁盛村、建福河口俞、东胜下石门、文阁章溪、池湖四甲崔等，含量在1.86～2.06 g/kg。含量低的6个村民组仅在1.08～1.34 g/kg，下降最大的自然村，其土壤全氮含量从1.60 g/kg降至1.08 g/kg，下降幅度为32.50%，其余16个村民组下降幅度介于1.33%～18.67%。

三、土壤有效磷含量的变化

南陵县奎湖周边数村土壤有效磷含量的变化可见表3。

表3　土壤有效磷含量变化比较

采样地点		1983年	2008年	后期排序	含量差值	绝对值排序	百分比差值	相对值排序
行政村	村民组	(mg/kg)			(mg/kg)		(%)	
奎湖	高屋基	2	13.7	5	11.7	4	585.00	
奎湖	二房	4	11.4		7.4		185.00	
奎湖	埂谢	2	8.4		6.4		320.00	
奎湖	后叶	2	9.6		7.6		380.00	
奎湖	后头何	3	7.1		4.1		136.67	
奎湖	鸭塘谢	2	6.9		4.9		245.00	
奎湖	二甲	8	13.5	6	5.5		68.75	
奎湖	楼下何	4	6.4	-5	2.4		60.00	-6
文阁	壕里	1	7.2		6.2		620.00	-5
文阁	章溪	1	7.5		6.5		650.00	
文阁	孟庄	3	7.5		4.5		150.00	
文阁	上蔡	2	10.9		8.9		445.00	
文阁	盛村	3	9.9		6.9		230.00	
东胜	东何	2	6.4	-5	4.4		220.00	
东胜	阮村	2	6.4	-5	4.4		220.00	
东胜	下石门	2	13.1		11.1		555.00	
东胜	上石门	2	7.7		5.7		285.00	
东胜	王家咀	1	15.7	3	14.7	2	1 470.00	
东胜	邓湾	1	10.2		9.2		920.00	1
建福	上强	3	6.5		3.5		116.67	3
建福	强村王	2	6.4	-5	4.4		220.00	
建福	钱村	1	9.9		8.9		890.00	
建福	六甲	2	10.0		8.0		400.00	4
建福	五甲	2	6.0	-4	4.0		200.00	

续表

采样地点		1983 年	2008 年	后期排序	含量差值	绝对值排序	百分比差值	相对值排序
行政村	村民组	(mg/kg)			(mg/kg)		(%)	
建福	陶村	3	14.4		11.4	6	380.00	
建福	刘村	2	13.5	6	11.5	5	575.00	
建福	蔡村	2	19.7	1	17.7	1	885.00	
建福	河口俞	1	5.1	-2	4.1		410.00	5
建福	小村何	4	10.2		6.2		155.00	
池湖	四甲崔	4	12.4		8.4		210.00	
池湖	郑村北	2	15.9	2	13.9	3	695.00	
池湖	巷口何	11	12.9		1.9	-4	17.27	6
池湖	东塘何	6	11.5		5.5		91.67	-3
池湖	下湖南	2	10.7		8.7		435.00	
池湖	小村许	2	9.9		7.9		395.00	
黄塘	王墩西	2	10.9		8.9		445.00	
黄塘	黄塘庵	1	10.4		9.4		940.00	
黄塘	戴村南	2	4.7	-1	2.7	-6	135.00	2
黄塘	秦南	4	7.9		3.9		97.5	
高桥	新屋张	3	5.3	-3	2.3	-5	76.67	
高桥	徐家湾	9	11.5		2.5		27.78	-6
高桥	北埂	15	10.9		-4.1	-1	-27.33	-4
高桥	南坝	8	13.7	5	5.7		71.25	-1
高桥	草坝	10	10.7		0.7	-2	7	
高桥	薛坝	8	9.6		1.6	-3	20	-2
最大值		15	19.7		17.7		1 470	
最小值		1	4.7		-4.1		-27.33	
平均值		3.51	9.92		6.49		346.98	
升降数		1 降 44 升						

相对而言，在这 25 年中，奎湖周边 45 个村民组的有效磷增加幅度是最大的，增幅最大的竟然比 25 年前高 14.7 倍（东胜王家咀）！增幅 100% 以上的村共有 34 个。根据 1983 年的划分标准，土壤有效磷含量高于 10 mg/kg 为“丰”，低于 6 mg/kg即为“缺”，介于二者之间的则为“平”。当时还有一个划分标准，即低于 3 mg/kg的为“极缺”，因为当时有不少田块有效磷的含量真是微乎其微——少于等于 3 mg/kg 的竟然有 33 个村民组，超过 70%！而 2008 年达到和超过 10 mg/kg 的村民组有 22 个，接近 50%；介于 6 ~ 10 mg/kg 的有 19 个。虽然有一个村民组下降，但那也是从原来的较高位回落到高位。

四、土壤速效钾含量的变化

南陵县奎湖周边数村土壤速效钾含量的变化可见表4。

表4　土壤速效钾含量变化比较

采样地点		1983年	2008年	后期排序	含量差值	绝对值排序	百分比差值	相对值排序
行政村	村民组	(mg/kg)			(mg/kg)		(%)	
奎湖	高屋基	60	38	-3	-22	-4	-36.67	-4
奎湖	二房	69	66		-3		-4.35	
奎湖	埂谢	52	94	5	42	3	80.77	5
奎湖	后叶	63	74		11		17.46	
奎湖	后头何	72	101	3	29		40.28	
奎湖	鸭塘谢	56	75		19		33.93	
奎湖	二甲	48	78		30		62.50	
奎湖	楼下何	65	32	-2	-33	-1	-50.77	-2
文阁	壕里	53	51		-2		-3.77	
文阁	章溪	56	96	4	40	4	71.43	
文阁	孟庄	53	72		19		35.85	
文阁	上蔡	48	50		2		4.17	
文阁	盛村	60	52		-8		-13.33	
东胜	东何	48	46		-2		-4.17	
东胜	阮村	56	46		-10		-17.86	
东胜	下石门	59	74		15		25.42	
东胜	上石门	48	62		14		29.17	
东胜	王家咀	54	62		8		14.81	
东胜	邓湾	42	80		38	5	90.48	3
建福	上强	60	28	-1	-32	-2	-53.33	-1
建福	强村王	46	54		8		17.39	
建福	钱村	58	66		8		13.79	
建福	六甲	52	43	-5	-9		-17.31	
建福	五甲	66	54		-12		-18.18	
建福	陶村	51	60		9		17.65	
建福	刘村	56	52		-4		-7.14	
建福	蔡村	48	59		11		22.92	
建福	河口俞	53	47		-6		-11.32	
建福	小村何	73	63		-10		-13.70	
池湖	四甲崔	42	106	1	64	1	152.38	1
池湖	郑村北	51	94	5	43	3	84.31	4
池湖	巷口何	37	61		24		64.86	6
池湖	东塘何	58	43	-5	-15		-25.86	

续表

采样地点		1983 年	2008 年	后期排序	含量差值	绝对值排序	百分比差值	相对值排序
行政村	村民组	(mg/kg)			(mg/kg)		(%)	
池湖	下湖南	56	42	-4	-14		-25.00	
池湖	小村许	56	45	-6	-11		-19.64	
黄塘	王墩西	70	52		-18	-5	-25.71	
黄塘	黄塘庵	41	46		5		12.20	
黄塘	戴村南	56	70		14		25.00	
黄塘	秦南	61	44		-17	-6	-27.87	-6
高桥	新屋张	61	53		-8		-13.11	
高桥	徐家湾	75	53		-22	-4	-29.33	-5
高桥	北埂	44	104	2	60	2	136.36	2
高桥	南坝	67	42	-4	-25	-3	-37.31	-3
高桥	草坝	58	45		-13		-22.41	
高桥	薛坝	53	90	6	37	6	69.81	5
最大值		75	106		64		152.38	
最小值		37	28		-33		-53.33	
平均值		55.80	61.44		6		14.33	
升降数		22 降 23 升						

根据土壤养分关于速效钾级别的划分，超过 100 mg/kg 的为“丰”，低于 50 mg/kg的为“缺”，介于二者之间的为“平”。

历经 25 年，与有效磷含量成百分之几百的增幅相比，土壤速效钾含量的变化却是喜忧参半，因为竟然有将近一半村民组（22 个）的土壤速效钾含量有不同程度下降！超过 100 mg/kg 的仅有 3 个村民组，占 6.66%，而低于 50 mg/kg 的却有 13 个，接近 30%。绝对值下降最多的 6 个村民组下降幅度为 17 ~ 33 mg/kg，含量最低的仅有 28 mg/kg；相对值下降最多的 6 个村民组下降幅度为 25.86% ~ 53.33%。当然，令人欣慰的数据也有：池湖的四甲崔土壤速效钾含量达 106 mg/kg，增量达 64 mg/kg，增幅达 152.38%，总含量、绝对值和相对值都居第一。其余绝对值增加较多的 5 个村由低到高排列依次是高桥薛坝、东胜邓湾、文阁章溪、池湖郑村北和高桥北埂，含量在 90 ~ 104 mg/kg，增量在 37 ~ 60 mg/kg，增幅在 64.86% ~ 136.36%。

五、综合分析

根据上面介绍的各项化验结果，我们可以得出以下几个结论：

（一）有机质含量普遍增加

土壤有机质含量增加，这是个了不起的成就！因为，从许多媒介宣传报道中得知，我国许多地方的土壤都在变“贫瘠”，即土壤有机质含量在下降，造成了“饭不香，果不甜，菜无味”的结果，而这里的土壤有机质含量却有较大幅度增加。这主要得益于这些村的农民在庄稼收获后，将秸秆进行了还田，还有不少农民种植了豆科植物紫云英（俗称“红花草”）。有机质含量的增加，对于过去、现在和将来，都是实现农业生产高产、优质、高效的基础。

（二）全氮含量有所增加

土壤全氮含量总体来说是增加了，增幅为9.27%。部分村有所下降，其原因笔者认为有以下几个方面：一是复种指数高，导致土壤供氮能力削弱，这些村民组在一般年份都是一年种植两季稻外加一季午季作物，如小麦、油菜等，对土壤氮的消耗量较大；二是土种原因，这些农田水稻土的土种是泥骨田，这类土种在《南陵土壤》中被描述如下：

（1）形态特征：泥骨田的剖面构型为 $A-P-B_1-B_2$（即耕作层－犁底层－淀积层$_1$－淀积层$_2$），土层深厚，发育良好。耕层厚度一般在12～18 cm，平均13.3 cm，块状结构，质地轻黏，紧实，锈纹斑较多。淀积层厚度在50 cm以上，棱块状结构，有少量绣纹斑和铁锰结核。土壤颜色由上而下渐暗，全剖面呈微酸－中性反应，pH为5.5～7.0，并以奎湖乡85号剖面为例详述其理化性质和生产性能。

（2）理化性质：泥骨田质地轻黏，土壤物理黏粒含量高达62%以上，土壤黏重板结。耕层容重1.37 g/cm^3，孔隙度为48.74%。土壤潜在养分含量高，有机质含量24.2 g/kg，全氮1.52 g/kg，有效磷3.4 mg/kg，速效钾54.6 mg/kg。

（3）生产性能：泥骨田耕性差，土壤板结，坚实难耕，湿时耕作裹犁易起“僵皮条”。土壤保水保肥性能良好，养分分解稍慢，秧苗根系生长受阻，返青慢，但长势较稳，千粒重高。农民形容为**“发老苗不发小苗”**。农业利用方式为肥—稻—稻。

（三）有效磷含量大幅度增加

土壤有效磷含量大幅度增加，笔者分析有以下几个原因：

一是当初在第二次全国土壤普查以后，对土壤缺磷的宣传力度较大。农民在种田过程中吃过缺磷的亏，如秧苗叶片呈灰绿色，生长停滞，因而增强了增施磷肥的意识；极度缺乏磷元素的土壤，在增施了磷肥以后，取得了明显效果。

二是磷肥价格相对比较便宜，单位面积施用磷肥所需费用只相当于尿素或钾肥的1/3左右。

三是磷元素在土壤中容易被吸附或固定，日积月累，土壤中磷元素的积累自然就越来越多了；与旱地土壤有所不同的是，水稻土中被吸附或固定的磷元素，在水稻秧苗生产过程中，会因水溶液含磷浓度降低而被释放出来，这对水稻秧苗的生长很有好处。

（四）速效钾含量变化喜忧参半

虽然这45个村民组的土壤速效钾含量总体是增加了，但部分含量下降的数量和幅度也不容忽视。当前，土壤钾含量问题已经成为影响水稻生产的制约因子。造成土壤钾含量下降的原因，大致有以下几个方面：

首先是部分农民的认识不足。因为农作物缺钾，不像缺氮、缺磷那样会直接显现，施用钾肥也不像施用氮肥、磷肥那样很快见到成效，因而农民不重视施用钾肥；而且部分农民还认为土壤施用钾肥后，会造成土壤板结。

其次是舍不得投入。因为在相同面积作物上施用的钾肥往往比氮、磷肥费用高不少。

第三是钾元素消耗量增大。本地区复种指数较高，农作物对钾的消耗量较大，在未能适量增施钾肥的情况下，土壤中原有的钾元素被大量消耗，导致土壤钾元素含量下降。

第四是K^+本身活性较强，在稻田水溶液条件下，除非被稻根吸收，否则很容易随水流失。

六、施肥对策

综上所述，奎湖周边各村稻田土壤的有机质、全氮、有效磷、速效钾这四项对水稻生长影响最明显的因子，在近25年中发生了不小的变化，水稻单产也比25年前有明显提高，因而，施肥技术也应有所提高，施肥对策也应有所改变——主要应从整体出发，一体化考虑，实施配方施肥技术。本文所述地区以种植双季稻为主，部分种植一季稻，因而，以下所述施肥对策以双季稻施肥为主，兼顾一季稻的施肥技术。

（一）传承使用有机肥的优良传统

奎湖周边各村农民历来有注重施用有机肥的传统，主要表现在：种植豆科植物紫云英；注意秸秆还田，特别是在早稻、油菜、小麦收获后，会将这些秸秆及时翻耕还田，其结果是增加了土壤有机质的含量，还可以减少无机氮肥的施用量。因此，这样的优良传统应该继续发扬光大，并且在晚稻收获后，也应将秸秆翻耕还田，并且冬天晒垡还有利于钾离子的释放，对农作物吸收利用钾元素很有好处。

（二）掺入客土

在泥骨田土壤中掺入适量“客土”，如灰土粪、土杂肥、细砂土之类，可以增加这些土壤的孔隙度，降低土壤容重，调节土壤质地，改善土壤通透性，以利土壤养分——特别是氮、磷的释放。要不断增施有机肥，合理轮作，培肥地力。

（三）推广配方施肥技术

对于种植双季稻的地区，在早稻直播田块，首先应施入1 000 kg以上的农家肥料，再施用氮素化肥。尿素在每亩施用总量为20 kg左右的前提下，基肥：促蘖肥：壮秆肥：穗粒肥按4：3：2：1比例施用。早稻育苗移栽施用则按基肥：返青分蘖肥：穗粒肥为5：3：2比例施用。

磷肥（南陵县目前使用的基本上是过磷酸钙）全部用作基肥。对于土壤有效磷含量超过10 mg/kg的田块，每亩施用磷肥5 kg以维持平衡即可；含量6～10 mg/kg的田块，每亩施用磷肥10～15 kg；含量3～6 mg/kg的田块，每亩施用磷肥15～20 kg；含量低于3 mg/kg的田块，每亩施用磷肥25 kg左右。之后的双季晚稻可以不再施用磷肥，因为土壤原有的磷元素，可以在晚稻生长期间气温较高的条件下释放出来，以满足晚稻生长需要。

钾肥（南陵县目前使用的基本上是氯化钾）的使用量则根据土壤速效钾含量的不同而分类施入。对于土壤速效钾含量超过100 mg/kg的田块，每亩施用氯化钾总量3～5 kg；含量50～100 mg/kg的田块，每亩施用氯化钾总量10 kg左右；低于50 mg/kg的田块，每亩施用氯化钾总量15 kg左右。施用时间与施用尿素相同，施入比例也与施用尿素相同。

双季晚稻，因现在所用品种的单产一般比早稻高，因此施肥总量也应比早稻施肥量高，一般要提高20%左右。基肥、分蘖肥、穗粒肥的施用比例与早稻相同。

一季稻，因其全生育期较长，且单产较早稻更高，因此施肥对策是：根据不同品种需肥量的不同总量较早稻高30%～50%的实际，施尿素与氯化钾，按基肥、分蘖肥、促花肥、保花肥之比为4：3：2：1进行，磷肥全部做基肥。

另外，抽穗期可根外追肥，每亩用磷酸二氢钾100～200 g，酌情加尿素500～1 000 g兑水50 kg喷雾2次，中间间隔7～10天。

上述肥料是单质肥料，由农户自己配方施用，另外，基肥还可以购买配方肥料，再根据自己所种田块和稻子季别，酌情添加氮、钾肥料，磷肥基本可以无需添加。

需要强调的是，在做好配方施肥的同时，也要相应做好水浆运筹、病虫草害的防治等综合管理措施，才能取得良好效果。

参考文献

[1] 南陵县土壤普查办公室，南陵县土壤肥料工作站．南陵土壤［Z］. 1986.

[2] 南陵县农业技术中心，安徽农业大学．安徽省南陵县耕地地力评价与应用［M］. 北京：中国农业出版社，2013.

[3] 南陵县地方志编纂委员会．南陵县志［M］. 合肥：黄山书社，1994.

[4] 北京农业大学．简明农业词典［M］. 北京：科学出版社，1983.

（本文系笔者与南陵县许镇镇农业综合服务中心董中华合著，刊登在《安徽农业科学》2014 年第 42 卷第 26 期第 8967－8969，8972 页。）

南陵县秸秆资源利用与低碳高效农业

一、农业概况

南陵县位于安徽省东南部，地处长江中下游平原向皖南丘陵过渡地带。南陵，顾名思义，南边是丘陵，而东部是青弋江冲积平原，北部是圩畈区。气候属于亚热带季风性湿润气候，气候温和，光照充足，雨量充沛，土地肥沃，江河湖渠纵横交错。这里不仅自然生态环境良好，而且农业自然条件优越。

南陵县是国家优质稻标准化生产基地、商品粮生产基地，是中国四大米市之一“芜湖米市”的主要产粮区，素有“芜湖米市，南陵粮仓”之美称，是全国 300 个产粮大县之一。在新出版的《安徽稻作学》一书中，第 1 页就介绍了在南陵县出土的 4 000 多年前西周末期种植的稻谷。由此可见，南陵县水稻种植历史悠久。

南陵县耕地面积有 49.5 万亩（其中水田 46.2 万亩，旱地 3.3 万亩），山场 56 万亩，水面 14 万亩。因农民勤于耕作，各种作物常年种植面积有约 135 万亩，复种指数高达 270% 左右，以水稻、油菜、小麦、蔬菜、食用菌、棉花为主，秸秆资源十分丰富（见表 1），利用率高，使南陵农业得以持续高效发展。

表 1　2009 年南陵县农业主要产品及秸秆统计表

项目	播种面积	产量	秸秆数量	占本类的比例	说明（计算方式）		占总量的比例
	（亩）	（t）	（t）	（%）			（%）
农作物总播种面积	1 335 780		762 249（A）		←A = 一至十		
一、粮食作物合计	870 075	402 738	428 463（B）	100		B/A→	56.21
（一）谷物	844 680	397 326	416 678（C）	97.25	←C/B	C/A→	54.66
1. 稻谷	808 410	384 285	384 285（D）	92.22	←D/C	D/A→	50.41
（1）早稻	328 410	151 125	151 125（D_1）	39.33	←D_1/D	D_1/A→	19.83
（2）中稻和一季晚稻	108 375	59 832	59 832（D_2）	15.57	←D_2/D	D_2/A→	7.85
（3）双季晚稻	371 625	173 328	173 328（D_3）	45.10	←D_3/D	D_3/A→	22.74
2. 小麦（均为冬小麦）	26 475	9 455	13 237（C_2）	3.18	←C_2/C		
3. 玉米	7 395	3 073	18 438（C_3）	4.42	←C_3/C	C_3/A→	1.60
4. 其他谷物（均为大麦）	2 400	513	718（C_4）	0.17	←C_4/C		
（二）豆类合计	16 455	2 412	8 785（E）	2.05	←E/B	E/A→	1.15
1. 大豆	9 120	1 258	3 145（E_1）	35.80	←E_1/E		

续表

项目	播种面积	产量	秸秆数量	占本类的比例	说明（计算方式）		占总量的比例
	（亩）	（t）	（t）	（%）			（%）
2. 绿豆	3 750	485	1 455（E_2）	16.56	←E_2/E		
3. 红小豆	1 800	184	552（E_3）	6.28	←E_3/E		
（三）薯类（按粮食计算）	8 940	3 000	3 000（F）	0.07	←F/B	F/A→	0.39
二、油料合计	117 000	19 776	28 380（G）	100		G/A→	3.72
1. 花生	4 500	829	1 160（G_1）	4.09	G_1/G		
2. 油菜子	109 500	18 615	26 060（G_2）	91.82	G_2/G	G_2/A→	1.62
3. 芝麻	3 000	332	1 160（G_3）	4.09	G_3/G		
三、棉花	24 000	1 700	25 500（H）			H/A→	3.35
四、麻类合计	375	120	96（I）				
五、糖料合计（均为甘蔗）	5 850	13 143	10 514（J）			J/A→	1.38
六、烟叶合计（均为烤烟）	4 125	670	201（K）				0.02
七、药材类合计	18 090	3 115	9 345（L）			L/A→	1.23
八、蔬菜（含菜用瓜）	81 375	113 857	217 000（M）			M/A→	28.47
九、瓜果类	14 250	42 234	42 750（N）			N/A→	5.60
1. 西瓜	13 650	41 379	40 950（N_1）			N_1/A→	5.37
2. 甜瓜	495	810	1 485				
3. 草莓	105	45	315				
十、其他农作物	200 640		401 280		基本是紫云英		
十一、特种作物（食用菌）	1 400	11 200	（56 000）				

注1：秸秆总量不含“其他农作物”栏中的401 280 t，也不含“特种作物（食用菌）”的菇渣56 000 t。

注2：农业主要产品资料来源于南陵县统计局。

二、秸秆利用情况

（一）秸秆利用总体情况

南陵县常年秸秆总量大于76万t，种类有稻草、麦秸、玉米秸等，利用状况见表2。从表2可以看出，南陵县对秸秆资源的利用率相当高，达91.4%。其中，作为肥料利用的占70.8%，作为原料利用的占10.8%，作为饲料利用的占0.1%，作为燃料利用的占9.7%，这还不包括瓜藤、菇渣和紫云英等。

表 2　南陵县主要作物秸秆利用情况统计表

单位：t

主要作物秸秆名称	秸秆资源	肥料用量	原料用量	饲料用量	燃料用量	焚烧量	弃置乱堆	作肥料/原料利用方式
总计	762 249							
一至七之和	693 305	490 698	75 000	1 000	67 285	55 995	3 327	
一、稻草	384 285							
1. 早稻草	151 125	136 000		1 000		14 125		机械翻压还田
2. 中稻草	59 832	15 000	30 000		9 000	3 000	2 832	用作蘑菇生产
3. 双晚稻草	173 328	86 500	45 000		24 000	17 333	495	同以上两项及覆盖作物
二、麦秸	13 237	9 900				3 337		机械翻压还田
三、玉米秸	18 438	18 438						机械翻压还田或堆沤
四、油菜秸	26 060	7 860				18 200		机械翻压还田
五、豆秸	8 785				8 785			
六、棉花秸	25 500				25 500			
七、瓜菜下脚料	217 000	217 000						
各占百分比（%）	100	70.8	10.8	0.1	9.7	8.1	0.5	
八、食用菌菇渣	（56 000）	56 000						用作午季作物盖穴肥
九、瓜藤	42 750	42 750						机械翻压还于双晚田
十、紫云英	401 280	401 280						机械翻压还田种早稻

注 1：“总计”栏中的数据不包含最末 3 类，其数据摘自表 1；762 249 t 大于从“稻草”至“瓜菜下脚料”各栏之和，不参与计算百分比。

注 2：“各占百分比”之行数据系相应各列数据与 693 305 之比。

（二）秸秆利用情况分述

为了便于叙述，笔者将所谓“秸秆”分成以下几类：稻草、麦秸、玉米秸、油菜秸、豆秸、棉花秸和瓜菜下脚料，均折算为干物质。下面两类另行折算：食用菌菇渣（蘑菇生产结束以后所产生的废弃物），56 000 t 菇渣之所以使用括弧，是因为菇渣以土为主，内含朽稻草、菌丝等；其他类包括：甘蔗秸、瓜藤——它们不能算是秸秆，但同样还田。在南方，很多西瓜在稻田种植，当然这些稻田已改成适合西瓜生长的土壤环境，在西瓜收获后再种植双季晚稻。

另外，南陵县种植的 20 万亩左右的紫云英，不仅是很好的优质肥源，而且还有很多优点，如可供观赏，是很好的蜜源，可作菜蔬，可作盆景。笔者未将它们纳入秸秆范围，但纳入分析讨论范围。

1. 稻　草

有句农谚说：“斤粮斤草。”但据笔者称量，“斤粮斤草”只是指地上部分，贴地表 5cm 稻桩及地下根系的重量大约是地上部分的 1.2 倍；也就是说，即使地上部分一点儿也不还田，单这一部分被翻压，对土壤肥力也有明显好处。

从表 1 可以看出，南陵县的约 46.2 万亩稻田（指耕地面积），每年产稻草约

38.43 万 t，占各种秸秆总量的 50.41%，占谷物秸秆总量的 92.22%，亩产稻草 831 kg。这部分秸秆利用得好，不仅对土壤有好处，而且对环境也有莫大好处。

（1）早稻草：在 38.43 万 t 稻草中，早稻草约有 15.11 万 t，占稻草总量的 39.33%，其中，还田量约 13.6 万 t，占早稻草总量的 90%。20 世纪 90 年代中期以前，机械收割尚未普及，农民基本上是用镰刀收割，稻草大部分被挑回家用于燃料，还田量不大。之后，随着农村的青壮年大量外出，农村剩余劳动力很难将稻草挑回家。即使如此，农民种植双季稻的传统种植方式仍未改变，而机械收割已逐渐普及。随着稻谷的收获，稻草也被机械切碎撒在田间。大多数农民家庭开始使用液化气作为燃料，但也仍有部分农民使用传统的锅灶。机械割稻，要在露水干后接近中午开始，因为只有露水干后稻谷才容易脱粒。到了下午，农民驾驶拖拉机开始犁田。虽然有部分农民试图将田间“须草”烧掉（因被粉碎的稻草像是被剃掉的胡须而被农民形象地称为“须草”），但因此时稻草尚未被晒干，很难烧着，被烧掉的仅是一小部分，约有 15 000 t，对大气环境有污染。不过笔者发现，燃烧稻草所产生的烟尘微粒，在大气层不稳定的 7 月份的下午，烟尘微粒作为凝结核，易与空气中的水蒸气结合，形成雷阵雨，因此基本上是被还田了，并且还将空气中的氮气转化为硝态氮落入田中。稻田平均每亩翻压稻草 387 kg（13.6 万 t/35.1 万亩），相当于还原有机质 356 kg，N 2 kg，P_2O_5 0.46 kg，K_2O 10.44 kg[1]，这是使南陵县稻田保持肥沃并使土壤肥力增加的最主要因素。

从表 3 可以看出，由于长期实施秸秆还田，南陵县土壤中的有机质含量每年递增 0.328 g/kg，全氮每年递增 0.01 g/kg，有效磷每年递增 0.2 mg/kg，速效钾每年递增 0.296 mg/kg。笔者调查的这些数据远远高于某些资料公布的结果。作物增产率达 5% ~10%。笔者分别在南陵县的 8 个镇中各选 1 个有代表性的土种，调查它们在 1983 年和 2008 年同一处土壤养分状况的变化情况。此外，根据调查可知，本县水稻土的容重也从 25 年前的 1.32 g/cm^3 下降到现在的 1.14 g/cm^3。

从表 3 可以看出，1983 年至 2008 年同一地点的土壤养分状况有了很大改善（部分地区钾含量有所下降）。这主要得益于早稻草还田，籍山、弋江、许镇等三镇还得益于广泛种植紫云英。

据国家发改委资料，每吨稻草燃烧值为 14 000 兆焦耳，相当于 3 900 千瓦时电能，同时排放 1 000 m^3 CO_2。因此，13.6 万 t 稻草还田，可减排 13 600 万 m^3 CO_2，同时使土壤增加有机质 12.51 万 t，N 693.6 t，P_2O_5 163.2 t，K_2O 3 672 t。其余作物的 CO_2 减排量及相当于节省的肥料用量见表 4。另外，1 000 多吨稻草用作养牛饲料。

〔1〕《肥料手册》北京农业大学编写组.《肥料手册》[M]. 北京：农业出版社，1979.

表3　南陵县各镇代表土种不同年份养分变化一览表

镇名	养分名称	有机质			全氮			有效磷			速效钾		
	单位	(g/kg)			(g/kg)			(mg/kg)			(mg/kg)		
	土种↓　年份	1983	2008	年均递增	1983	2008	年均递增	1983	2008	年均递增	1983	2008	年均递增
籍山	黏身砂泥田	21.3	30.5	0.368	1.35	1.77	0.016 8	3.8	11.1	0.292	42.3	61.5	0.768
弋江	砂泥田	22.6	36.8	0.568	1.39	1.77	0.015 2	5.3	9.15	0.154	45.3	38.4	-0.276
许镇	泥骨田	24.2	30.3	0.244	1.52	1.64	0.004 8	3.4	12.4	0.36	54.6	68.2	0.544
家发	马肝田	20.6	31.8	0.368	1.30	1.73	0.017 2	2.0	9.4	0.296	46.5	66.3	0.792
工山	黄泥田	22.2	31.9	0.388	1.30	1.52	0.008 8	5.5	7.5	0.08	42.1	86.4	1.772
何湾	次潜灰泥骨田	21.4	29.7	0.328	1.56	1.37	0.004 8	8.5	10.6	0.084	72.0	41.6	-1.216
烟墩	红砂泥田	20.5	27.2	0.268	1.22	1.68	0.0184	5.1	10.9	0.232	41.7	42.4	0.028
三里	砂砾身砂泥田	21.7	24.5	0.112	1.34	1.44	0.004	6.3	8.9	0.104	49.0	48.2	-0.032
平均		21.8	30.0	0.328	1.37	1.62	0.010	5.0	10.0	0.200	49.2	56.6	0.296

表4　主要作物 CO_2 减排量及节省化肥统计表

单位：t

主要作物秸秆名称	秸秆资源	肥料用量	原料用量	相当于减排 CO_2（万 m^3）	相当于节省化肥用量（t）		
					N	P_2O_5	K_2O
总计	762 249						
一至十之和	598 408	395 800	75 000	40 300	4 385	3 930	13 100
一、稻草	384 285	237 500	75 000	31 250	1 600	375	8 437
1. 早稻草	151 125	136 000		13 600	693.6	163.2	3 672
2. 中稻草	59 832	15 000	30 000	4 500	229.5	54	1 215
3. 双晚稻草	173 328	86 500	45 000	13 150	670.6	157.8	3 550
二、麦秸	13 237	9 900		990	29.5	19.8	59.4
三、玉米秸	18 438	18 438		1 844	110.6	258.1	165.9
四、油菜秸	26 060	7 860		786	40	9.4	212.2
五、豆秸	8 785						
六、棉花秸	25 500						
七、瓜菜下脚料	21 700	21 700		1 736	933.1	564.2	954.8
八、食用菌菇渣	56 000	56 000		140	560	2 352	1 848
九、瓜藤	4 275	4 275		344	189.2	30.1	98.9
十、紫云英	40 128	40 128		3 210	922.9	321	1 324.2

注1：“总计”栏中的数据不包含最末3类，其数据摘自表1。762 249 t 大于从“稻草”至“瓜菜下脚料”各栏之和，不参与计算百分比。

注2：一至四各栏，以国家发改委关于稻草燃烧值每吨产生1 000 m^3 CO_2 为标准计算。

注3：七、八、九、十各项数据均已除以10折算成干物质。

注4：七、九、十各项数据在折算成干物质后又乘以0.8换算其“相当于减排 CO_2”，因推算其燃烧值相当于稻草燃烧值的80%。第八项则以其内含有机物质占总量的25%（1 400 t）计算 CO_2 减排量。

（2）单季稻草：南陵县单季稻种植面积约10.8万亩，产稻草约6万t，占稻草总量的15.57%。这些稻草中，约一半出售给种植双孢蘑菇的农户，25%由收割机切碎撒于田间腐烂肥田，15%被农户挑回家苫盖草棚、猪圈或用于做饭，10%被弃置乱堆或焚烧。

（3）双晚稻草：南陵县双季晚稻种植面积约37万亩，产稻草约17.3万t，占稻草总量的45.2%，占秸秆总量的22.7%。稻草约有4.5万t出售给种植双孢蘑菇的农户，约占26%，运回家作为燃料或苫盖棚子之类的约占14%，50%被收割机粉碎后，农民将其分散用于覆盖越冬作物——主要是紫云英、小麦、油菜、蔬菜之类，或直接散布于田间腐烂肥田，其余10%“须草”在田间被烧掉。虽然被烧掉的总量只有10%，但由于面积有10万多亩且分布较广，再加上其他地方也有燃烧稻草的习惯，所以，在11月下旬至12月初，受偏北气流影响，南陵县许多居民常常感觉比较呛人。农民燃烧双晚稻草的不良习惯，今后有待于继续改正，翻压入土让其变成肥料即可。

2. 麦　秸

南陵县小麦种植面积常年有2.6万多亩，年产秸秆约1.32万t。除了2008奥运年，农民听从各级政府和村委会大力劝导，没有燃烧秸秆而沤制堆肥外，其余年份，在收割机收割时，便将小麦大部分留高桩，之后下午“须草”就被付之一炬，被烧掉的部分约占25%。所留高桩因其尚未干透，基本上不容易被烧着，造成浓烟滚滚。随后田间上水，麦秸就被拖拉机翻耕入土，沤几天后就施肥种植单季稻。

解决对策：南陵县麦田后茬种植单季晚稻，季节不是很紧。绝大多数农民的环保意识也越来越强，所以，在加强教育和管理的前提下，今后使用秸秆腐熟剂会比较普遍。

3. 玉米秸

种植面积7 400亩，产秸秆1.84万t。南陵县所种玉米基本上是甜、香、糯之类，或出售或自家当作零食，所以玉米秸秆在玉米收获后仍然是青的，农民将其砍倒后翻压入土作为肥料或置于地头沤肥。

4. 油菜秸

南陵县的油菜种植面积因受市场对油菜籽需求的影响，波动很大。仅从近几年来看，面积大的时候有16.8万亩，2007年秋种统计时，仅有6.8万亩。2008年油菜籽收购价格上升到每吨5 400元，当年秋种时便上升到10.5万亩。2009年油菜籽虽然丰收，但收购价格却下降到每吨3 500元，下降幅度约35%，当年秋种面积便下降到仅有3.5万亩！各年所产油菜秸秆自然也有多有少。2009年产油菜秸秆2.6万t，被焚烧的部分大约占70%以上，约有1.8万t，这是历年最被人诟病的因焚烧而污染环境的“罪魁祸首”。

那为什么不使用机械收割呢？这主要是因为油菜籽收割与其他作物不同，油菜籽必须在其八九成熟时收割，摊晒数天待菜籽荚被晒“脆”、菜籽完全成熟充实并

“硬化”后才容易脱粒。如果机械在油菜籽八九成熟时收获，油菜籽则无法脱粒，成为“糊状”；如果等油菜籽完全成熟再用机械收割，则油菜荚容易“炸裂”，油菜籽大部分会掉落田间，损失极大，所以目前基本上还是靠人工收割、人工打菜籽。

农民之所以要将油菜秸秆烧掉，原因有二：

首先，农民在油菜收割后，需要等待它们被晒干后油菜籽才能从菜籽荚中被敲打出来，而油菜籽被敲打出来后，菜籽秸也非常干燥。这时，它们的密度很小，容重也很小，用农民的话来说：“一担挑不了多少。”一担顶多也只有 20 ~ 30 kg，一亩田大约有 10 担，这样，农民挑到田外，费工费时，延误农民抢栽水稻，特别是抢栽早稻。

其次，由于油菜秸秆在晒干后密度小，田间上水后，它们漂浮在水面，机械很难将它们翻压入土，所以，农民在农田未上水以前先一烧了之。如果只是将这些油菜籽秸秆付之一炬，由于它们干燥，燃烧起来烟并不很大，主要是田间还有未干燥的油菜桩，所以混合燃烧，浓烟滚滚，污染大气。其实，那些油菜桩还是被翻压还田化作肥料了。

解决对策：关于麦秸和油菜秸的还田方法，我国早在 50 多年前就有许多国营农场解决了，那就是在拖拉机前面用横杆推倒随之翻压，对于南方即将种植水稻的田块来说，田间上水效果更好（见北京农业大学编写组编写的《肥料手册》）。

5. 豆　秸

种植面积 1. 64 万亩，产秸秆约 8 800 t。除了豆叶自然落于田间化作肥料外，豆秸因其木质化程度高、秆硬而被农民挑回家中用作燃料。

6. 棉花秸

棉花种植面积 2. 4 万亩，产秸秆 2. 55 万 t。除了棉叶自然落于田间化作肥料外，棉秸和棉桃壳因其木质化程度高而被农民挑回家中用作燃料，棉子壳作代料栽培生产食用菌。

7. 瓜菜下脚料

总量 2. 17 万 t，占秸秆总量的 28. 47%，水分含量高，很容易腐烂，是肥沃土地的“主力军”，基本全部用于原来的菜地。

8. 甘蔗秸秆

全县甘蔗种植面积 5 850 亩，产甘蔗约 8 500 t，基本上被出售给城乡居民食用，田间所剩根桩和细小秸秆全都被翻压还田，数量约 1 170 t，每亩折合 200 kg。

9. 菇　渣

蘑菇生产季节结束后，产生的大量蘑菇下脚料约 5. 6 万 t。这时它们松软而潮湿，农民不会将它们烧毁，用途主要有：用于菜地作基肥，撒在稻田作基肥，用于午季作物作盖籽肥。这是一种很好的肥料。

10. 瓜　藤

从严格意义上来说，瓜藤不是秸秆，而只能算作瓜田废弃物。南陵县瓜类种植面积约 1.4 万亩，各种瓜藤约有 4.2 万 t（鲜藤），基本上是全部还田，并且因瓜田基肥下得较重，所以算是“肥茬”，后季稻单产很高，亩产量要比一般双季晚稻高 50～100 kg。

11. 绿　肥

大面积种植冬绿肥是南陵县的一大特色，是发展无公害食品的重要基础。南陵县种植的冬绿肥主要是紫云英（又称“红花草”），它不仅可以用作肥料，增加土壤有机质，提高水稻产量，还可作为蔬菜，也可作为美景观赏，或作盆景，并且还是优质饲料和蜜源。南陵县常年种植面积 20 万亩左右，总量 40 万 t 以上，还田量占 99%，对肥沃土壤贡献很大。南陵县有农谚说：“一年红花草，三年好地脚。”南陵县还是国家级红花草种植基地，年产红花草种子约 300 t，种子供应到长江流域各省。

三、小　结

综上所述，南陵县农作物秸秆种类多、数量大，大多数农民科学种田意识、环保意识比较强，对作物各类秸秆利用得当。利用的结果是，相当于减少 CO_2 排放量 40 300 万 m^3，节省氮素肥料 4 385 t，磷素肥料 3 930 t，钾素肥料 13 100 t，使南陵县土壤越来越肥沃，各类农产品产量逐年提高（见本文集《科技对水稻生产的贡献、被限制因子及解决对策》，此处从略）。1949 年因水灾影响，粮食总产仅 6.7 万 t。之后国家重视农业生产，加大科技投入，种子不断更新，技术不断创新，使南陵县农业生产每隔一段时间便跨上新的台阶，终于在 2008 年，粮食总产量突破 40 万 t，创历史新高，对维系国家粮食安全和农产品供应都发挥了应有的作用。尽管还有部分秸秆焚烧，但毕竟是局部的、个别的。现在国家又将南陵县纳入有机质提升行动两个项目区范围（绿肥种植技术、秸秆还田腐熟剂还田技术），提倡扩大绿肥种植，大面积推广使用秸秆还田腐熟剂，结合加强教育和管理，一定会将秸秆利用工作做得更好，土壤变得更肥沃，农业生产取得更大进步！

（本文系笔者与汪涛、宋卫兵、徐磊、殷涛、李文军合著，2011 年 6 月获得由中国农业技术推广协会与全国农业技术推广中心共同举办的第七届农业推广征文活动二等奖。）

植　物　保　护　篇

生物农药的应用技术

生物农药是指用来防治病虫草等有害生物的活体及其代谢产物和转基因产物，即细菌、病毒、真菌、线虫、植物生长调节剂和抗病虫草害的转基因植物等的农药。近年来，国内外生物农药的研发应用发展迅速。针对化学农药的种种弊端，一些国家已研制出一系列选择性强、高效、无污染的生物农药。其中，最常用的真菌是白僵菌和绿僵菌，能防治约200多种害虫；最常用的细菌是苏云金杆菌（Bt），能防治150多种鳞翅目及其他多种害虫，药效比化学农药高55%。国际上已商品化的生物农药约30多种，如Bt杀虫剂的销售额就达十多亿美元。1990年美国生物杀虫剂销售额为1 500万美元，2000年达6亿美元，十年增长40倍。近年来，我国生物农药的增长幅度也有较大提高，尽管在发展中存在一些问题，但由于其高效、广谱、安全、环保的特性，发展前景十分广阔，必将成为未来农药的主导。

1. 杀虫剂

目前有：Bt杀虫剂、阿维菌素（下文单独介绍）、浏阳霉素（主治螨类害虫）、华光霉素（可防治螨类及多种真菌病害）、皂素烟碱、硫酸烟碱、油酸烟碱（这三个烟碱主治蚜虫）、鱼藤酮（主治蚜虫）、藜芦碱（防治棉蚜、棉铃虫、菜青虫等）、苦参碱（防治蚜虫、红蜘蛛、菜青虫等）、双素碱（主治叶菜类上的蚜虫）、茴香素、楝素（防治菜青虫和多种害虫）以及上文提到的白僵菌、绿僵菌等。

Bt杀虫剂和阿维菌素具有很强的触杀和胃毒活性，能防治水稻、棉花、蔬菜、烟草、果树、林业等作物上的多种害虫，年产量4万t以上，不仅在国内应用广泛，而且还大量出口。Bt杀虫剂和阿维菌素在用于防治棉铃虫、水稻二化螟、三化螟、稻纵卷叶螟等钻蛀型和卷叶型害虫时，需在害虫未钻蛀和未卷叶时（一般是3龄以前）用药，直接与害虫身体接触时，药效才好。

2. 杀菌剂

国内登记品种有20多种，产品有170个，年产量超过8万t。其中，正式登记的杀菌剂有井冈霉素、春雷霉素、公主岭霉素、链霉素、多抗霉素和农抗120等8种。临时登记的杀菌剂有中生霉素、灭瘟素、宁南霉素、武夷菌素等4种。在水稻上应用的主要有：井冈霉素，防治纹枯病；中生霉素、链霉素，防治白叶枯病；春雷霉素，防治稻瘟病。

3. 生化类农药

首先以赤霉素为当家品种，年产量几千吨，其次是芸苔素内酯、灭幼脲、除虫脲、避蚊油、乙烯利、多效唑及红铃虫、棉铃虫性引诱剂、干扰素、5406细胞分裂素和脱落酸等，其他还有病毒类农药、真菌类农药等。

4. 转基因植物

主要有转基因抗虫棉，高抗黄萎病、抗白粉病和赤霉病的小麦，抗青枯病的马铃薯，抗玉米螟的转基因玉米，抗白叶枯病的转基因水稻，抗花叶病毒的转基因番茄和辣椒等。

5. 生物农药使用中存在的问题

当前生物农药在国际市场上占有率较高，但在国内与化学农药相比，市场占有率低，主要原因为：

（1）价格居高不下，药效慢。尽管许多农民认识到了生物农药的功能，但由于生物农药价格较高且不具备化学农药用量少、见效快的特点，遇突发性和毁灭性病虫害时难当重任，考虑综合成本，多数农民还是愿意使用化学农药。

（2）农残检测形同虚设。使用生物农药和高毒农药生产的产品在市场上销售时价格差不明显，导致农民不愿使用生物农药。虽然一些城市明令禁止农药超标的农副产品进入市场，也配备了检测设备，但许多市场的农药残留检测形同虚设，检测力度不大，超标的农副产品照卖不误，这对使用生物农药的农民不公平。

（3）禁毒没有产生实质性效果。虽然一些城市禁止使用高毒、高残留化学农药，一些地方还禁止销售，但还是能买到这些农药，禁毒没有产生实质性效果。

（4）消费意识和使用技能差。使用生物农药的技术性强，使用中还需技术、观念的转轨及适应过程，因此，在传统用药意识没有改变之前，其推广和使用仍然是任重而道远。

（南陵县农业技术推广中心）

复配杀虫剂的使用

摘　要：本文对一些复配杀虫剂的种类、组分和商品名称作了介绍，并对提高药效的技巧与措施进行了论述。

关键词：复配杀虫剂；使用技术

在如今的杀虫剂市场，复配制剂逐渐占据了优势。它们以用量少、效果好、害虫不易产生抗性和使用方便而深受农民喜爱。生产厂家为了吸引农民购买，给农药起了形形色色的商品名称，同药异名现象比比皆是。例如，同是由“甲胺磷·异丙威（叶蝉散）”组成，这个厂家起名“稻虫净”，那个厂家则分别起名“螟杀”和“稻田虫杀光”，类似情况不胜枚举。

依据《消费者权益保护法》，任何产品的外包装必须用中文标明其内在成分，但许多厂家却将农药有效成分用英文标明，字母又特别小，这就给使用者，特别是不懂英文的农民带来了麻烦。

至于目前各种复配农药的防治范围，一小部分很窄，如三环唑·硫磺合剂，只能起到预防稻瘟病的作用，大部分防治范围则较广。因此笔者认为，对于复配农药，购买者和使用者不能仅仅“顾名思义”或“望文生义”，也不能仅仅看生产厂家、生产日期、保质（有效）期等，更应该“透过现象看本质”，了解它的有效成分、英文通用名称和防治范围，从其有效成分看它还能防治什么，以充分发挥农药的潜力。

现将市场上销售的一些常见复配杀虫剂的英文名称及其相应商品做一介绍，并对施用技术进行概述。

一、有机磷与拟除虫菊酯类农药复配制剂

1. Phoxim + Fenvalerate

即“辛硫磷·氰戊菊酯（速灭杀丁）”的复配制剂，商品名称有“一扫光”“快杀”“快杀灵”等。

2. Phoxim + Betacypermethrin

即“辛硫磷·高效氯氰菊酯”，商品名称有“虫光光”等。

上述两种药剂的共同特点是见效快、杀虫范围广。其中辛硫磷还具有容易光分解、在作物体内残留量低、在黑暗条件下稳定的特点。所以，上述农药既可在待采摘的作物（如蔬菜、茶叶等）上喷施，又可在土壤中使用以长期防治地下害虫。为了提高这类农药防治效果，施用时要注意：

（1）在下午三四时以后用药较好。

（2）尽量将药液喷施在植株基部和叶片上。

（3）可以将药剂兑水泼浇、喷洒在畦面上，翻入土中，其防治地下害虫持效期可长达1～2个月，随后被土壤微生物所降解。

3. Dimethoate + Cypermethrin

即“乐果·氯氰菊酯”，其商品名称有“杀虫王”“杀敌宝”“杀虫宝”等，对棉、稻、麦、菜、果、桑、林、花等作物表面的害虫，如蚜虫、红蜘蛛、蓟马、盲蝽、叶蝉、飞虱、蛾类幼虫等具有广谱性杀灭作用。施用时需要注意的是：

（1）本制剂对钻蛀型害虫，如稻螟虫、棉铃虫、果树食心虫、介壳虫等基本无效。

（2）多种蚜虫已对该药产生抗性，以改用氧乐果与拟除虫菊酯类农药混用效果较好。

（3）该药对高粱、烟草、席草、枣、桃、杏、李、梅等易产生药害。1983年以前限制在柑橘类上使用（浙江省限制在温州蜜柑上使用），但1993年以后获临时登记，可以用于防治柑橘类蚜虫。

4. Dichlovos + Cypermethrin

即敌敌畏·氯氰菊酯，其商品名称有“安泰杀虫葳”等，杀虫谱和注意事项与乐果·氯氰菊酯相同，不同之处在于：

（1）可用于仓库密闭喷洒熏蒸杀虫。

（2）在棉铃虫成虫羽化高峰期，第三代红铃虫后期，每公顷用 750～1 500 mL 拌细潮土于傍晚撒于田间，每次间隔 3 天，共 3 次，并结合插柳树把子，熏杀效果好，可明显降低下代虫的密度。还可用 10 cm 长的玉米穗轴或高粱秸，一端钻孔，滴入乳油 1 mL，放在大豆下部枝杈上，75～150 个/hm^2，熏蒸杀死大豆食心虫。

（3）用于室内防治蚊、蝇等害虫，0.1 mL/m^3 加数滴香水兑水喷雾。

二、两种有机磷复配制剂

1. Parathion-methyl（甲基 1605） + Trichlofon（敌百虫）

其商品名称有“多灭克”等。杀虫范围更广泛，对作物表面型害虫和钻蛀型害虫、卷叶型害虫都有很强的杀灭效果。高温时杀虫速度显著增快，18 ℃以下效果较差，中国南方的越冬作物可在冬季晴朗的中午前后使用此药。

2. Dimethoate + IBP

即“乐果·异稻瘟净”，商品名称有“增效乐果”等。此药与上一种药品混合后增效显著，对害虫有触杀和胃毒作用，并有内吸作用，该药对有些作物易产生药害，未登记作物请勿使用，使用者请仔细阅读说明书。

三、有机磷与氨基甲酸酯类复配制

Methamidophos + Isprocarb 即“甲胺磷·异丙威（叶蝉散）”等。除水稻害虫外，还可防治棉花、豆类、花卉上的蚜虫、蓟马、叶蝉、红蜘蛛、棉铃虫、红铃虫、多种夜蛾、尺蠖、粉虱、蛾类幼虫等多种害虫，在某些文献和报道中对其使用范围做出了限制。

四、其他复配制剂

1. Molosutap + Buprofen

即“杀虫单·噻嗪酮”。这是目前广泛使用的一种农药，其商品名称有“稻虫净”“虱灭灵”等。其杀虫谱几乎包括稻类所有害虫，如螟虫、飞虱等，但不包括蚜虫，是水稻生长中后期使用较多的杀虫剂。

2. Molosutap + Validamycin（或写作 Jinggangmycin）

即“杀虫单·井冈霉素”，其商品名称有“稻金丹”“稻丰灵”“螟纹清”等，对螟虫、蔬菜害虫、小地老虎、柑橘潜叶蛾和水稻纹枯病等，具有双重防治功效。在水稻分蘖末期至抽穗初期用来防治白穗和纹枯病往往很受欢迎。

3. Molosutap + Bprofezin + Validamycin

即“杀虫单·噻嗪酮·井冈霉素”，其商品名称有“稻丰”“稻安灵”等，具有上述两种农药的全部功能。

4. Molosutap + Bt

即“杀虫单·苏云金杆菌”，商品名称有“必杀螟”等，它主要防治完全变态类昆虫的幼虫，其特点是既“快”又“慢”：因为“杀虫单”分子量比“杀虫双”小，渗透力强，杀虫速度快，所以，在同等药量条件下，其杀虫效果比杀虫双强且快一倍；同时，苏云金杆菌对鳞翅目害虫具有触杀和胃毒作用，所以，即使害虫躲过了杀虫单的快速杀灭关，也仍然难逃慢慢“僵死”关。

由于长期使用剧毒农药，蔬菜上的菜青虫、斜纹夜蛾、银纹夜蛾等已产生了强烈抗性，现在菜农反过来使用“必杀螟”和Bt乳剂等低毒农药，反而收到了出乎意料的好防效。

5. Molosutap + Imidacloprid

即“杀虫单·吡虫啉”，其商品名称有“稻丰达”“神枪手”等，这是目前持效期最长的一种农药，对前述完全变态类害虫、刺吸性口器害虫（如飞虱、蚜虫）和咀嚼式害虫（如蝗虫、黑蝽、木虱等）持效性可长达30天，杀虫谱远比“杀·噻”广泛。喷雾1 000 g/hm^2。用于拌种防治地下害虫效果也很好：30 ~ 40 g兑水1L拌10 kg种子，吸胀1小时后即可播种。

除了上述几类农药的复配制剂以外，还有杀螨剂与菊酯类/有机磷类等农药的复配制剂以及家庭用复配杀虫剂。

（本文刊登于《安徽农学通报》2001年第6期第47－48页。）

草灰水浸种简介

稻瘟病，白叶枯病，麦类黑穗病，棉、麻炭疽病等，是危害稻、麦、棉、麻类作物的几种主要病害。一旦发生，轻则造成减产10% ~ 30%，品质变劣，重则造成毁灭性的灾害。这些病害同其他病害一样，等到症状明显时才易发现，而采取救治措施时，往往为时已晚，收效不大。因此，我们应该贯彻“预防为主，综合防治”的方针，从头抓起，“防患于未然”。

防治这类病害，方法、措施各有千秋。如选用抗病耐病良种，调整播期和布局，进行种子处理等。单就种子处理这一项，以往大都采用1%石灰水浸种或采用化学杀菌剂，如“401”“402”、退菌特、福尔马林等浸种、闷种。这里所要介绍的，是另一种简便易行且效果位居首位的处理方法——草灰水浸种。

方法：首先用稻草灰3.75～5 kg或麦秸灰2.5～3.75 kg兑水50 kg，之后将稻、麦种子25～30 kg或棉花种子15～20 kg倒入此灰水中浸泡4天（种子在浸泡前晒2～3天效果更好），并保持种子在水面下2～3寸，不用搅拌。棉、麻种子容易发芽，宜采用去灰水，即滤去所有灰渣后取其清液浸种，以利干燥，防止发芽过早。

防效：根据外地多年实验效果，证明用草灰水浸种对上述病害有很好的防效。如：对稻瘟病的防效为80.3%，对白叶枯病的防效为92.1%，对麦类黑穗病的防效为97.8%～100%，对棉花炭疽病的防效为72.6%～83.4%，对红麻炭疽病的防效为84.4%～97.5%，上述各防效指数均高于对照：1%石灰水浸种，也高于或近于上述另几个杀菌剂浸种。

麦草灰浸种对于防治小麦腥黑穗病有特效，可能是因为麦草灰中含有某种营养物质，能促使厚垣孢子萌动，有利于窒息灭菌，所以效果显著。但麦草灰水对于种子发芽有影响，表现肥效也较差，若采用去灰水浸种，则可扬长避短。

为什么草灰水浸种杀菌效果这么好呢？通过室内测定和田间检验，初步认为草灰水浸种的杀菌原理同石灰水浸种一样，也是“窒息灭菌”。以前有人认为是缺氧，其实缺氧不是造成窒息灭菌的主要原因。在缺氧的条件下，微生物可以利用基质中的氧进行呼吸，维持正常生活，而浸种过程中产生的二氧化碳的积累，则是造成窒息灭菌的主要原因。但一般浸种后半天至一天才产生二氧化碳，因此，浸种时间太短，势必影响防治效果。不加搅拌，也是为了防止二氧化碳逸出，保持窒息效果。

之所以采用草灰水而不采用木灰水浸种，是因为这两种灰的化学成分有所不同。木灰中钙、磷、钾含量较高，草灰中硅含量较高，且多以硅酸钾形式存在，而钙、镁、磷含量较少。

采用草灰水浸种，不但有良好的防效，而且有明显的肥效。水稻浸种后可比对照增产10%左右，小麦浸种后可增产10%～20%以上（12.97%～22.98%），草灰水浸种之所以增产，是因为种子在浸泡过程中随水吸收了大量可溶性养分，浸种灰量虽然不多，但由于养分集中利用，所以肥效明显。其肥效除与磷、钾肥有关外，与微量元素的刺激作用也有一定关系。

从上面的介绍我们可以看出，草灰水浸种是一种既好又省，既可防病又能增产的处理方法。在目前使用农药所产生的危害日益严重的情况下，推广草灰水浸种更具有现实意义。

（成文于1984年2月20日）

水稻本田专用除草剂——丁西颗粒剂

丁西颗粒剂是适用于水稻本田专用的除草剂（系由丁草胺·西草津混合配制而

成)，一般稻田用药一次就可以控制水稻整个大田生育期内的主要杂草，且对人、畜、作物安全。

施用方法：每亩稻田用5.3%丁西颗粒剂0.6～0.75 kg拌和10～15 kg细砂土，于水稻移栽后3～10天趁露水干后撒施，气温高时应提前，以便将杂草消灭在萌发阶段。丁西颗粒剂毒土还可以与水稻返青肥混施，田要整平。施药期间必须保持3～5 cm水层7～10天，然后及时换水。

(本文刊登于《安徽科技报》1989年8月2日第2版。)

早稻旱育秧死苗原因及防治对策

笔者自1993年推广水稻旱育稀植技术以来，经常在早稻旱育秧苗床上发现死苗现象，尤以1995年为甚，某些苗床死苗率大于30%。但笔者调查城关蔬菜队许多农户苗床时发现，一根死苗也未出现！笔者结合正反两方面经验和多年从事该项工作的体会，归纳出以下原因并提出防治对策。

一、死苗原因

1. 土壤因素

(1) 酸碱度偏高：土壤pH在6.5以上时，有利于土壤中腐霉菌的繁衍。这种病菌是造成水稻青枯死苗的罪魁祸首。pH在5～6时，土壤的酸性环境抑制了腐霉菌的繁殖。长期使用腐熟人畜粪和酸性化肥的菜园土、爽水稻田就具有这样的酸性，可有效地减轻死苗发生。

(2) 通气性偏差：土壤缺乏团粒结构、板结、通气性差时，往往处于还原状态，根系发育不好，不易舒展，易被病菌侵染，造成缺氧死苗。反之，土壤团粒结构多，通透性强时，处于氧化状态，根系发育良好，则秧苗茁壮，不易死苗。

(3) 前茬选择不当：若苗床选择在前茬种植过芥菜、雪里蕻、芫荽等有特殊气味的土壤上时（一般这些菜根经翻耕后仍存留在菜畦土内），其气味对稻芽有明显的毒害作用，导致不出苗，或者即使出了苗也很黄瘦。这是近年发现的新情况。

2. 肥料因素

(1) 施入了未经充分腐熟的人畜粪尿。

(2) 作基肥施入的化肥时间迟、数量大，未与苗床土深翻拌和。

(3) 苗期追肥浓度过大而又未用清水淋洗。

(4) 误用碳铵或含碳铵的地方产复合肥。这些化肥系碱性肥料，降低了苗床土的酸碱度，从而造成死苗。

3. 管理因素

（1）消毒不严。若种子消毒不严，可出现大量的恶苗病，导致死苗。若是土壤消毒不严，青枯、立枯死苗就不可避免。

（2）揭膜通风不及时。旱地育秧往往是大部分先出土，小部分后出土，如果非要等到全部出齐再揭膜通风，则先出的大部分秧苗会因密闭生长导致过嫩，迅速失水青枯死苗。或者大部分秧苗出齐后，不在晴天选择上午、阴天全天炼苗，而是一味地“捂”，会导致烧苗或是因中后期突然揭膜造成秧苗“感冒”失水死亡。

4. 害虫及鼠类危害

地下害虫及鼠类危害，特别是鼠害，有时可造成“全军覆没”。

二、防治对策

1. 正确选择苗床

旱育苗床应选择背风向阳、疏松肥沃、爽水透气、没有种过有特殊气味蔬菜的菜园地、旱地和地势较高又沥水的稻田。其中“背风向阳”系笔者从 1995、1996 两年苗情调查中得到的新认识：在相同处理条件下，选择背风向阳菜园地的数十家农户无一死苗！若已将稻种播在前茬有特殊气味的蔬菜园地上，可采取下列抢救措施：

（1）向畦面大量而缓慢地浇水，使毒素下渗。

（2）于上午 9 时后揭畦两头膜以通风散味。

2. 精心培肥苗床

最好在播种前一年的秋季进行培肥。方法是在苗床上每平方米撒已铡成 2 ~3 寸的碎秸草 2 ~3 g、人畜粪 2 ~3 kg、过磷酸钙 0. 25 kg 并随即翻入土中，如此操作 3 次以后可种植速生蔬菜。第二年播种的前一个月再翻耕，使之细、碎、松、软。若不种菜，也可用薄膜覆盖以利粗肥腐烂。即使是临时选择的苗床，也应尽早施肥、翻耕，使土肥交融，切忌临播种时才施肥，也不能施氨味重的肥料和尿素。

另外，实践已经证明，只要床土肥、基肥足，一般在整个苗期可不必再追肥。

3. 严格消毒

（1）种子消毒：用浸种灵一支（2 mL）或强氯精 5 g 兑水 10 kg 浸种 6 ~8 kg 消毒，一可防治多种病害，二可因其有特殊气味而防止鼠害及部分害虫。

（2）一叶一心至二叶一心期：控温控湿常通风，防治病虫抓全苗。

（3）三叶期以后，炼苗控长育壮苗。只要不遇风雨，可一直揭膜晒苗。如果发现叶片傍晚卷缩，可淋水少许。若遇风雨，只需将薄膜放至竹弓近苗床处，不必全封闭。若是苗挤苗，应尽早移栽。

（成文于 1997 年 1 月 8 日）

直播稻田杂草发生的特点与综合防治

一、直播稻田杂草发生的特点

1. 稻田用种量少导致杂草发生频率高

直播稻田单位面积用种量少，每亩少则 4 kg，多也不过 6 kg，苗期长势弱，而杂草由于其本身特征，前期生长快，蔓延广，若防除不当，水稻尚未长高，杂草已将田面覆盖得差不多了。一般情况下，稻种播后 5 ~ 10 天，湿生杂草幼芽先迅速滋生蔓延，形成第一个高峰期。到水稻秧苗分蘖期，水生杂草迅速长高，形成第二个高峰期，数量也急剧扩大。这主要是由于直播稻田集中了秧田期和本田生长期两个阶段的缘故。

2. 干湿交替时间长导致杂草种类多、数量大

直播稻田前期一般保持湿润状态，随着秧苗的长高才逐渐加深水层，但仍是干湿交替。因此，杂草发挥其特有的生长优势，与水稻幼芽幼苗争夺光照、水分、空气和肥料。若不防除，每平方米杂草可多达 2 000 多株，而且种群多种多样。不仅有原来常见的稗草、莎草、异型莎草等水生性杂草，还滋生出相当多的水旱兼生和旱地杂草，如千金子、丁香蓼等。

3. 连年直播导致杂草繁殖率高

连年直播，难以开展人工除草，不仅有一年生杂草，更有一些多年生杂草和地下杂草，如双穗雀稗、空心莲子草、矮慈菇、野荸荠等，这些杂草繁殖快，蔓延面积广。至于稗子、蓼等，由于本来种子量就大，在此条件下，成熟充分，存活力增强，导致来年危害更大。

二、直播稻田杂草的综合防治措施

针对直播稻田杂草发生的特点，应以化学除草为主要手段，实施“化除加水控”的综合防治措施，减轻杂草危害。

（1）化除：免耕直播田和草荒田的杂草基数高，因此要首先消灭老草，继而消灭幼草。在播种前 10 ~ 15 天，每亩用 41% 农达水剂 200 ~ 250 mL 兑水 50 kg 均匀喷雾，或在播种前 1 ~ 4 天，每亩用草甘膦水剂 200 ~ 250 mL 兑水 50 kg 对杂草茎叶喷雾。为提高防效，可将上述用量分两次喷雾，间隔 5 天。药液中加等量硫铵和少量洗衣粉，效果更好。

在播种前后数天至二叶期前，可选用幼禾葆、丁苄等广谱性除草剂除草。每亩用 17.2% 幼禾葆 250 ~ 300 g 或 35% 丁苄 100 ~ 160 g 兑水 50 kg 喷雾。上述药剂以间

隔数天、连用两次为好。

在水稻三叶期以后，若田间稗草和阔叶杂草、莎草多，每亩可用50%二氯喹啉酸25～30 g（各地有“杀稗王”“神锄”等不同称呼）加10%苄黄隆12～15 g兑水50 kg喷雾。必要时，辅以人工拔除。

（2）水控：水稻进入分蘖期后，要浅水促蘖，以蘖压草控草，提高全程药效。即使晒田，也不可长期断水，应“干干湿湿到收割”，以防长期缺水造成草荒。

（本文刊登于《安徽农业》1999年第4期第25页。）

直播稻田化学除草利弊谈

随着除草技术的进步，古老的直播稻种植焕发青春，深受农民欢迎，种植面积也越来越大。笔者根据近几年的实践经验，对几种常见直播稻除草技术分别做简单介绍并分析利弊，供大家参考。

一、播前处理

田面平整好后，在播种前3～7天，每亩用50%丁草胺或乙草胺乳油100～150 mL兑水40～50 L喷雾，再关水数日。播种前放干水，再播种；也可以田间先关寸水，将药拌沙撒或将药瓶盖凿几个小孔洒药扩散。

利弊分析：播前处理，主要是利用丁草胺和乙草胺的诱发作用，促使土壤表层的杂草种子萌发后中毒死亡，所以它对土层深处的杂草种子或萌发期滞后的杂草种子效果差。施药后再放水播种，大田因其播种密度低（一般常规种子每平方米200粒左右，杂交稻及籼糯稻种子每平方米80～100粒），对后期萌生的杂草难以形成种群优势，故在播种后20～30天仍需采用其他除草方式。本技术用于水稻秧田则效果很好。

二、播后处理

方法1：播后2～3天，每亩用扫弗特乳油100 mL和苄黄隆粉剂12～25 g（1～2包）兑水40～50 L喷雾。用药后保持田面湿润。

利弊分析：此法用于诱杀杂草种子。但实践效果表明，砂土田不适宜，除草效果极差。

方法2：播后10～15天（稗草和其他杂草二至三叶期），先润湿田面，每亩用50%二氯喹啉酸可湿性粉剂25～50 g、10%苄黄隆粉剂12～25 g兑水3桶喷雾，3～5天间上水。

利弊分析：

（1）这是最常用的除草方法。很多说明书上写着“施药后1～2天上水”，实践证明不妥。因为施药后，稗草和其他杂草对除草剂的吸收至枯心，发生不可逆转的变化过程至少需要3天。待3～5天上水后，药剂又通过杂草根系的吸收导致杂草彻底死亡。若在施药后1～2天内上水，杂草因植株未受到大的伤害，其排毒能力大于吸毒能力，大约有一半的杂草在水的养护下可恢复生机。若此时稻田施断奶肥，则杂草将更茁壮，反而抑制稻苗生长。

（2）很多农民将这种除草方法推迟到播后25～30天才使用，此时杂草已长至五至六叶期，抗性很强，除草效果下降。这里需加大剂量或过10～15天再除草1次。

对于播后10～15天，或育苗移栽、抛秧后10～20天才除草的大田，可将上述药剂拌入20～30 kg细潮沙土中撒施，实践证明效果也很好。

方法3：播后10～15天，每亩将96%禾大壮乳油150～250 mL、苄黄隆12～25 g先用1～2 kg干细土拌成母粉，再与20～30 kg细潮沙土拌匀撒到田里，田要平整，并关寸水5～7天，多可达10天以上。

利弊分析：实践证明，适量的禾大壮对6～8叶、有2～3个分蘖的高龄稗草有很强的杀灭效果；而二氯喹啉酸一般只对5叶以下的稗草有效，有些说明书上称“对5～7叶稗草有特效”，事实证明并非如此。

禾大壮属激素类除草剂。使用初期，稗草越长越“好看”：叶色深绿，茎节粗壮，其实这是稗草中毒的征兆。仔细观察会发现，稗草心叶扭曲变黄难以抽出叶鞘，茎膨大发脆，10天后逐渐畸形矮化，15天后萎缩死亡。

值得注意的是，禾大壮对田面平整与否，水层管理要求非常高。如施药后不能及时关水和续水，或属漏水田或田面高低不平都会降低效果。

三、药后处理

在使用上述药剂除草后15～20天，因某些情况除草效果欠佳的，可将上述方法轮换使用，药量取上限。

另外，此时也是杂草萌生的第二高峰期，前期尚未出现的莎草科杂草的扁秆藨草、荆三棱等，禾本科的千金子等均大量萌生。如不及时清除，又将形成优势种群，抑制水稻生长，可分别用二甲四氯、千金乳油加以清除。

（本文刊登于《安徽农业》2001年第5期第18－19页。）

水稻旱育秧防鼠方法

近年来，水稻旱育稀植和抛秧技术推广十分迅速，但鼠害也十分猖獗。有些秧苗因老鼠为害导致大部分受损，甚至“全军覆没”。

为了探索较为有效的防鼠保苗方法，南陵县做了试验，现将其中有效方法做一介绍，供大家参考或采用。

（1）强氯精驱鼠。强氯精粉剂 0.1 g 兑水少许拌稻谷 100 g，密闭半个多小时，相当于每小包 5 g 药剂拌稻种 5 kg 的用量，比例大致为 1：1 000，防鼠效果达 97.5%，有效期长达 20～25 天。有效期过后，秧苗移栽前仍可用此法。强氯精浸种也有驱鼠效果，但因浓度低一倍，故持效期短。驱鼠机理就是因为强氯精那令人作呕的气味。

（2）樟脑丸驱鼠。市售樟脑丸 0.1 g，处理方法同上，驱鼠效果达 87.5%，机理也是因为它的气味。揭膜后，随着樟脑丸的主要成分升华为气体，驱鼠效力迅速消失，故育秧后期最好结合其他方法防鼠保苗。

（3）呋喃丹防鼠。3% 呋喃丹颗粒剂 5 g 兑水少许搅匀后拌稻谷 100 g 密闭半小时左右，比例为 1：20，防鼠效果为 85%。若是按每平方米撒 3～5 g（播种后撒药并洒水），不但防鼠，而且整个育苗阶段无地下害虫为害。这是笔者首选的方法。

（4）甲胺磷防鼠。40% 甲胺磷乳油 1 mL 兑水少许，处理同上，防鼠效果为 80%。防鼠机理是毒性和异味兼而有之。

（5）灭鼠药防鼠。我们选用的是贵池市利民化工厂的“金来”牌灭鼠药水，用此药水 5 mL 兑水少许拌稻谷 150 g，比例为 1：30，并密闭半小时左右，防鼠效果为 67.5%。该药特点是前 3 天老鼠争而食之（很可能含有诱鼠剂），但 3 天后诱饵附近出现死鼠，活鼠发觉上当即不再来取食，故对保护秧苗较有效，且持效期长达 1 个月，建议播种前 3～5 天投放。

水稻旱育秧防鼠方法大致为以上五种。拌药时选用的生稻谷与育秧应采用相同品种，以防品种混杂。每小堆约 10 g，间隔 3～5 m。除第 5 种方法外，其余 4 种可在播种后、盖膜前使用。我们的目的是防鼠保苗而不是灭鼠，正如一般居民闩门上锁，是为了防盗窃而不是抓贼一样，所以此法不宜用于灭鼠。

（本文刊登于《安徽科技报》1997 年 2 月 25 日第 2 版。）

新型植物生长延缓剂——多效唑

多效唑是一种活性极高的植物生长延缓剂、广谱性杀菌、除草剂。从 1985 年起我国开始在水稻上应用，现已发展到油菜、大豆、棉花、蔬菜、花卉等方面，表现出明显的经济效益和社会效益。多效唑具有延缓植物生长、抑制徒长、促进分蘖、提高抗性（抗旱、抗寒、抗倒伏），并可有效抑制农作物病害和草害等多种功能。有关专家认为，多效唑的推广应用，将是继20世纪50年代单季稻变双季稻、60年代高秆品种变矮秆品种、70年代发明杂交稻之后的第四个里程碑。

多效唑高效低毒，应用于水稻育秧，能促使秧苗矮壮，增加分蘖，延长秧龄，抑制病害和杂草，节省秧田、种子和用工，减轻败苗，提高单产。双晚秧田使用多效唑的方法是：

要严格掌握“一二三，田要干”的诀窍，即在秧苗一叶一心期放干秧田水，晒成细裂后，每亩秧田用15%多效唑可湿性粉剂200 g兑水100 kg配制成300 ppm的药液，对秧苗进行均匀喷雾。喷药时不能停留，避免喷药不均，会造成秧苗生长不齐。喷药后一天一夜及时上水。同时要做到：

（1）秧板整平，喷药均匀，防止低洼处积药为害。因使用多效唑会使生育期延长2天左右，故播种期要提早2天。要发挥多效唑的增蘖作用，应掌握稀播匀播，一般杂交稻每亩播8～10 kg，双晚粳稻每亩播50～60 kg。

（2）先用水把多效唑调成糊状，然后再加水稀释成需要的浓度，过滤入桶。喷施时应常晃动药桶，防止药粉沉淀。喷好后多余药液不能倒在秧田里，防止用药过多，秧苗过于矮化。喷药后3小时内遇雨应重喷。

（3）施用多效唑后，秧苗叶色转绿、叶片增宽，但不可代替施肥，应注意秧苗中后期的追肥促壮，采取足肥足水管理，提高秧苗素质。

（4）使用多效唑的秧田，拔秧后要翻耕整地再栽秧，以减少多效唑残效对稻苗的不良影响。

（5）若秧苗因使用多效唑产生过度抑制现象时，可喷施50～100 ppm的赤霉素（又称九二〇）进行缓解，5天后即可恢复正常。

（本文刊登于《南陵农技推广》1989年4月30日第3版。）

撒播小麦杂草防除技术

小麦撒播是一种轻型栽培方式，颇受农民朋友欢迎。不过令农民头痛的，是小麦从撒种到拔节前夹杂其间的各种杂草，既不能锄，又拔不净。现就有关撒播小麦的除草方法介绍如下：

一、使用绿麦隆制剂

本药的特点一是应用范围较广，除麦田外，也可用于玉米、高粱、棉花、花生等作物田；除了防除看麦娘、稗草、繁缕、野燕麦等单、双子叶杂草之外，紫云英、油菜、蚕豆等对绿麦隆也很敏感；大麦和宽叶小麦耐药性也差。二是小麦播后苗前处理安全，杀草效果却以苗期处理为佳。

若苗前处理，每亩用25%绿麦隆150 g加60%丁草胺100～150 mL兑水40～50 kg喷雾。若苗期处理，在小麦二～四叶期，每亩用绿麦隆加20%二甲四氯100 g兑水50 kg喷雾。

二、使用“骠马”水乳剂

每亩用40～60 mL兑水25 kg，在杂草二～三叶期喷雾效果最佳，可防除看麦娘等恶性禾本科杂草。骠马可与二甲四氯、巨星等多种阔叶除草剂混用，骠马对冬、春小麦非常安全，而且在土壤中能迅速分解，失去活性，对下茬作物无不良影响。

三、使用双黄隆制剂

各地制剂名称不同，如麦单灵、麦丰等，含量一般为10%。从小麦立针现青至第二年春天拔节前均可使用，但以杂草一叶一心期施药效果最佳。每亩用8～10 g，先用少量水调成稀糊状，再兑水50 kg均匀喷细雾，可有效防除看麦娘、硬草、繁缕、猪殃殃、巢菜、蓼等单、双子叶等杂草。

单独使用双黄隆也可，但要注意以下几点：

（1）尽量在无风无雨时施药，避免药液飘移，危害周围敏感作物。

（2）用药后不要翻压泥土，也不要践踏，以免破坏药层，影响药效。

（3）不可在油菜、蔬菜、豆类及下茬为玉米、棉花、瓜果等麦田使用。即使是水稻田，也只可为移栽水稻，不可作水稻秧田，也不可直播稻，最好不要抛秧。施药时田面必须保持湿润。若施药后半个月内无雨，应润水造墒以保持药效。

（本文刊登于1999年11月23日《安徽科技报》。）

蘑菇菌丝萎缩的原因及防治

在蘑菇栽培中，经常会碰到菌丝萌发后不吃料、发黄而萎缩的情况，严重影响着蘑菇生产的发展。现将蘑菇菌丝萎缩的原因及防治方法介绍如下：

（1）高温烧菌。由于播种期间气温高，培养料过厚，二次发酵后料温未稳定下降等原因，培养料内温度高于30 ℃，播种后料温高使菌丝萎缩。

防治方法：蘑菇播种时要避开高温期，播种时料温应稳定在28 ℃以下。播种后若发现菌丝因高温而萎缩，应重新抖料通风，再调节好培养料的湿度，重新播种。

（2）料内有氨气。建堆时，氮肥加量过多或氮肥加入过晚（后期翻堆时才加入），菌种播种后，培养料内存在氨气，造成菌丝萎缩。

防治方法：培养料添加尿素等化学肥料，一是要在建堆时加入，二是要适量。若发现料内有氨气，要及时打开门窗，并喷2%甲醛进行翻料，等无氨味后，再重新播种。

（3）培养料过干。播种时培养料偏干，加之播种后气候干燥使菌丝萌发后吃料生长缓慢，细弱无力而萎缩。

防治方法：可以在料面覆盖一层湿稻草（用1%石灰水浸湿），能使菌丝重新萌发吃料。若播种时遇到干燥天气，播后三天关闭门窗。采取层播加封面播种法效果会更好。

（4）培养料水分过多。培养料含水量过多，覆土后又遇高温或高温时喷重水而没有及时通风，使菌丝因供氧不足导致活力下降，造成萎缩。

防治方法：堆料时要注意控制水分。若翻堆时发现培养料含水量过高，应摊开、略加晾晒再行堆制，发酵好的培养料含水量以60%～65%为宜。对于后期喷重水引起的菌丝萎缩，进行通风后，菌丝可恢复生长。床面覆土时，覆土层总厚度一般不要低于4～4.5 cm。

（5）菌种质量差。购种途中菌种受热，降低了菌丝活力；菌种没有及时使用；菌种老化，生长势变弱，播种后再遇不良环境，都会导致菌丝萎缩。

防治方法：选择适宜的培养料培育菌种，菌种应菌丝粗壮、萌发力强，购种时应避开高温天气，不用老化的菌种播种。

（6）病虫害。蘑菇栽培中的主要害虫是螨类，前期出现时不易看到，主要危害菌丝，使菌丝断裂并萎缩。刚播种时危害蘑菇的病害有长毛菌、青霉、绿霉、白色石膏霉、链孢霉等。危害产生时，使菌丝萎缩死亡。

防治方法：病虫害的产生与培养料、覆土、菌种、菇棚环境等都有关，所以要进行综合防治。做好培养料的后发酵，覆土、培养料、菇棚内外都要进行杀虫灭菌处理。菌种在播种前一天用敌敌畏熏蒸。在栽培过程中若发现病虫害，要及早防治，杀虫用菇哈哈、敌敌畏、辛硫磷、杀螨特、高效氯氰菊酯等，灭菌用多菌灵、克霉灵、疣克星、菇卫士、甲基托布津、代森锌、甲醛等。

朱国清（安徽省南陵县国清食用菌有限公司）
王泽松（安徽省南陵县农业技术推广中心）

2009年水稻虫害与气象因子关系解析

摘　要：2009年南陵县水稻病虫害是近几十年来最轻的一年。本文试图从气象学角度分析此原因，通过统计当年的气象要素发现：这主要与本年度的气候异常有关，笔者认为2009年5月12日至14日的天气突变是最主要的原因，没有这3天的突变，便没有后来的一系列变化。

关键词：南陵；水稻虫害；气候异常

一、引　言

南陵是个以双季稻种植为主的县，一般年份早稻种植面积32万~33万亩，双季晚稻34万~35万亩，另有大约10万多亩的单季稻。2009年5月上旬，早稻已经发育到五~六叶期。此时，县植保部门发出关于水稻一代二化螟的防治情报，预告这代二化螟的危害程度为中等至中等偏重，这预示着农民需要认真防治。近几年来，水稻二化螟、稻纵卷叶螟和稻褐飞虱成为危害水稻生产的主要害虫，也成为重点防治对象。多年来，植保部门预报的关于害虫的发育进度、虫害发生程度的准确性几乎达百分之百。一般来说，一代二化螟的基数决定了该年度此害虫可能达到的危害程度。这次关于一代二化螟的卵孵化成二龄蚁螟——即达到防治指标的准确日期是5月14日至16日，也就是说，最佳防治时间就是这3天。然而，谁也没有料到，这一年二化螟的危害程度可能是近几十年来最轻的一次——几乎没有造成什么危害；并且这一年的“两迁”害虫（也就是从东南亚随西南气流迁飞而来的害虫）——稻纵卷叶螟、稻褐飞虱对水稻的危害也是很轻。据某农药经销商说，往年整个早稻生长期间，他的防治水稻害虫（基本上是防治二化螟）农药的营业额大约是三万元，而2009年农药的营业额连往年同期的十分之一都不到。其他农药经销商的境况也大致相同，生意清淡。即使到了双季晚稻生产季节，情况虽然略有好转，但仍比以往年份差得多，仅相当于往年的1/4至1/3。单季稻生长期间，农药经销商的情况也差不多。

为什么2009年水稻虫害这么轻呢?

这主要与5月12日至14日天气的突然变化密切相关。再往前说一点，与本年度的气候异常有关，但笔者认为，5月12日至14日的天气突变是最主要的原因。没有这3天的突变，便没有后来的一系列变化。

二、近　因

先说最直接的影响因素吧——5月12日至14日的天气突变。从2009年5月3日开始，天气从前一天的中雨转晴后，直到5月11日都是晴好天气，其中，5月6日至11日这6天，日平均气温超过了22℃，特别是9日至11日，这3天的最高气温达到了31~32℃！按照气象部门的标准，连续5天日平均气温高于22℃，就算进入了夏季。因此，南陵县气象学上“入夏”——较往年提前了半个月左右（根据安徽省气象台的解释，这一年全省也是）。本来该年的4月21日至5月1日，除了23日下午多云转阴、24日有中雨、25日多云外，基本上是晴暖天气，气温较常年偏高。因此，蛰伏一冬的水稻二化螟越冬幼虫早已苏醒，蠢蠢欲动，提前进入发育期，先是化蛹，继而蜕变成成虫——就是农民常说的“蛾子”。由于天气状况适宜，二化螟成虫于5月上旬相继产卵。虫卵孵化成一龄幼虫大约需要一周的时间。县植保部门通过对水稻越冬稻桩的剥查等一系列工作，及时观测到了这一动向，然后结合5月上旬的反常高温，发出了5月14日至16日防治适期病虫的情报。

现在随着科学的进步，虽然不能再说“天有不测风云”，但天气的剧变一时还难以控制却是事实。5月12日，是我国的“抗灾减灾日”，因为2008年5月12日，我国四川省发生了惨烈的“汶川大地震”。为了提高国人对自然灾害的警惕，国家宣布5月12日为“抗灾减灾日”，许多部门以各种形式宣传抗灾减灾，笔者也参加过宣传。2009年5月12日上午，笔者身穿衬衫，更多的同志却是身着T恤，向路人散发传单、书籍和其他资料。宣传活动到中午结束，一股强冷空气也随之到来——当天晚上的气温下降到大约20 ℃左右（当日11时最高气温30.5 ℃，20时最低气温19.2 ℃，9小时内降温11.3 ℃），并伴有小雨。因为那天笔者紧接着又下乡，感受到风强雨急的威力，所以记忆很深。之后气温持续下降，到5月14日，最低气温已降至17.1 ℃。这几天的大幅度降温，对刚孵化出来的二化螟幼虫可以说是致命的。15日天气刚刚转好，气温上升到33.5 ℃，16日又来了一场中雨，最低气温15.9 ℃，18小时内降温17.6 ℃！5月11日至16日，日均温下降了10.1 ℃。气温升降犹如过山车一样。冷风冷雨加速了二化螟幼虫的死亡——二化螟幼虫的死亡率达到99%以上。既然这次二化螟的基数这么低，以后二化螟再也猖獗不起来也就是很自然的了。

表1　2009年5月6日至10日候均温及历年候均温比较表

日期 （年－月－日）	天气状况	日均温 （℃）	日最高 （℃）	日最低 （℃）
2009－5－6	晴	21.5	29.5	13.2
7	晴	21.3	30.7	12.3
8	晴	22.9	32.1	13.8
9	晴	25.1	34.7	16.2
10	晴	26.7	35.1	17.6
候平均		23.5	32.42	14.62
历年平均		19.1		
附：11日	晴转多云	27.6	35.4	20.2

表2　2009年5月12日至16日天气状况与历年比较表

日期（日）	天气状况	日均温（℃）	日最高（℃）	日最低（℃）	降水量（mm）	风力
12	阴有小雨	21.6	30.5	19.2	3.7	阵风7级
13	阴转多云	21.2	24.9	18.6		
14	阴转多云	19.4	22.5	17.1		
15	多云	24.4	33.5	16.4		
16	中雨	17.5	27.6	15.9	18.5	
5日平均		20.82	27.8	17.44		
历年平均		20.26				

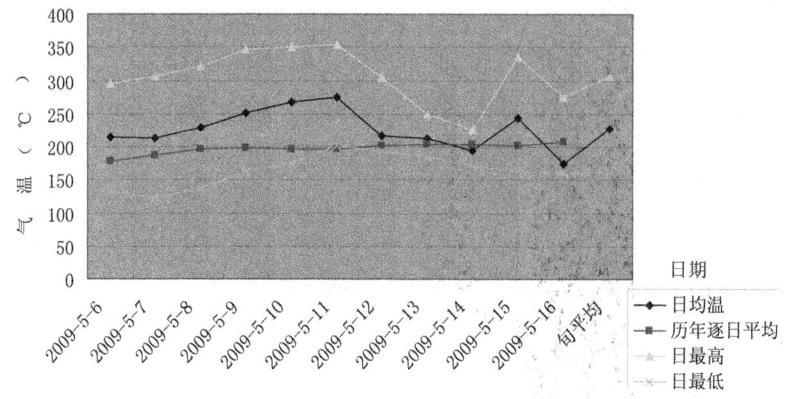

图1　南陵县2009年5月6日至16日气温变化图

注：气温（℃）纵坐标中的气温系气象部门表达方式，实际数值小10倍。

三、远　因

再从远一点儿的因素分析。俗话说："冰冻三尺，非一日之寒。"5月12日至14日的"严寒"导致大量二化螟幼虫死亡，决不是偶然的。如果没有前期的天气反常，使越冬二化螟幼虫提前发育、提前产卵，也不大可能造成一代二化螟幼虫死亡。大家知道，3月5日是"惊蛰"节气。"惊蛰"节气的本意，就是隆隆的春雷惊醒了地下蛰伏（冬眠）的动物。据《月令七十二候集解》："二月节，……万物出乎震，震为雷，故曰惊蛰，是蛰虫惊而出走矣。"但这年的春雷来得似乎早了一些：2月15日凌晨响起春雷；2月23日中午，雷声隆隆，说明春天脚步已经走近；24日中午11点多，雨虽然下得不大，但天色突然变得像墨一样黑，时间持续了十多分钟，被称为"白夜"。3月11日至15日，日平均气温≥10 ℃，气象部门宣布春天提前到来，较往年早了大约半个月。自然，地下蛰伏的动物也就提前进入了活动期，二化螟的幼虫同样也开始蠢蠢欲动——提前化蛹、提前变成成虫（蛾子）、提前产卵、提前孵化成幼虫，结果是恰巧遇到这次寒潮，使一代二化螟几乎"全军覆没"。

四、结果与探讨

5 月 12 日至 14 日的寒潮对二化螟是致命的。有趣的是，对早稻、双季晚稻、单季稻生长危胁同样大的稻纵卷叶螟、稻褐飞虱，在这一年度的危害也是很轻很轻。以稻褐飞虱为例，六（4）代对水稻危害最严重。2005 年秋，双季晚稻田六（4）代稻飞虱平均每百丛 2 230 头，其中褐飞虱占 81.9%，短翅型成虫占 7.5%，中、低龄若虫占 82.1%，后 2 个指标表示稻飞虱危害可能达到的严重程度。褐飞虱最多的田块，每百丛达到 13 500 头，部分田块甚至“冒穿”（指稻飞虱从稻根基部危害达到了水稻植株的顶部），2009 年平均只有 83.33 头，最多的也只达到 603.66 头。防治指标为每百丛 1 000 头。因此，农民们省却了大量购买农药的钱，省却了大量工时。据植保部门调查，该年的白背飞虱危害重于往年，双季晚稻生长期间的五（3）代稻褐飞虱危害达中等，其他均不重。

稻纵卷叶螟、稻褐飞虱危害程度变轻，主要有以下原因：

（1）我国南方和东南亚也受到这次寒潮影响，虫口基数降低。

（2）我国加强了对南方虫源的控制，改变了防治所用农药的种类，科学使用生物农药，保护了天敌。

（3）植保部门预报准确、宣传防治到位。

（4）前 3 年害虫各代发生较整齐，便于防治，压低了虫口基数。

表 3　2009 年与历年水稻主要虫害危害程度比较表

	二化螟 螟害率（%）	稻纵卷叶螟 卷叶率（%）	稻褐飞虱 田间各龄平均混合虫量 （头/百丛）	白背飞虱 田间平均虫量 （头/百丛）
2009 年	第一代 0.20	四（2）代：2.27	四（2）代：189	四（2）代：160
前三年 同期平均值	0.63	3.58	211.67	56.7
2009 年	第二代 0.66	五（3）代：3.06	五（3）代：单季稻 1066， 双晚 393.33	五（3）代：110
前三年 同期平均值	0.79	5.60	单季稻 1136.67， 双晚 85.3	44.7
2009 年	第三代 0.50	六（4）代：0.16	六（4）代：仅双晚，83.33， 重发田块 526.66	六（4）代：77
前三年 同期平均值	0.91	10.88	单季稻 1191.33， 双晚 2071.6	单季稻 204.53， 双晚 403.63

防治指标：1 000 头/百丛（褐稻虱与白背飞虱之和）

据笔者调查，以往南陵县农民早稻期间购买杀虫剂的费用是每亩 10 元左右，双季晚稻和单季稻生长期间购买杀虫剂的费用都是 60 元左右，2009 年相应费用分别是 1 元、12 元，以早稻种植面积 33 万亩、双季晚稻 35 万亩、单季稻 10.5 万亩计，早稻节省杀虫剂费用约 300 万元，双季晚稻节省 1 680 万元，单季稻则节省了 500 万元，合计约有 2 480 万元！要不是 7 月 22 日日全食发生后连续 24 天阴雨天气给水稻病虫害以“喘息之机”的话，防治费用可能还要节省。另外，由于水稻虫害减轻的缘故，许多农民连防病的农药也不买了——这其实是不对的，因为纹枯病还是要防治的。

2009 年南陵县水稻单产和总产均创历史新高：早稻亩产达 454 kg，双季晚稻亩产 485 kg，单季稻亩产 555 kg，稻谷总产 37. 84 万 t。

（本文为笔者与南陵县农业技术中心宋卫兵、南陵县气象局史小金等人合著，南陵县植保植检站站长王旭东先生为本文提供部分数据，刊登于《安徽农学通报（上半月刊)》2010 年第 11 期第 252 – 253 页。）

逐 月 农 事 篇

以下是笔者等2008年发表在《芜湖日报·南陵周刊》上用以指导农民各月农事活动的文章，收入时稍微作了改动。

1月至2月份农作物田间管理

阳历1月份常常处于农历的腊月，这个时期的农作物正处在越冬阶段。越冬作物从外表上看起来生长处于停滞阶段，但实际上是在积累营养，以待春天突发猛长。2月中旬天气开始转暖，各种作物进入复苏阶段。目前南陵县冬季农作物主要有红花草、小麦、油菜等。所以，搞好农作物越冬田间管理，特别是施足腊肥，就是为了春季获得大丰收。下面就这两个月的越冬农作物的田间管理作简要介绍。

一、红花草

红花草是南陵县的一宝，对于培肥地力，增加水稻产量非常有益。目前红花草种植面积约有21万亩，主要分布在弋江、许镇、籍山镇等地。本月田间管理主要抓好以下几点：清沟沥水、撒施磷肥、用草保暖。

（1）清沟沥水。南陵县冬季天气的特点是“久晴有久阴”，如遇连绵不断的阴雨，田间很容易出现积水渍害。

红花草喜湿但又怕水。田间积水会导致红花草根系难以下扎甚至受渍死亡，因此要开好“三沟”**（畦沟、腰沟、围沟）**，即大田首先每隔四五米开条畦沟，田的中间开好腰沟，四周要开好围沟，并且要做到**“一直、二深、三光、三沟配套”**，逐级加深，沟沟相通，以利积水顺利排出。

（2）撒施磷肥。农谚说：“花草三道弯，亩产一万三。”“花草要长好，磷钾少不了。”“花草要过万，冬施磷肥是关键。”冬季施用磷肥，红花草的根瘤就大且呈肉红色。每亩用过磷酸钙25 kg左右均匀撒施即可。撒过磷肥以后，再撒数十斤草木灰，既有利于红花草吸收钾元素，又有利于其吸热抗寒。前一阶段在农村调查时，就发现许多农田中有磷肥团粒和草木灰，这说明农民很懂得施用磷、钾肥对红花草的好处。

（3）用草保暖。用稻草或草衣稀稀拉拉地撒在田间，就可起到保暖作用。

二、小　麦

田间管理要做好施肥、除草、排水三件事。

（1）施腊肥。俗话说：“麦要胎里富，人怕老来穷。”要想春季获得高产，此时打好基础十分重要，主要是增加分蘖。这时最好不要施用尿素，因为暖冬时期，施用尿素后麦苗容易“疯长”，一旦遇大幅度降温，就会导致冻伤。最好是施足农家肥，如厩肥、土杂肥或腐熟的人畜粪，每亩20～30担为好。施用时壅根可起到增肥保暖作用。化学肥料可在2月份开春以后施用。

(2) 除杂草。除禾本科杂草可用骠马、骠灵制剂，除阔叶类杂草可用使它隆、巨星、好事达、麦喜、霸草灵等，两种杂草都有的则可用普草克或伴地农乳油加骠马乳剂防除。使用这种方法应使畦面湿润，效果才好。日平均温度低于5 ℃防治效果差。如果连续5天日平均温度超过5 ℃，则可使用上述除草剂，或在以后的2月中下旬至3月上旬小麦拔节前使用。

三、油　菜

田间管理同小麦一样，也要抓好施肥、除草和防渍三件事。

(1) 重施腊肥。每亩油菜仅有四五千穴，但施腊肥同样要施30～40担，并且要壅根。如果缺少农家肥，而在成活后已经施足了氮磷钾复合肥的基础上，此时每亩用尿素20～25 kg或碳铵50 kg浇在根部也可，这叫做“腊施春用”。尿素之所以能在油菜上施用而不能在小麦上施用，是因为油菜根系在土壤中下扎较深。

(2) 除草。除禾本科杂草可用精禾草灵、禾草克、精克草能、精喹禾灵、盖草能、好实多等，除阔叶杂草可用高特克或好施多等，两类杂草兼有的则可将两种药剂结合起来用或使用双锄、双草克等除草剂。

另外，小麦和油菜的清沟沥水、排水防渍操作与红花草管理相同。

3月份农作物生产管理

春季3月至4月，春暖花开。农谚说“九九加一九，耕牛遍地走”，正是春耕生产大忙季节。各类越冬作物进入旺盛生长期的阶段，也是早稻播种的好时机，因此，抓好春季农作物生产对全年至关重要。

一、小　麦

小麦3月份进入拔节孕穗期，4月初开始抽穗扬花，随后进入灌浆期。田间管理主要是施肥除草和防治病虫害。

(1) 酌施拔节肥。一类苗不施肥，二、三类苗每亩可用10～15 kg尿素兑水浇施。如果有旺长苗，可用矮壮素兑水喷雾调控，以拔节初期使用效果较好。

(2) 除草。除禾本科杂草可用骠马、骠灵制剂，除阔叶类杂草可用使它隆、巨星、好事达、麦喜、霸草灵等，两种杂草都有的则可用普草克或伴地农乳油加骠马乳剂防除。于3月上旬小麦拔节前使用，畦面湿润时效果较好。

（3）防病治虫。小麦病害主要有纹枯病、锈病，虫害主要有麦蚜。防治纹枯病用井岗霉素、纹霉清、纹霉星等；防治锈病或白粉病，主要用三唑酮、粉锈宁等。如遇阴雨天气较多，应高度注意防治赤霉病，防治药剂可用多菌灵悬浮剂或脒酰胺，同时加入适当的肥料进行根外追肥，以养根保叶。防治麦蚜主要用锐劲特、阿克泰、吡虫啉、啶虫脒等药剂等，一般需要防治2次，两次之间相隔7～10天，这主要是因为蚜虫从卵中孵化出来的时间参差不齐的缘故。防治其他害虫可用毒死蜱等。

二、油　菜

3月份突发猛长并相继开花，4月份灌浆结子。田间管理主要抓以下几个环节。

（1）巧施花肥。长势旺的不施肥，长势较差的就施用花肥。如果缺少农家肥，而在成活后已经施足了氮磷钾复合肥的基础上，此时每亩用尿素3～4 kg。部分油菜有些后劲不足，应重视根外追肥，可每亩用尿素约1 kg加磷酸二氢钾150 g（均用温热水溶化）兑水50 kg喷雾，不仅可促进籽粒饱满，增加产量，更可以抵御春季寒潮的侵袭。

（2）除草。除禾本科杂草用精禾草灵、禾草克、精克草能、精喹禾灵、盖草能、好实多等，除阔叶杂草可用高特克或好施多等，两类杂草兼有的则可将两种药剂结合起来用或使用双锄、双草克等除草剂。

（3）防病治虫。这一阶段，油菜主要病害有菌核病和“龙头瘟”（白粉病和霜霉病危害出现的症状），防治霜霉病和白粉病可用粉锈宁等，防治菌核病可用多菌灵或甲基托布津等。虫害主要有蚜虫和潜叶蝇，防治虫害可用毒死蜱、吡虫啉、啶虫脒等。

三、红花草

南陵县目前红花草种植面积约有21万亩，田间管理主要抓清沟沥水。红花草喜湿却又怕水。田间积水时会导致红花草根系难以下扎甚至受渍死亡，因此要开好“三沟”，即大田每隔四五米开条畦沟，田的中间开好腰沟，四周要开好围沟，沟沟相通，以利积水顺利排出。如果红花草发生菌核病，可用甲基托布津兑水喷雾防治。

另外，无论是小麦或是油菜，都要像红花草一样做好开沟沥水工作，并且部分内容适用于2月下半月。

4月份农事活动建议

本月4月4日或5日清明，20日或21日谷雨。一般年份，南陵县4月5日清明前后的日平均气温开始超过植物生长所需最低点的12 ℃，上、中、下旬日平均气温分别为13.1 ℃、15.8 ℃、17.9 ℃，但因气温变化起伏较大，所以还是有“清明断雪，谷雨断霜”之说，如1982年4月16日和2006年4月14日就曾下过霜，对早播的稻种影响不小。四月农事活动开始大忙，故对本月农事活动提出如下建议。

一、水　稻

（1）湿润育秧。一般宜在清明前后播种，旱育秧和耐寒品种可在3月下旬播种，且均以用薄膜覆盖保温为好。折每亩大田用稻种5 kg左右。出苗后遇晴好天气应揭膜炼苗，二叶一心期施断奶肥，移栽前施送嫁肥。月底整理大田准备移栽。

（2）直播稻。根据笔者多年观测，以4月15日至22日最为安全，因为这一时段晴天较多。过早播种很容易吃亏，如2007年很多农户在4月2日至5日播种，结果遇到4月12日至15日的寒潮，损籽烂秧十分严重。直播稻田每亩用种宜在3～4 kg（折每亩有基本苗10万～13万，对后期分蘖有利），最好是下足基肥，使秧苗生长有充足的营养。有些农户亩用种量达10 kg，笔者调查发现禾苗太挤，纹枯病严重，单产下降。县东境太丰至东河等地有在小麦收获后移栽早稻的习惯，在4月下旬播种也可。

二、小　麦

小麦4月初开始抽穗扬花，随后进入灌浆期，应继续注意清沟沥水。此时小麦纹枯病已明显发生，可用井冈霉素、纹霉清等防治。如遇阴雨天气较多，应高度注意防治赤霉病，防治药剂可用多菌灵悬浮剂或脒酰胺，应同时加入适当的肥料进行根外追肥，以养根保叶。如有锈病或白粉病可用粉锈宁，有虫害可用毒死蜱，有蚜虫可用吡虫啉、啶虫脒等药剂。

三、油　菜

由于暖冬影响，油菜有些后劲不足，应重视根外追肥，可每亩用尿素约1 kg加磷酸二氢钾150 g（均用温热水溶化）兑水50 kg喷雾。防治霜霉病和白粉病可用粉锈宁等，防治菌核病可用多菌灵或甲基托布津等，防治虫害可用毒死蜱、吡虫啉、啶虫脒等。

5月份农事活动建议

本月5月5日或6日立夏，20日或21日小满。农谚有“立夏小满，盆满钵满”

之说。立夏前后的日平均气温一般为 19 ℃，到小满前后的日平均气温达到 22 ℃，进入气象学上的“夏天”，所以，本月农事活动安排建议如下。

一、早　稻

（1）湿润育秧。本月移栽基本结束，移栽后 7 ~ 9 天用除草剂并追施分蘖肥，保持寸水约 7 天，待其自然落干后晒田。田晒好的指标为：人站不陷脚，田开鸡花裂；田面冒白根，叶色变淡发棵歇。

（2）直播稻。5 月中旬初开始分蘖，故应及时施用分蘖肥，每亩施尿素 5 ~ 6 kg 加氯化钾 3 kg。未施基肥的，此时应将基肥和分蘖肥合并施用，每亩施用尿素 10 ~ 12 kg、过磷酸钙 20 kg 和氯化钾 7 kg 或氮 – 磷 – 钾含量为 18 – 10 – 17 的复混肥 25 kg。施肥前 2 ~ 3 天先使用除草剂，使杂草充分吸收除草剂，过 2 ~ 3 天后上水并施肥，保持寸水约 7 天，待其自然落干后晒田。其余同上。

二、单季稻

本地单季稻种植种类有杂交籼稻（如 Y 两优 1 号、新两优 6 号、丰两优 4 号等）、常规籼稻（如马坝小占等）、籼糯稻（如 87641 等）、常规粳稻等。一般在立夏前后播种育秧，杂交稻每亩大田用种量约 0. 75 ~ 1 kg，常规稻每亩大田用种量约 3 ~ 4 kg，秧龄期一般不超过 30 天。

本地有不少农户准备采用直播方式，用种量可比上述要高一些。笔者认为，一般以每平方尺达 9 ~ 10 粒种子为适度，过密过稀都不好。除草及施肥等可参考早稻直播，用肥量可增加 20% ~ 30% 。

三、小　麦

小麦本月相继进入乳熟期、腊熟期和收获期。乳熟期首先应注意防治蚜虫并防范“干热风”。有虫害（如蚜虫）可用毒死蜱、吡虫啉、啶虫脒等药剂。此外，还需继续注意清沟沥水。撒直播的小麦太挤，叶色发黄，可根外追肥，以养根保叶并可防范“干热风”。每亩用尿素 0. 5 ~ 1 kg 加磷酸二氢钾 100 ~ 200 g，温热水化开后加水至 50 kg 喷雾。

四、油　菜

一般中旬就开始收获。建议连根拔起晒棵，有促进后熟增产作用。

五、棉　花

本月一般进入移栽期。对于处在苗期的棉苗应及时间苗、定苗、拔草、治虫、追肥，并在移栽前一周施送嫁肥，促进棉苗早发侧根。为培育矮壮苗，防止高脚苗，一是可以将营养钵苗轻拿移位，二是用 10ppm 矮壮素或缩节胺喷洒幼苗 1 ~ 2 次。

对于土质肥沃和移栽湘杂棉 7 号或 9 号、中棉 48 等植株高大、桃大高产的，每亩移栽不超过 1 800 株。对于山坡旱地、土质较瘦和种植中棉 29、南抗 3 号或 6 号的，应以密度取高产，每亩可移栽约 2 500 株。

移栽时，应根据行株距开沟，并施足安家肥：每亩施 3 × 15 复合肥 50 kg，尿素 50 kg，氯化钾 35 kg，硼肥、锌肥各 1 kg，然后放入钵中盖细土，浇好团结水使钵体与田土密结，再培细土成馒头状。活棵后要早施、轻施提苗肥，每亩可用稀人粪尿 4 ~ 5 担加尿素 2 ~ 3 kg。晴天兑水施，雨前雨后开沟施。天气晴朗时及时中耕、松土、除草。

棉花苗期主要病害有炭疽病、立枯病、褐斑病，此外猝倒病、红腐病等在多雨年份也会突然发生，可用多菌灵、甲基托布津等防治。主要虫害有棉蚜、红蜘蛛、蓟马、地老虎、蜗牛等，可通过农业措施、化学药剂以及生物防治减轻其危害。

六、蚕　桑

蚕儿本月基本完成从蚁蚕到结茧的生命周期，发育进度非常快，所以切不可掉以轻心。

养蚕前必须做好蚕室、蚕具和消毒药品等一系列准备工作。蚕室用喷洒法消毒，蚕具用浸渍法消毒。蚕匾要搭架，以充分利用空间。

采叶喂蚕时要注意精选，1 ~ 2 龄的春蚕选采偏嫩叶并细切，3 ~ 4 龄采无芯（三眼叶）芽叶或小枝上叶，可粗切，5 龄可全面采叶而后伐条。若贮桑，应朝采日喂、夕采夜喂。平时注意调节温湿度、通风换气。在大蚕期遇高温、多湿的情况下，更要加强通风换气工作。随着蚕龄的逐渐变大，要及时扩座。

为了保持蚕座的清洁卫生，要及时除沙。一般是 1 龄眠除 1 次，2 ~ 3 龄起除、中除、眠除各 1 次，4 龄每天 1 次，5 龄 2 天除 3 次，5 龄后就将上簇。在上簇前 1 ~ 2 天，先将山簇搭好，生火加温，排除湿气。现在一般用蜈蚣簇。上簇的熟蚕，应先熟先上，分批上簇。春蚕上簇 6 天采茧，先上先采，边采边选，把好茧、次茧分开盛放，切勿堆压，防止发热，然后分别出售。

蚕病以白僵病、蝇蛆病、病毒病和细菌性胃肠病等对蚕的安全危害最大。因此，除了在养蚕前认真消毒，饲养过程中认真做好技术处理工作外，还要仔细观察，发现蚕病及早防治。

6 月份农事活动建议

本月 6 日芒种，21 日或 22 日夏至，平均气温 24 ~ 26 ℃。进入梅雨季节，6 月份常年雨量平均为 274. 9 mm，但各年份间分布不均匀，1999 年曾达到 875. 3 mm，2005 年仅 30. 3 mm（为旱梅），相差近 30 倍。本月农事活动安排建议如下。

一、水　稻

（1）早稻。6 月初，除了长势过旺的田块应重晒以抑制水稻“疯长”外，其余田块应在复水后施用穗粒肥。每亩约 5 kg 尿素、2. 5 kg 氯化钾。6 月中旬，早稻相继抽穗。抽穗前后，应喷施壮粒肥，每亩用尿素 500 ~ 1 000 g、磷酸二氢钾 100 ~ 150 g 兑水 50 kg 喷雾，视长势间隔 7 ~ 10 天再喷一次，既可增产，又可抗高温干旱。同时还应注意防治纹枯病、稻瘟病、二化螟、三化螟、稻纵卷叶螟、白背飞虱等的危害。

（2）单季稻。南陵县是杂交稻、常规稻、籼稻、粳稻、糯稻样样俱全，种植方式也是移栽、抛秧、直播都有。本月少量在移栽，大部分进入分蘖期，要注意清除田间杂草，同时注意防治水稻病虫害，主要是虫害。

（3）双季晚稻。同单季稻一样，南陵县是杂交稻、常规稻、籼稻、粳稻、糯稻样样俱全。本月下旬开始播种育苗，应注意浸种消毒。夏至前后育的苗，因营养生长期较长，往往要比 6 月底 7 月初的产量高。为防“高脚苗”，可用烯效唑浸种或用多效唑喷秧田，以利培育多蘖矮壮秧。

二、棉　花

南陵县棉花种植面积大约有 2. 8 万亩。棉花从现蕾到开花为蕾期，历时约 23 ~ 28 天。棉花蕾期是营养生长与生殖生长同时并进的阶段，既要克服稳长不发，又要防止疯长。总的管理要求是在壮苗基础上，合理促控，发棵稳长。

（1）及时去叶枝。一般要去 2 ~ 3 次，肥水好的棉田务必去彻底。

（2）及时中耕培土。保持土松草净，中间深、边上浅，以促进根系伸长。同时注意清沟排水、浇水抗旱。

（3）巧施蕾肥。对土质瘦、基肥不足、棉苗长势弱的田块，可适当施一些速效性氮肥，每亩施尿素 4 ~ 5 kg 或 5 ~ 10 担人畜粪尿，对于土质肥、基肥足、长势旺的，可不施或少施速效氮肥，而应增施磷钾肥，过磷酸钙 20 ~ 25 kg、氯化钾 5 ~ 8 kg。为了满足花铃期对养分的大量需求及防止早衰，应在蕾期施用肥效分解慢的优质有机肥料，如厩肥、堆肥、饼肥等，达到“蕾肥花用”的目的，猪牛栏粪每亩 20 ~ 40 担或饼肥 25 ~ 50 kg，根据苗情灵活掌握。一般对早发棉苗，长势差或肥料未充分腐熟的应适当早施多施，对迟发棉苗或苗肥足、长势旺的棉花应适当晚施或不施。

（4）防止疯长。由于施肥不当或肥水相碰，棉株有疯长趋势，要立即采取措施。一般可采用摘裤叶、开沟凉墒、深中耕等农业措施，并适时适量喷洒生长调节剂，如矮壮素 10 ~ 20ppm 或缩节胺 100ppm，均能起到较好效果。

（5）防治病虫害。蕾期害虫以防治棉铃虫、盲蝽蟓、玉米螟、金刚钻为主，如有红蜘蛛发生亦应消灭。蕾期病害以防治枯萎病和角斑病为主。

三、甘　薯

南陵县称“甘薯”为“山芋”，种植面积约2万多亩。“洗山芋”制作山芋粉丝是本县丘陵地区农民的一项主要农副产品收入，也是一项特色农产品。

芋农一般在5月下旬至6月下旬趁有雨天气移栽山芋苗，有利成活，且可减轻担水之苦。每亩4 000株左右，斜插（最好是“水平插”），入土深度约5 cm，插入土中3～4个节，外留2～3个节。插后土要按紧，浇透水，有利发根和成活，有缺棵应及时补栽。栽前施足基肥，用粗肥（指土杂肥）10～20担打底凼。芋苗成活后要早施苗肥，用氮素化肥或人粪尿兑成稀水粪浇苗，施后及时中耕、除草、培土封垄。

7月份农事活动建议

本月7日或8日小暑，22日或23日大暑，平均气温28～30 ℃，是全年最热的时期，最高曾达40.8 ℃。在本月出梅，入伏。7月份常年雨量分布不均匀。本月农事活动安排建议如下。

一、水　稻

（1）早稻。7月中旬开始相继收割。如果是人工收割，应上午割下午打稻，容易脱粒。若是机械收割，则应在午后（最起码是露水干后）进行。上稻场后应薄摊勤翻。下午晒稻时，一要防曝晒出现爆腰米，二要防雷阵雨。遇连阴雨天气则应及时烘干。此外，在田埂上扎一些稻草人，给水稻害虫的天敌以藏身之地，对双季晚稻很有好处。千万不要焚烧，一是会污染环境，二是易烧坏土地，三是有利后期虫害为害。

（2）单季稻。要注意清除田间杂草，同时注意防治水稻病虫害，主要是虫害。其余同双季晚稻。

（3）双季晚稻。同单季稻一样，本县是杂交稻、常规稻、籼稻、粳稻、糯稻样样俱全。本月中下旬移栽或抛秧。若是直播稻谷则应注意，一要选择早熟品种，二要力争在7月20日前完成。每早播1天，亩产相应提高10多千克，所以，应力争抢早。稻子是一种特殊的需硅作物，早稻收获后，应将秸秆及时翻压还田当作肥料，既可增产又可增强水稻的抗性。应施足基肥，每亩施用复合肥约25～30 kg加尿素

10 kg、氯化钾 5 kg。移栽或抛秧后 7 天之内应及时使用除草剂，并施用分蘖肥。7 月末要特别注意防治稻纵卷叶螟、二化螟、三化螟。在正确使用农药的同时应加足水量。近年来常常发生因药水浓度过大造成烧苗的现象，请农民朋友注意。

二、棉　花

棉花花铃期是营养生长与生殖生长并进的阶段，既要克服稳长不发，又要防止疯长。总的管理要求是在壮苗的基础上，合理促控，发棵稳长，重施花铃肥，补施盖顶肥。

(1) 及时去叶枝。一般要去 2 ~3 次，肥水好的棉田务必去彻底。7 月中下旬至 8 月初，对于棉苗及时打顶，长势旺的宜早。

(2) 及时中耕培土。保持土松草净，中间深、边上浅，以促进根系伸长。同时注意清沟排水、浇水抗旱。

(3) 重施当家肥。一般在 7 月 10 日前后每亩施用含量为 3 ×15 或稍高一些的复合肥 15 kg 左右。

(4) 补施盖顶肥。一般在 7 月底至 8 月初每亩施盖顶肥 10 ~15 kg。

(5) 化学调控。由于施肥不当或肥水相碰，棉株有疯长趋势，要立即控制。适时适量喷洒生长调节剂。每亩用矮壮素 3 ~4 g 或缩节胺 2 ~3 g 兑水 50 kg 对准生长点均匀喷雾。以早上露水干后和下午 4 时以后喷雾效果较好。对于后劲不足的棉苗或遇连续高温天气，则不喷或少喷。

(6) 防治病虫害。蕾期害虫以防治棉铃虫、盲蝽蟓、玉米螟、金刚钻为主，如有红蜘蛛发生亦应消灭。注意防治枯萎病和角斑病。

8 月份农事活动建议

本月 8 日立秋，23 日处暑。平均气温是全年最高的，即使在立秋以后也仍然会出现“秋老虎”，温度可达到 40 ℃左右。处暑以后，气温才逐渐下降，但雨量仍较少，加上持续高温，往往出现干旱现象。不过，对于南陵县来说，适当的干旱，稻田的有毒气体会因田开裂而排除，有利于稻根生长，农民会通过其他方式加强田间管理达到高产目的，故原来有农谚说：“大旱大丰收，小旱小丰收。”本月是许多农作物生长最旺盛的时候，也是许多害虫最猖獗的时候，所以，本月农事活动主要是防治病虫害。

一、水　稻

8 月初主要防治稻纵卷叶螟，今年比较严重，8 月 10 日至 12 日再防治一次。中旬后期则需注意防治水稻褐飞虱。较好的农药有锐劲特、乐斯本、毒死蜱、丙溴磷等，虽然贵一点，但效果好、持续时间较长。单季稻在本月由孕穗转向抽穗，田间无须长关深水，保持干干湿湿即可。双季晚稻由以营养生长为主转向以生殖生长为主。双季晚稻在施用分蘖肥、保持田间水层自然落干后，应注意晒田，晒到“人站不陷脚，田开鸡花裂；田面冒白根，叶色变淡发棵歇”为佳，这样才有利于水稻苗壮成长。

二、棉　花

主攻目标：“三桃”齐结，铃重籽饱，早熟优质不早衰。所以，应做好以下工作：

（1）补施盖顶肥。为了保证棉花叶色嫩过八月不早衰，增加铃重，在立秋前看叶色每亩补施盖顶肥尿素 3 ~5 kg。

（2）适时打顶。应及时打顶心，摘边心，整空枝，打老叶，防烂铃，确保后期生长正常，使上部多结棉桃。

（3）及时抗旱。花铃期是棉花需水最多的时期，抗旱浇水要及时。一般在出现连续高温烈日 7 ~10 天、中午棉花顶部叶片有微垂现象时，应及时浇水抗旱。浇灌时间一般从下午 4 时以后开始。要求沟灌，灌“跑马水”，不得大水漫灌。如遇持续干旱，应每隔 5 ~7 天灌一次“跑马水”。

（4）及时防治病虫害。要根据县植保部门的病虫情报，及时防治红蜘蛛、棉铃虫、斜纹夜蛾、蚜虫等，同时注意防治下列病虫害。

①棉叶螨：中等至偏重。当螨株率达 5% 时进行挑治，达 15% 时普治。亩用 15% 巴斯本乳油 20 mL 或 12.5% 蛛之杰乳油 20 mL 或 10% 红白煞乳油（三磷锡）20 mL，兑水 30 ~40 kg 对叶片背面细水喷雾。

②棉蓟马、棉蚜：中等。当棉蓟马有虫株率达 10%，棉蚜卷叶率达 10% 时，亩用 10% 大功臣 20 g 或 3% 阿达克 3 号 30 g，兑水 30 ~40 kg 喷雾，棉叶正反两面均要喷到。

③棉盲蝽：中等偏轻。当百株虫量达 10 头时，亩用 40.7% 同一顺乳油 60 mL 或 20% 扫虫好（毒死蜱）乳油 80 mL，兑水 30 ~40 kg 均匀喷雾。

④棉枯萎病：偏轻到中等流行，重于 2007 年。选用 15% 金萎灭悬浮剂 600 倍液或 50% 黄枯速克 800 倍液，对病株及周边健株灌根，每株灌药液 200 mL。

三、山　芋

（1）任何情况下不要翻蔓，因为翻蔓会导致减产。翻蔓造成减产的原因主要有三个，一是翻蔓降低了茎叶制造养分的能力；二是翻蔓使茎叶损伤后，刺激腋芽萌发，新枝叶成倍增长，消耗大量养分，输送到块根养分明显减少；三是破坏了不定根。山芋不定根具有固定植株和吸水吸肥功能，翻蔓后这些不定根上述功能受损，同时削弱了对不良环境的抵抗能力。

一般情况下不要提蔓。只有出现徒长趋势时，才可采用摘心、提蔓或剪除枯枝老叶的方法以抑制徒长。

（2）根外追肥。一般在收获前 40～45 天进行，每亩用磷酸二氢钾 150～200 g、尿素 500～600 g，将其先用温水融解，然后兑水 40～50 kg 均匀喷雾，可增产、提高品质。

（南陵县农业技术推广中心：束孝海　王泽松）

小常识：

什么时候打农药最好?

许多人认为，用喷雾器喷洒农药，中午效果最好。他们认为，中午是一天最热的时候，打出去的农药，因天气炎热，蒸腾散发作用较强，对农作物害虫的毒杀效果也应该是最好。其实这是一种误解。农作物害虫与其他生物一样，为了适应自然界，在长期的进化过程中“学会”了保护自己，中午处于“休眠”状态就是一种保护方式。这时害虫的新陈代谢水平很低，即使打了农药，对它们伤害也不大。而人反倒因蒸腾强度大将农药吸入体内，易造成中毒。这种情况在棉区尤为明显，许多人七八月份在植株高大的棉田内喷洒农药，被郁蔽在棉花植株下面吸入大量农药，出现中毒症状。

一般情况下，农作物害虫到下午三四点后才恢复正常的生理活动，所以，从这时到傍晚喷洒农药效果最好，特别是对稻纵卷叶螟等叶面害虫和处于植株地上部位的害虫更是如此。

9 月份农事活动建议

本月 8 日白露，23 日秋分，农历一般属八月。本月前期气温仍较高，常年旬平均气温在 25 ℃以上；进入中旬以后，由于北方冷空气频繁南下，时常有秋雨，故天气由热转凉，下旬气温下降比较明显，下旬平均气温在 22 ℃左右，所以农谚说：“一场秋雨一场凉。”对于人来说，应适当穿衣，对于农作物来说，则要加强田间管理，对于本月农事活动有如下建议。

一、水　稻

本月晚稻处于抽穗灌浆或临近成熟的关键时期，因此应特别注意。对于双季晚稻以及熟期较迟的杂交稻和粳稻，可采取如下措施：

(1) 施穗粒肥。预计9月10日至15日抽穗的，可于9月1日前后施用穗粒肥，每亩用尿素5～6 kg加氯化钾约3 kg（这是最佳措施），或在抽穗前后，每亩将磷酸二氢钾100～150 g、尿素500～1 000 g用温热水溶解后兑水至50 kg喷雾，可增加粒重，增强抗寒性。对于杂交稻尤其必要，因为杂交稻有二次灌浆的特性，否则大家会发现杂交稻后期叶尖发红或发黄，这是典型的缺钾症状。

(2) 开丰产沟。在稻田的中间和四周开沟，既有利于沥水防渍，更有利于养根保叶，使水稻后期生长更好。

(3) 酌用激素。若遇天气降温明显，有可能影响水稻抽穗的话，则应在冷空气到来之前2～3天，每亩将赤霉素（即“九二〇”）晶体1～2 g，用45度以上白酒化开，其他见包装说明，加到上面所说的磷酸二氢钾加尿素溶液中喷雾，以促进齐穗并增强抗寒性。此类激素对人体无害。南陵县素有水稻“秋分不露头，割掉喂老牛”之说，因此，对于在秋分前没有抽穗的晚稻，应特别注意使用“九二〇”促进齐穗。

(4) 防治病虫害。9月10日前后，六（4）代稻纵卷叶螟仍将大发生，防治稻纵卷叶螟选用丙溴磷、甲维盐、氟虫腈、阿维菌素等。

9月20日前后，稻褐飞虱又将大发生。掌握田间虫情，选择对口药剂是有效防治的关键。褐飞虱卵孵盛期及低龄若虫期，可选用扑虱灵（噻嗪酮）兑水喷雾，或选用锐劲特、毒死蜱喷雾；田间有一定数量高龄若虫或成虫时，可选用锐劲特、扑虱灵加毒死蜱或扑虱灵加异丙威、速灭威等氨基甲酸酯类药剂，也可使用扑虱灵与氨基甲酸酯类农药的复配制剂（如速扑灵、好虱灵、速虱灵等）兑水喷雾，重发田块需适当提高亩用药量。田间关水5～7天有利于害虫死亡。无水田块可选用敌敌畏拌毒土撒施。对处于乳熟期，离收获不到15天稻田的防治，应选用敌敌畏拌毒土的方法。

某些品种水稻容易发生穗颈瘟和谷粒瘟、枝梗瘟等稻瘟病，最简易也是最有效的药剂是用三环唑或三环唑·硫磺合剂进行预防，最佳的防治时期是在水稻抽穗前5天左右。若已经发生稻瘟病，则可用富士1号、稻瘟灵、瘟特灵等防治。

稻曲病是又一种易对水稻生产危害严重的病害。可在水稻抽穗前与稻瘟病同时预防，加入爱苗或井冈霉素等，防治效果在90%以上。许多农户在发生以后才防治，但为时已晚，结果是仅能控制不蔓延而已。

一季稻中的籼糯稻，大部分将在中秋节前收获以卖个好价钱，所以，田间不要断水过早，以保证米粒的完整性和韧性。

二、油　菜

本月油菜开始育苗。对于采用超稀植栽培的油菜，应在9月5日前播种育苗。其他油菜则可于中下旬育苗。不过可以肯定的是，越适当早播，苗越壮，则后期产量越高。

(1) 壮苗标准。绿叶8～9片，苗高8～9寸，茎粗8～9 mm。

（2）适用品种。当前适宜本地栽培的油菜品种主要有：皖油、蓉油、川油、浙油、秦油、油研系列等。

（3）苗床选择与处理。苗床应选择离水源较近、土质肥沃的轻壤土或砂壤土，犁耙至土细田平草净，开沟做畦，畦宽 1.3～1.5 m，畦沟深、宽各 23～27 cm（7～8 寸）。基肥每亩施腐熟人畜粪 20～30 担，过磷酸钙 20～30 kg 或复合肥 15～20 kg。每亩苗床播种 0.4～0.5 kg。播后泼浇稀人粪尿，撒细土灰盖籽。

（4）苗床管理。一～三叶期共间苗三次，定苗时达到"三寸见方一株苗"，间苗时做到：除密留稀，除小留大，除弱留强，除病留健。间一次苗，追一次肥水。五叶期前促苗，浇水浇肥。五叶期后控苗，停水停肥炼苗。移栽前 5～7 天施少量氮肥作送嫁肥，移栽前 1 天浇透水。

（5）植保措施。苗床勤除草，防治幼苗猝倒病和根腐病。对菜青虫和黄曲条跳甲可用高效氯氰菊酯或氧化乐果等防治，对于蚜虫可用吡虫啉类药剂（如"同一顺"）防治。

三、棉　花

主攻目标：防止早衰，提高铃重。故应采取以下技术措施：

（1）适当整枝，改善通风透光条件。要摘老叶，剪空枝，摘除 9 月 20 日以后的无效花蕾。

（2）抓好防病治虫关。对红铃虫、棉叶蝉、红叶茎枯病等，要根据县植保站的病虫情报进行防治。

（3）根外施肥防早衰。棉花生长期较长，后期棉根在土壤中吸收养分能力减弱，根外施肥显得尤其重要。从 9 月上旬开始，每亩棉花用磷酸二氢钾 100～150 g 加尿素 1～1.5 kg，兑水 50 kg 对叶面喷雾。喷雾时间以下午 4 时以后为好，每隔 7～10 天喷一次，要连续喷 2～3 次。

（4）适时采收。及时采收"笑口棉"，抢摘烂桃。认真做好"四分"，即"分收、分晒、分存、分售"，确保丰产丰收。

10 月份农事活动建议

本月 9 日为"寒露"节气，地面有"寒露"；24 日为"霜降"节气，但近年来南陵县一般不会在这段时间有"霜降"，大约要到"立冬"节气以后才会见霜，这就是农谚所说的"一场秋雨一场凉，十场秋雨见寒霜"的缘由吧。10 月上旬，旬平均气温仍有 20 ℃左右，中旬有 17 ℃左右，下旬仍有 15 ℃左右，所以，本月对双季晚稻和油菜秧苗生长十分有利。现将本月农事活动建议如下。

一、水　稻

本月南陵县一季稻基本收获，双季晚稻收获期从烟墩的10月下旬初到太丰圩的11月底，相差约40天，但10月上旬至中旬基本处于乳熟期和腊熟期。籍山、弋江、许镇等地，因土层深厚、供肥能力强、涵养水分足，故稻谷籽粒灌浆时间长，农民称之为“养老稻”，对提高单产和出米率都十分有利。主要应注意：

（1）不可断水过早。断水过早，则籽粒不饱满，产量降低，米质也不好，以收割前一周左右断水为宜。现在有不少农户实行油菜或小麦免耕，因此，保持田间水分对下茬免耕种植也很有利。

（2）注意防治稻瘟病。有些品种不抗稻瘟病，在快要成熟时仍然感染稻瘟病。有的是谷粒瘟，有的是枝梗瘟，有的则是更严重的穗颈瘟，均可用富士一号、富士五号、稻瘟灵、瘟特灵等防治。

二、油　菜

本县直播油菜已越来越少，所以主要谈油菜育苗和移栽。

（1）苗床管理。苗床前期适当促苗，水肥要勤施、少施，五叶期后适当控苗，防止出现“高脚苗”，一～三叶期间苗3次。第一次间苗在齐苗后进行，做到“根不连根”；第二次间苗在幼苗长出第一片真叶时进行，去小留大，去弱留强，做到“苗不挤苗”；第三次在三叶期定苗，做到“叶不搭叶”。

苗期危害菜苗的病虫害主要有病毒病、蚜虫、菜青虫、黄条跳甲、菜螟等，可用吡虫啉加高效氯氰菊酯等药剂防治，还可加适量多效唑以培育矮壮苗。僵苗要促，旺苗要控，壮苗要炼。移栽前7天施“起身肥”，分期分批移栽。

（2）大田移栽。在旱地移栽，土地及时耕翻自不必说。若在稻田移栽，则应在水稻收获前开沟沥水，收获后选择干湿适度时及时翻耕。若因田僵泥烂，难以翻耕，则干脆实行免耕移栽。

在大田整地时，要开好“三沟”，即畦沟、腰沟、围沟配套（免耕田更要开好三沟），使水流畅通，雨停沟干。

基肥施多少为好？肥力上等的田块，基肥占50%左右，复合肥约50 kg；肥力中等的田块，基肥比重占总施肥量的30%～40%，一般每亩施40～50担人畜粪或较高含量复合肥30～40 kg；瘦田还要更少一些，中后期可适当补足。施肥量较少时，基肥比例则应更小，以提高肥料利用率，达到经济用肥的目的。

每亩移栽多少油菜苗适宜？应根据油菜苗的叶片和土壤肥力来决定。5～6片的，每亩栽1万～1.2万株；7～8片的，每亩栽0.8万～1万株；9～10片的，每亩栽0.5万～0.6万株，甚至可以像芜湖县的全国劳模杨良金那样每亩栽4 000株。

油菜移栽，要做到“根叶全，入土正，距离匀，土壅实”。

11 月份农事活动建议

本月 8 日为“立冬”节气，23 日为“小雪”节气。常年降水量 60 mm 左右，从上旬向下旬逐渐递减；气温变化比较大，最高时 29.5 ℃，最低零下 4 ~ 5 ℃，1999 年 11 月 27 日还曾出现过“雪压田中稻”的现象。常年平均气温，11 月上旬 13.7 ℃，中旬 11.1 ℃，下旬 8.1 ℃，全月平均 10.9 ℃，尚未进入冬季。本月是小麦播种、油菜移栽、晚粳稻最后收获、棉花最后采摘的阶段。故农事活动建议如下。

一、小　麦

有两句关于种植小麦的农谚，一是“霜降早，小雪迟，立冬种麦正当时”，说的是小麦播种的适宜季节；二是“人怕老来穷，麦要胎里富”，说的是小麦生长前期对肥料的需求量很大。所以，种植小麦首先要抓住季节，其次是施足基肥。

由于气候原因，南陵县小麦在春季遇潮湿天气时易感染赤霉病，而目前比较耐赤霉病的品种是“扬麦 158”或称“扬麦 6 号”。

穴播时，株行距以约 6 寸较好，麦田墒情好对麦种发芽有利。在凼中施下少量复合肥，亩用量 30 ~ 40 kg，然后播下麦种。施用种肥时，不可用尿素，因其产生的“缩二脲”易对种子造成伤害。

若是撒播，应保证麦种“落到实地”，然后开排水沟并将土均匀地撒在麦畦上，总之应将麦种覆盖严实，免得鼠雀为害。畦面湿润最好，喷除草剂对防除杂草最有利。麦苗出土后及时施用苗肥，可用复合肥，也可用尿素、过磷酸钙和氯化钾拌和成复混肥兑水浇施。小麦在冬至前浇 3 次，肥料总用量控制在每亩 50 kg 左右，水要用足浇透。注意，在施足氮肥的同时一定要用足磷钾肥，小麦才能安全越冬并发育成壮苗。用腐熟的人畜粪尿加磷钾肥对小麦生长最有利。

无论是穴播还是直播，用有种子包衣剂的麦种最好。农户也可用多菌灵等药剂拌种，能预防多种病害。每百斤麦种仅需 150 g 多菌灵粉剂，省事、便宜而且高效。

至于除草剂，应根据是阔叶草还是单子叶杂草或是兼而有之，分类选择药剂。现在的药剂生产大多比较规范，所以农户可直接咨询经销商。

二、油　菜

关于油菜移栽，在 10 月份农事活动中已经介绍，这里强调四点：

（1）旱地种植要保证有充足的墒情，以利菜苗成活。

（2）无论是在旱地种植还是在湿烂稻田移栽油菜苗，都要注意浇足水分首先保证油菜苗成活，然后再强调施肥。

（3）在泥泞稻田种植油菜，开好“三沟”十分重要，因为田间不渍水才能有利于油菜根系舒展和下扎，否则，春季易倒伏并且易患菌核病。

（4）在油菜苗成活后再及时勤浇苗肥，既不能在尚未活棵前浇肥，也不能在活棵后浇肥不及时。俗话说：“人要交心，菜要浇根。”就是说施肥时该浇到菜根附近，才能有利于菜苗生长。

三、红花草

本县现有红花草 20 余万亩，在全国几乎是唯一大县，是红花草种子的唯一种源，而且春季景观也很独特，所以本县农民应十分珍惜这一资源。本月农事活动应注意的是：

（1）清沟沥水。红花草喜湿却又怕渍，所以清沟沥水十分重要，有利于根系下扎。农谚有“开沟深一寸，花草多一吨”“花草三道弯，产量一万三”，说的就是这个道理。

（2）以磷增氮。红花草是喜磷作物，撒施磷肥对红花草茁壮成长、安全过冬十分有利，“以磷增氮”“用小肥换大肥”是对红花草种植的很好概括。每亩撒施过磷酸钙 25 kg 左右即可。

（3）全面覆盖。这也是保护红花草安全越冬的一项十分简便而又有效的措施，这种措施就是将稻草等作物秸秆散乱地撒在田间红花草上。撒草木灰更好，因为黑色更易吸收阳光、增加热量。

越冬作物管理技术

前一阶段，南陵县小麦长势不齐，苗情差异大；油菜播栽期推迟，移栽质量差，生长速度缓慢，生长量比常年同期减少；紫云英前期长势过旺，积雪融化后受冻害、渍害影响，生长速度明显变慢，甚至部分已经死亡。近期又逢雪灾，为了减轻灾害带来的损失，特提出以下几条措施：

（1）清沟沥水。对于在田作物，一定要清沟沥水，防止因渍害造成在田作物腐烂和死亡。

（2）中耕松土。开展中耕松土，有利于消灭杂草，破除土壤板结层，增强土壤透气性，提高地温，改善土壤的水、肥、气、热状况，防止僵苗，促进根系生长。尤其是油菜，结合中耕培土尤为重要，对保证油菜安全越冬具有重要意义。

（3）追肥提苗。对于底肥不足、有缺肥症状或遭受冻害的小麦、油菜，应追肥提苗，每亩施用尿素 10 kg 左右、氯化钾 3 ~ 5 kg。在目前天气条件下，只要油菜芯未被冻死，适当施肥仍能很好生长。对于长势正常的油菜，开春后应根据苗情适当施用蕾薹肥，每亩施用尿素 5 ~ 10 kg、氯化钾 3 ~ 5 kg。长势正常的小麦，则在开春后根据苗情施用返青拔节肥，一类苗少施或不施，二、三类苗施肥数量要比上述油菜施肥量大一些。

对于紫云英，除了清沟沥水外，还要每亩施用磷肥 10 ~ 20 kg、氯化钾 3 ~ 5 kg，并用碎稻草撒匀覆盖，以防冻害。

（4）适当增温。在小麦、油菜行间铺盖秸秆或撒施切碎的秸秆、草木灰等，可保持地温相对稳定。对于大棚内的作物，如蘑菇、蔬菜等，可采用人工增温、适量施肥的办法。

（本文是笔者于 2010 年 2 月 1 日代南陵县农业技术中心写的越冬作物生产指导意见。）

建 言 立 论 篇

论早稻的高产、优质、高效问题

摘　要：针对早稻生产目前暂时处于低潮的局面，强调了早稻生产对于全年粮食生产和国民经济的意义，概述了早稻米及其副产品的优点，进而论述了早稻达到高产、优质、高效的四条措施：选育两高一优优良品种，优化栽培技术，采用先进的加工工艺，改进食用方法。

关键词：早稻；高产；优质；高效

一、早稻生产的意义

自1992年9月国务院作出关于发展高产、优质、高效农业的决定以来，不少专家学者畅所欲言，各抒己见。但据笔者陋见，这些见解或者围绕宏观调控、政策措施高谈阔论，或者围绕单季稻的高产、优质、高效展开；而对于早稻生产，因其灌浆成熟期往往遇到高温伏旱等原因，以为在高产，特别是优质、高效方面似乎无戏可唱，其实不然。对于秦岭、淮河以南稻区来说，早稻生产起决定性的“自由度”作用。早稻面积定夺以后，中籼稻、单季晚稻、双季晚稻才能依次安排妥当，早稻的优质、高效更是大有文章可做。

中国是世界稻米生产第一大国。1990年，中国稻谷收获面积为4.96亿亩（约合3 300万 hm^2），占世界稻谷收获面积的22.7%。稻谷总产1.92亿t，占世界稻谷总产5.2亿t的36.87%，约占世界谷物产量的十分之一，这说明中国的稻作生产技术是比较先进的。这其中，早稻种植面积为1.4亿亩（约合930万 hm^2），占1/3.5，而产量为4 800万t，占1/4。

早稻米，主要供双季稻产区人民食用，小部分参与流通。进入九十年代，双季稻产区与其他粮食产区一样，出现卖粮难的情况。卖粮难，主要是卖籼稻难，卖早籼稻更难。1992年夏秋季，早稻每吨仅卖340元，还鲜有人问津。农民两季稻每亩纯收入仅206元！如此微薄的收入，极大地损害了农民的利益，极大地挫伤了农民的种粮积极性，导致早稻种植面积大幅度下降。1994年全国早稻种植面积仅有1.1亿亩（约730万 hm^2），比1990年减少21.5%，两季稻面积共减少6 000万亩（约400万 hm^2）。

在双季稻区曾有这样一种说法：“三三见九不如二五一十。”意思是说，一季杂交稻与一季杂交油菜的效益好于双季稻加一季油菜。这种说法以前不正确，现在就更不对。比如，一季杂交稻亩产600 kg，每千克1.56元，产值936元；一季杂交油菜亩产225 kg，每千克3元，产值675元，合计1 611元。另一笔账，一季早稻亩产420 kg，每千克1.5元，产值630元；一季晚粳亩产450 kg，每千克2元，产值900

元；一季常规油菜，亩产120 kg，每千克3元，产值360元，合计1 890元，高于两杂收入279元，折每公顷近4 200元，仅1994年减少的200万 hm^2，少收稻谷810万t，就减少收入84亿元。

安徽省南陵县农民很会算这笔账，他们也办乡镇企业，他们也外出打工，但“不管东西南北风，抓住双季不放松”。南陵县作为国家级优质米基地县和商品粮基地县，双季稻种植面积多年来一直稳定在水田总面积的75%～80%，根基稳如泰山。所产早稻交足国家的，留足自己的，少量参与流通；晚粳稻米几乎全部外销，借助于两条国道，流向苏、浙、皖，畅销沪、宁、杭。“芜湖米市”日趋萎缩，“南陵米市”蒸蒸日上。

1993年春，笔者在一篇文章《论长江中下游地区早稻优质化问题》[1]的文章中曾发出“警告”，一味强调单季稻而忽视双季稻，很有可能在不远的将来受到惩罚。此话仅过半年就不幸言中。由于种植面积减少，加上自然灾害（包括国外大规模向中国购粮）导致粮价飞涨：籼米市场价10月份吨价为800元，11月份猛增到1 300元，涨幅为62.5%；粳米由1080元猛增到2 100元，涨幅接近一倍，以至于时任农业部长刘江在1995年2月19日南方稻区生产工作会议上大声疾呼扩大早稻乃至双季稻面积，提高单产，增加总产。尽管如此，据报道，1995年全国早稻面积仅增加20万 hm^2，增长2.7%。从目前粮食行情来看，形势依然严峻。为此，笔者认为有必要向国家决策机关及南方稻区各级政府大声疾呼：改变对早稻生产的偏见，扩大早稻乃至双季稻的种植面积200～500万 hm^2，增加粮食总产，满足人民日益增长的粮食需求！

二、早稻的优点

早稻米难卖是因其垩白多，卖相难看。其实，早稻米往往有其他稻米难以具备的优点：

1. 卫生、安全、无公害

许多人喜食杂交米，认为它“爽口”，对早稻米不屑一顾，认为它“卡喉咙”。但农民却另有说法，他们认为杂交稻米“米不养人，糠不养猪，草不熬火”。他们知道，杂交稻是靠农药“保”起来的：杂交稻生长优势强，叶色浓绿，容易招致病虫害。为了防治病虫害，农民往往大量使用农药。除井岗霉素等极少数农药无毒或低毒外，其余多为中等至剧毒农药。故稻粒、秸秆中往往有相当数量的毒性物质积累，对人畜有一定程度的不良影响（注：本段描述的是写作当时的情况，后来有所改变），所以农民不太喜食杂交稻米，多食用自己圈定的未打、少打农药的早稻米。

早稻则不然。由于其生长期间病虫害轻，所以很少使用农药。许多农户考虑到

〔1〕《论长江中下游地区早稻优质化问题》刊登在由中国农学会、农业部科学技术委员会主编，中国农业科技出版社出版发行的《我国高产优质高效农业问题研究》一书第396－399页，本文系在该文基础上扩充了部分内容。

自己食用，宁可减点产，也不轻易使用农药。这样早稻的米粒、谷壳，秸秆中的有毒物质微乎其微，长期食用“不伤人”，这也就是双季稻区人民喜爱食用早稻米的主要原因。

这里似乎可以提出两个不等式：优质稻≠无公害水稻；早稻≠优质稻，但趋近于无公害水稻。

2. 营养价值高

早稻米中蛋白质含量多在10%以上，高于粳、糯米约2个百分点，不仅人们长期食用营养价值高，而且因为它几乎无毒还是优质饲料。最明显的例子是养鸡。鸡吃早稻谷粒时生长产蛋都很正常，但改喂晚稻谷粒，鸡的头部往往长“痘”，产蛋也停止，这就是因为晚稻在生长过程中为了防治病虫害，使用农药次数频繁，量大过浓，稻谷中残留的有毒物质含量超过了鸡的耐受能力，从而出现中毒症状造成的。

3. 易于消化吸收

早稻米中直链淀粉含量较高，热值较低，食用后很快就会产生饱的感觉，且易于消化吸收，不会引起肥胖症。即使偶尔食用过饱，直链淀粉也会在胃酶的作用下很快消解。其次，早稻米在胃内不会引起“反酸”，即使是早稻优质米也是如此，而其他优质米及粳米，许多人在食用后往往因胃酸分泌过多而产生“烧心”“吐酸水”现象。

早稻优质米之所以适而不酸，是由它本身的内在基因与它成熟于夏季高温期两种因素共同决定的：内在基因决定了它米质较优，夏季高温促进灌浆速度较快，米粒结构略松，爽口而不黏腻，故不易引起“反酸”。

4. 副产品好

早稻副产品为糠和草。猪吃早稻糠，牛吃早稻草，生长都很好；改喂晚稻副产品，多产生累积性中毒症状，原因与前面所述养鸡情况类似。

早稻草还田可使稻田土壤松软肥沃，且因秸秆硅、钾含量高，所以可使双晚及其他作物秸秆健壮，增产增收。

5. 市场前景乐观

这是笔者调查研究后的新发现。近年来，随着优质早稻品种不断涌现，优质早稻米也开始上市。它米粒细长，长宽比适中，无残毒物，爽而不腻，适而不酸，食味怡人，所以其市场价格已与其他杂交米分庭抗礼。农民每生产1 t优质稻谷可比同期中劣质早稻多收入60元。

三、实现早稻“两高一优”的主要途径

如何使早稻生产能达到高产、优质、高效？可以从选育高产优质良种、优化栽培技术、采用精米加工工艺、发挥市场机制、改进食用方法等方面入手，其中，选育高产优质品种是基础。

（一）选育两高一优良种

20世纪80年代以前，集高产、优质、高效、抗逆性强于一身的早稻优良品种很少。80年代后期以来，由于采用现代化育种手段，这一类品种如湖南软米、湖北黄州贡米、孝感太子米、江西赣早籼26、浙江嘉兴香米和舟903、四川泸早872、安徽89402等优质米品种脱颖而出，达到中优质米标准的则更多，而且还不断有新品种涌现。南陵县作为国家优质米基地和商品粮基地，近年来先后引进了如怀4240－21（湖南怀化）、浙辐37、浙辐218、嘉兴香米、浙9248、舟903、泸早872、赣早籼26等高产、优质品种，使早、晚稻都有优质米贡献社会，较高的效益保证了基地的巩固和全面、稳定发展。

（二）优化栽培技术

作为一名基层农技推广人员，笔者以前曾推广过多项水稻栽培技术，如江苏的叶龄模式、浙江的“稀、少、平”、安徽的“四少四高”等。笔者根据近年来的对比试验、示范和推广，认为要真正实现早稻的高产、优质、高效生产，目前最宜推广的技术就是旱育稀植加抛秧！水稻旱育稀植技术由日本的稻作专家原正市先生传入我国，经过数年的实践、探索和改进，推广面积成十倍、百倍地扩大，主要优点是“四早、五省、两抗、两增”。

（1）四早：早播、早栽、早收、早让茬，有利于后茬丰产。

（2）五省：省秧田、省地膜、省肥料（各节省八分之七）、省种子（二分之一），省工时。

（3）两抗：即抗涝、抗旱。这是由于旱育秧移栽大田后“爆发力”强，植株比同期品种高大健壮，根系发达，一般内涝不易受淹，有旱情也能抗住。1994、1995两年的灾情考验已经证明。

（4）两增：即增产、增收。一般可比同一品种亩增产50～70 kg甚至更多，增产幅度达13%～20%或更高，每亩由此增加收入75～100元。

经探索、改进的早稻旱育稀植技术主要内容如下：

1. 适期早播、旱播，培育多蘖壮秧

旱育壮秧根系发达，大维管束多，所以栽后“爆发力”强，成活快，植株健壮，营养物质输送通畅，有利于灌浆结实，提高结实率；不仅有利于高产，而且也有利于提高稻米品质，这就是农谚所说的“秧好一半稻”。旱育壮秧的大致标准是：苗高三四寸，绿叶三四片。粗短白根多，基部茎宽扁。踩后苗能挺，叶绿宽老健。为达到此目标，需采取下列措施：

当日平均气温稳定通过10 ℃后，在已选定的肥沃菜园土或旱地苗床上，用敌克松液消毒并一次性浇透水，次日播种并覆盖地膜，保温保湿促苗促壮。待秧苗长至一叶一心期时，即开始揭膜通风透气炼苗，并喷施万分之一的多效唑溶液以控高促蘖。为便于农民理解，我们概括为“一、二、三”，即在10平方米的苗床上，用15%多效唑2 g兑水3 L均匀喷雾，以后“三揭三盖”（晴揭雨盖、日揭夜盖、热揭寒盖）至移栽。只要苗床土肥沃，一般可不再施肥。采用旱育稀植技术育秧，比湿润育秧可提早10 ~ 15天播种，成熟期相应提前5 ~ 7天。

其他常规湿润育秧技术，许多教科书和资料中早已介绍，此处从略。

2. 合理稀植

对于许多农民来说，栽秧往往是丛内密、穴间稀，即每丛基本苗在10根以上，栽插穴间距在20 cm × 20 cm以上，即每亩少于1.7万穴。丛内密，后期纹枯病重，易招致病虫害，单株产量不高；穴间稀，全田总体有效穗少，产量自然不高。而旱育稀植大田栽培，则要求适当双稀：穴内苗3 ~ 4根，穴间距16.7 cm × 16.7 cm，每亩2.4万穴左右。秧苗不是“栽”，而是“摆”：右手拇指与食指从秧座中取少量秧苗摆于田中（因苗矮不可能深栽），这样自然就浅，有利于低位分蘖早生快发，搭好丰产架子。即使是其他方式育成的大壮秧，也以适当浅栽为好。

3. 优化配方施肥

优化配方施肥，不仅有利于高产、抗逆，而且有利于改善米质。在操作时要做到“三结合，三为主”。

首先，在施肥种类上，要做到有机肥与无机肥结合，以有机肥为主。这是因为有机肥种类多样，养分齐全，肥效长而稳。与无机肥共同作基肥，可以保证秧苗前期“轰得起”，有足够的苗数，又可保证后期不早衰。早稻抽穗后泼浇少量稀的农家肥（最好是人粪尿）或叶面喷肥，可增加产量，改善米质，提高经济效益。这就是农民常说的“扬花粪勺响，还有五斗粮”。

其次，在营养成分上，注意氮、磷、钾、微（肥）结合，以氮为主。合理使用氮肥，是使植株生长繁茂，增加蛋白质含量，降低腹白率，提高稻米产量和品质的关键因素。配以适量的磷钾肥，可以促进光合产物的产生、运输和吸收，增强抗病虫害能力，不仅能增产，而且可以明显提高稻米中蛋白质和其他有益成分的含量。早稻生长期间，N : P_2O_5 : K_2O的施用比例一般以2 : 1 : 2或2 : 1 : 3为宜。微肥（锌、铁、锰等）应根据土壤测定结果酌情施用。

第三，在施肥方法上，注意基肥、追肥相结合，以基肥为主，采用“前重、中控、后补足”的施肥原则。早春气温低，大田插秧要施足基肥，促使秧苗一轰而起，保证有充足健壮的个体。一般基肥施氮量占总施氮量的60% ~ 70%，磷素占100%，钾素占60%。安徽农业大学黄仲青教授等人根据安徽省双季稻生长期偏紧的实际，提出蘖肥基施，当可施行。余下的氮、钾肥在剑叶刚露尖时（即抽穗前半个月）追施。在抽穗后还可补施叶面肥2 ~ 3次。叶面喷施氮磷钾混合液，不仅可使单产稳中有升，而且可明显提高稻米品质。

4. 科学管水

早稻大田水浆管理的方法，仍是老百姓那句话：“浅水栽秧寸水活，干干湿湿到收割。”秧苗薄水浅栽，有利于根正苗稳，寸水利于返青活棵。促发分蘖后，一般以间歇灌溉为主。需要特别提出的是，早稻生长后期，往往不是大雨滂沱，就是高温干旱，应及时排灌。间歇灌溉，适时晾田，适当减少水分，可减少腹白，增加蛋白质含量，对产量和米质都有利。有条件的地方实行喷灌，效果更好。

5. 综合防治病虫草害

在早稻生长中、后期，影响产量和品质的主要是三虫三病（即稻螟虫、稻纵卷叶螟、中华稻蝗，纹枯病、稻瘟病和白叶枯病）及田间杂草。对于杂草，可在秧苗返青后耘田2次，将杂草消灭在萌芽状态，并促使稻棵健壮生长，以抑制杂草。病虫鼠害，应采取改善栽培条件等农业措施防治；必须使用农药时，应选用生物农药或高效低毒农药，尽量减少稻谷中农药残留量，使稻米符合国家卫生标准。

6. 适时收割，合理干燥

收割早或迟，对水稻产量和品质的影响都很大。收早青粒多，籽粒不饱满；收迟落粒多，爆腰米多，都会降低产量，影响米质。一般在稻粒有80%～85%成熟时收割为好。

收割后的稻谷，若是上午脱粒上晒场，要薄摊勤翻；若是下午晒场，则应厚摊勤翻，防止稻谷受热过急，发生爆腰。爆腰稻谷一经脱壳，即成碎米。若用机械烘干，一般以低温匀速烘干为佳，可保持米粒完整性、米质的高品位。

（三）采用先进的加工工艺

1. 采用先进的加工设备

农村多数地方采用的是小碾米机和某些企业生产的高能耗设备，加工后碎米率高，营养损失大，不可采用。应选择能耗低、有完整工艺流程的精米加工设备。虽然一时投入较大，但长远效益好。

2. 采用先进工艺

精米分级加工工艺的具体措施是：

（1）在稻谷入砻前用高频除稗筛进行粒度分级，两层小筛除稗率达85%以上。

（2）入碾前，用选糙的平转筛、比重分级机进行质量分级，筛下净糙含谷少于每千克10粒即可。

（3）二次去石，多机轻碾。

碾白工艺线路：粗砂轻石→中砂低压快速碾削→铁辊高压慢速擦离→铁辊中压低速成型，最后精制得免淘洗的食用米。

3. 制蒸谷米

对脱粒后的稻谷，可在加工前进行蒸煮，制成蒸谷米，使米粒硬韧，在碾米时不易破碎，品质良好。加工后蒸谷米，食味和品质一般都比生精米好。浙江湖州的蒸谷米自宋朝以来就很有名，近年来仍畅销中东各国。

（四）改进食用方法

“吃”是文化，其中也有学问。无论是优质米还是中质米，只要注意“吃法”，也可“回味无穷”。

（1）吃新米：一般说来，早稻收获后一个月内，其内部物质仍在不断转化，且以可溶性糖为主，故此时加工出来的碎米率较高，煮粥香甜，但煮米饭口感欠佳。贮存一个月后，稻谷内部各种物质基本稳定，只要贮存得当（控温控湿），且加工条件好，在收获后一两年内加工出的米，其商品价值仍很高。时间再长些的陈稻谷，其内部物质发生多种生理生化变化，加工出的米，食用品质下降明显，故提倡在有条件的地方食用当年新米。

（2）掺优：即在中、劣质米中掺入少量优质米，特别是香米。各人可根据口味，掺入10%～40%。这样做可以明显改善中、劣质米的食味。若是加入一点儿香米，蒸煮时香气扑鼻，沁人心脾，食用香甜爽口，可食欲大增。优质米往往比较黏腻，许多人吃不惯，而采用掺优的办法，将优、中、劣米同锅蒸煮，往往相得益彰。

（3）预浸：早稻米除糯米外，直链淀粉含量一般较高（>20%）。无论是籼米还是糯米，只要条件允许，就应该上餐先淘下餐米。米淘洗后浸于水中置于阴凉处，米吸收水发生物理性膨胀，下餐蒸煮时自然比较松软。

（4）用铁锅煮饭：铝锅一般呈圆柱状，煮饭时，由于米、水的重力垂直向下，受力面积小，故米在铝锅内膨胀程度小，饭就比较“硬”。而同样数量的米和水在铁锅内，因锅呈球缺状，着力面积大、压强小，而且锅下火力均匀散开，故米在锅内膨胀程度大，饭就松软可口。很多人都有这种体会。

（5）用压力锅煮：家用压力锅一般有3～5个大气压，煮的饭米粒膨胀得并不大，但油润爽口。

（6）用冷水煮：即让米在加热过程中逐渐吸水膨胀，保持米粒的完整性和均匀性。这样做的好处是比热水煮的饭松软可口。

（7）加水适量：有些人以为优质米仍像中、劣质米一样“胀锅”“出饭”，因而往往与煮中、劣质米一样，加同样多的水，结果往往“糊汤”，粥不像粥，饭不像饭，弃之可惜，食之难咽。

其实，早稻优质米与其他优质米类似，直链淀粉少、糊化温度低、吸水膨胀率小，故蒸煮时放水量应比直链淀粉和糊化温度均高的中、劣质米少20%～30%。每千克米大约兑水1.5～2 kg。若以手平按米表面，水比米高约2 cm。

（8）加入适量的添加剂：最简单的办法就是用pH大于8或含盐量万分之三的水煮饭，有利于蛋白质转化，可以增加食味。有条件的可用具有凝胶作用的多糖类（如明胶、果胶）处理米或米饭，能改善米饭的味道，可使陈米做出的米饭味道接近新米饭，而且冷藏米饭时，也能抑制米饭品质下降。若使用专用米粒添加剂并辅以卵磷脂、维生素、有机酸钙等强化剂，能有效地提高淀粉糊化率，煮出的米饭软硬适中，富有弹性，食感良好，且便于贮存。

以上所述仅是煮米饭所采用的部分方法，至于粥或其他米饭制品，在我国民间各有妙方，因篇幅所限，此处从略。

四、结束语

早稻优质化是一个复杂的问题，也可以说是一个“系统工程”，内容许许多多，涉及方方面面，绕不过去也躲不开。忽视双季稻，特别是起决定性“自由度”作用的早稻生产，很可能在不远的将来受到惩罚，只有迎上去系统地解决它，才能保证我国到2000年粮食总产5亿吨目标的实现。

南陵县种植业结构调整调查与建议

鉴于南陵县目前早籼稻米质差，难销售，占据大量资金和库容的实际情况，最近，县委、县政府决定在今后的两三年内将早稻种植面积由目前的34万亩压缩到20万亩，调减幅度超过40%！这项重大决策，对已习惯于种植双季稻的农民来说，对已习惯于指导农民种植双季稻的农技人员来说，无异于石破天惊！

调整下来的十多万亩早稻田种什么？能否卖得掉？能否使农民增加效益？带着这些问题，笔者做了一些调查，调查对象上至县委、县政府原来的同行，下至专注种田的农民。通过调查笔者认为，调减幅度大，难度大，但只要因地制宜，加强引导，典型引路，问题并不难解决。

一、关于调减下来的早稻田的种植业结构调整

1. 改种单季稻

南陵县城关及西部九乡镇（家发、工山、戴汇、绿岭、何湾、丫山、烟墩、三里、峨岭）的许多农田，种植双季稻的热量条件较欠缺，土质也较瘠薄，既不高产也不高效，可以以行政村为单位，成建制或成片改种单季稻。可以以“双杂”种植模式为主，即杂交稻—杂交油菜。除了杂交稻，还可以种植其他优质、高效的籼、粳、糯稻。稻茬收获后，除了种植杂交油菜，还可以种植其他高产、优质、高效、畅销的农作物。如果工作开展得当，可“消化”掉8万~10万亩。

2. 稻田改种棉花

这方面工作开展得较为成功的有无为县和含山县的运漕镇。经过多年努力，这两个县在原本肥沃的稻田中改种棉花，取得了很好的效果，受到农民欢迎，种植面积也越来越大。南陵县近年已取得初步成效的有太丰乡、工山镇桂镇村、三里镇西

林村。因此可否在奎湖大桥至张公渡大桥科技示范区内建一个示范片？力求一举成功，以点带面，大力推广。棉花不愁销，每亩效益千元左右，比一季稻高。若工作开展得当，可“消化”掉2万~3万亩。

3. 改种蔬菜瓜果

可在沿青弋江两岸自南向北的三十多千米和沿318国道自东向西的十多千米的“T”字型范围内进行。这里土质适宜（含砂量高、渗水性好），交通运输便捷，农民较有经验。大暑前收获结束时，还可种植一季双季晚稻。水旱轮作，用地养地，还能高产、优质、高效。弋江镇附近可发展蔬菜大棚种植，反季节栽培，利用季节差赚钱。

此方法存在的问题有：

（1）部分群众和干部的观念一时难以转变。

（2）大面积改制，技术指导一时难以跟上，需尽早对农技人员和农民进行技术培训。

（3）稻田长期使用除草剂，对改种后的旱地作物生长可能有不利影响，有些可能是致命的影响，如杀稗剂二氯喹啉酸对茄科（辣椒、茄子类）、葫芦科（各种瓜类等）、伞形科（胡萝卜、芹菜、芫荽、茴香等）、锦葵科（棉花等）都有影响。

二、关于早稻种植业内部结构的调整

农业部在近几年春播前，每年都要就早稻种植工作召开全国会议，在强调扩大早稻种植面积的同时，提出两条方针：

（1）稳定数量，提高质量；优化结构，增加效益。

（2）实行“五化”：品种优质化，育秧工厂化，栽培轻型化，收获机械化，用途多样化，重点在“品种优质化”和“用途多样化”。

若将南陵县种植的早稻按成熟期分类，大致可分为：特早熟（一般指湿润育秧4月5日播种至成熟时止，特早熟一般在7月13日、14日前后成熟）、早熟（7月17日前后）、早中熟（7月20日前后）、中熟（7月23日即大暑前后）、中迟熟（7月26日前后）、迟熟（7月底至立秋）共六类，或粗略分为早、中、迟熟三类。经过全县广大农业科技人员十多年的努力，广泛引进、认真筛选，在上述六种熟期的早稻品种中，均已筛选出至少1~2个优质的早稻品种或品系。例如：

（1）特早熟：95-338、早粳93-058。

（2）早熟：95-335、中丝三号、中早15。

（3）早中熟：浙9248（已评部优）、早籼杂351A/9247、95-338-2。

（4）中熟：早籼14。

（5）中迟熟：浙辐611。

（6）迟熟：舟903（已评部优）。

南陵县如果大面积推广优质早稻，种源不缺。实际上本县近年优质早稻种植面积已有5万~6万亩，占早稻种植面积的15%~20%，但是为什么没有更大面积地推广呢？是因为粮食部门没有实行优质优价，农民交定购粮和卖余粮时，优质早籼稻与劣质早籼稻同价。今年虽然将优质早籼稻的收购价格略微提高了一个等级（按上级文件规定应该是加价10%以上），每50 kg加价2元，但这对农民根本没有吸引力。他们自有对付办法——等晚稻上市时作晚稻卖，每50 kg至少提高10元，这种反差不是十分明显吗？

（本文是笔者于1999年初向县政协提交的调查报告。）

面对现实　强化“三农”

笔者不是南陵人，但到南陵工作已有二十多年的时间了，已经深深地爱上了这片土地。农业是南陵的基础产业。笔者觉得南陵是块“风水宝地”，插根木头棍儿都能长成参天大树，是较为适宜人类居住的地方。农业是基础产业，可以支撑国民经济大厦，但发不了财。本县目前“三农”的现实是：农业有所发展但速度不快，农村繁荣但基础靠拽，农民富裕但打工在外。

一、问　题

南陵县目前“三农”存在的问题概括起来是“五不一猛”：

（1）农民科技素质不高。现在农村的大部分劳动者是妇女、老人和儿童，即所谓“三八九九六一部队”。这些人或者文化科学素质不高，或者还没有受到较高水平的教育，对于整套农业技术难以很好应用。播错种、施错肥、打错药的情况时有发生。

（2）农业生产规模不大。现在本县农村基本上是一家一户几亩田，有些行之有效的增产技术，虽然可使每家能增收几百元钱，但也因规模效益低，农民兴趣不大；若实现“一村一品”，农民可增收，企业能增效，二者都有好处，但因生产规模不大，难以实施。

（3）农技队伍情况不佳。首先是年龄偏大，县农业技术推广队伍已经有10年没有接收新的农业技术人员，年龄最小的也有30多岁了，后继乏人；其次是易受歧视，最直接的表现是待遇不平衡；第三是缺少骨干，近年遴选的农业科技指导员能挑得起大梁的不到20%；第四是缺少培训，原有的农业技术人员很少能够得到知识更新的系统培训，知识单一，技术老化；第五则是有些农业技术人员敬业精神比较差，懒于进取，懒于钻研新的农业技术。

（4）某些农机不太适应。许多农业机械没有达到“模糊化”“数字化”水平，效果欠佳。

（5）经费严重不足。现在虽然中央对农业日益重视，本县承担的农业项目也多了起来，然而经费大多用于硬件设施，用于软件建设方面和技术人员培训方面的经费却依然不足。公益性技术服务大大弱化，而周边县市这种情况则不明显。许多农技人员没有订阅专业报纸杂志，无法了解当前农业技术最新动态，更谈不上用最新农业技术指导农民进行农业生产了。

（6）农资价格上涨太猛：今年以来，饲料、化肥、柴油等农业生产资料价格上涨太猛。国产复合肥和进口复合肥的价格上涨了约 1 倍，农民的生产支出增加了 40% 多，这其中还有不少是农民以减少必要支出为代价的。农产品价格不理想，也挫伤了农民的积极性。

二、措　施

1. 项目强农，加大农业投入

（1）实施项目带动战略。要勤跑项目，善跑项目，积极争取上级财政支农资金投入南陵县农业，夯实农业发展基础，增强农业发展后劲。做到四个“一批”，即：储备一批项目、争取一批项目、实施一批项目、投产一批项目。

（2）积极做好农业招商引资工作。加强农业招商引资力度，提高农产品加工能力，加快农业结构调整和农业产业化经营步伐，是农业和农村工作的重要任务，是开辟农民就业增收的新途径。要通过联谊招商、参展招商、外出招商等多方位、多渠道的招商方式，有的放矢地组织项目推介招商，捆绑引进农业新品种、新技术、新管理、新工艺、新设备，增加农业投入，改善农业和农村经济发展的条件和环境，全面提高农业的综合效益和农产品竞争力。

（3）增加财政投入。政府新增财力要向“三农”倾斜，以提高农业综合效益和促进农民增收作为重点，加强对中低产田的改造和以水利为中心的农田基础设施建设，进一步完善财政支农资金管理体制，对重点农业项目的投入资金进行整合，提高资金使用效率，确保重点农业项目落实。

2. 科技兴农，大力推广新品种、新技术

要继续大力推广实用农业新技术，增加农业科技投入，提高科技应用率和转化率，使科技对农业经济增长的贡献率达到 60% 。

（1）建立健全农业科技网络。稳定和巩固县镇村三级农业科技推广队伍，提高农业技术人员待遇，确保镇村农业技术人员能够把主要时间和精力放在本职工作上。各镇村要配齐种植、畜牧、水产等技术人员，充分发挥他们在农民中的科技示范、引导、辐射和带动作用。

（2）大力推广良种。加大优质、高产新品种的引进试验、示范和推广力度，全县粮、油、棉、蔬菜、水果、食用菌、苗木花卉、畜牧水产良种覆盖率达 96% 以上。

（3）大力推广应用新技术。面对农村劳动力相对薄弱的现实，要推广轻便简化

的栽培模式。蔬菜生产推广节水灌溉、设施栽培和反季节栽培技术；果园推广保花保果或疏花疏果技术；普及推广农作物平衡施肥技术、专用肥技术、病虫害生物防控技术、畜禽病虫害综合防治等新技术；加强科学使用农药、兽药、化肥的指导与管理，推广应用高效、低毒、低残留农药、生物农药和易降解的薄膜。加强对农产品质量检验检测能力，开展农产品质量的安全监测，提高农产品的市场竞争力和市场占有率，确保消费安全。

（4）加强技术培训与合作。一方面要加强农科教结合，做好农技干部的再学习再教育工作，组织农业技术人员定期培训、外出参观学习，提高专业队伍素质；另一方面以农广校、阳光工程为阵地，培养农民技术骨干力量，大力实施农业教育绿色证书制度。同时扩大对外技术交流，采取走出去和请进来两种途径实现对外交流，组织农业技术骨干和种养大户外出参观学习，邀请农业知名专家传授知识，从理论和实践两个方面提高农业技术与管理水平，加快农业现代化进程。

3. 信息引农，强化服务

（1）加强农业信息网络建设。进一步加强县农业信息平台建设，办好各镇村农业信息网站，丰富网页内容，提高网站点击率，提高信息处理能力，及时收集并发布各类农业信息，充分发挥农业信息在生产中的作用。

（2）强化咨询服务功能。充分发挥本县技物结合能力强的优势，搞好农业咨询服务，拓宽服务领域，延伸服务内容，从单一的产中服务拓展为产前咨询、产中技术指导、产后加工销售信息引导等全程服务。

三、对　策

1. 加强队伍建设

“工欲善其事，必先利其器。”要实现“三农”健康发展及充分发挥科技在农业生产中的作用，需确保农业技术人员工资的按时发放，提高某些福利待遇，并适当开展经营服务，使农业技术人员可相应得到“练兵”机会，发现问题及时解决。农技推广队伍也要实行改革，以事设岗，以岗定人。

2. 狠抓关键技术

主要是统一技术路线，明确主推技术。要以高产、优质、高效、生态、安全技术集成与推广为重点，整合各项目资源，利用广播、电视、报纸、网络等媒体手段，将农业科技知识宣传到农户人家、田间地头，努力解决技术推广“最后一公里”、科技成果转化“最后一道坎”的难题，努力提高科技入户率，真正使农民看得见、听得到、学得会、用得上、卖得出、有效益。

3. 发展规模种植、养殖

实践证明，只有规模种植或养殖，才能产生规模效益，才能解决品种多杂乱和方式多元化等难题，才能为做大做强品牌打好基础。本县目前百亩以上规模种养大户太少，应通过努力，争取规模种养大户尽快增加。可以利用国家现在开展新农村建设的机遇，将“工业向园区集中，养殖向小区集中，种田向能手集中”；政府也要为规模种养出台优惠政策，对于全家离土离乡或子女离乡老人留家的家庭要做好土地流转协调工作，可采取返钱、返稻等办法，将土地集中到有种养能力的大户或由外来工承包，努力构建“规模基地+规模农户”的产销一体化新格局。

（本文写于2008年12月11日，摘要刊登于2008年12月30日《芜湖日报·南陵周刊》。）

近五年农业成本上升情况分析与建议

2004年年初，在时隔近20年后，中央又开始重新发布关于农业的一号文件，重新激发了农民科学种田的积极性。然而从这年开始，农民种田所需的生产资料，如化肥、柴油、农膜、农药等，价格猛烈上涨，有的是成倍翻番地往上涨。农民收入还没有拿到手，付出却先增加了许多，让人叫苦不迭，说供应者是“趁火打劫”。现在上级开始重视这种现象，调查近5年农业成本上升的情况，下面就笔者所了解情况做一介绍，供有关领导决策时参考。

一、农业成本变化情况

（一）农资、劳力变化情况

农资、劳力变化情况可参见下表。

2003—2008年农资、劳力变化情况表

内容/年份	2003年	2004年	2005年	2006年	2007年	2008年（3月）	2008年（6月）	比5年前高	比1年前高
	（元/t）	（元/t）	（元/t）	（元/t）	（元/t）	（元/t）	（元/t）	（%）	（%）
化肥（综合价）	1 630				1 880	3 000	3 400	112.3	80.8
其中：尿素	1 400	1 700	1 760	1 840	2 000	2 200	2 240	60	12
过磷酸钙	380	390	420	440	460	900	920	142.10	100
60%氯化钾	1 600	1 800	1 950	2 100	2 100	3 300	4 600	187.5	119
45%进口复合肥	1 800	2 000	2 050	2 100	2 200	3 400	4 200	133.33	90.9
45%国产复合肥	1 600	1 760	1 800	1 900	2 400	4 200	4 000	150	66.67
磷酸二铵	1 400	1 500	1 600	1 760	2 100	4 000	4 400	214.3	109.5
农药（每瓶100 mL）	25 000					45 000	50 000	100	11.1
农药（每瓶1000 g）	4 750					5 750	6 250	21	8.7
农膜	8 000				15 000	16 000	16 000	100	6.67
常规稻良种	3 000				3 000	4 000	4 000	33.3	33.3
三系杂交稻种子	17 000				22 000	28 000	28 000	64.7	27.3
二系杂交稻种子	32 000				40 000	44 000	44 000	37.5	10
机械作业（元/亩）	40	45	45	50	60	65	70	75	16.7
劳动力日工资（元/天）	25	30	35	40	50~55	60~70	60~70	160	20

说明：既然是指“农业成本”，则本表所列是指到农民手中的零售价

（二）生产成本变化情况

（1）种子：每亩约 30 元。

（2）化肥：尿素 30 kg/亩 ×2.24 元/kg =67.20 元/亩；

磷肥 20 kg/亩 ×0.92 元/kg =18.40 元/亩；

钾肥 15 kg/亩 ×4.60 元/kg =69 元/亩；

其他 3.40 元/亩。

合计每亩 158 元。或 45% 含量复合肥 25 kg/亩 ×4.2 元/kg =105 元/亩；再加上其他补充的尿素、氯化钾等 73 元/亩，合计 178 元/亩。二者平均 168 元/亩，5 年前为 99 元/亩，增幅 70%。

（3）农药：40 元/亩。5 年前为 32 元/亩，增幅 25%。

（4）机械用工：170 元/亩。其中机耕 100 元/亩，机收 70 元/亩。5 年前为 130 元/亩。

（5）水电费：30 元/亩。

以上 5 项合计每亩 438 元左右。5 年前每亩 360 元左右，费用增长约 78 元/亩，增长 21.6%，主要增长在化肥上。

（6）柴油：5 年前大约是 2.80 元/L，现在是 6.90 元/L（黑市价），政府指导价难买到。要不就是要跑很远的路、到指定的加油站、花费很长的时间、站很长的队才有可能买到。

（三）净收益变化情况

以稻子亩产千斤毛收入 900 元计，除去成本 438 元，则净产值 462 元，加上现在各种种粮补贴每亩 67.7 元（粮食直补 13.57 元，良种补贴两季均值 12.5 元，农资直补 41.63 元），亩均净收入约 530 元。平均每户 3.5 亩，复种达到 6.5 亩，其净产值也不过 3 450 元。能卖的稻谷大约有 2 250 kg，收入 4 000 元。如果只种植一季，卖稻收入约 1 600 元。

2003 年，稻谷市场价格每千克 0.24 元，一季稻每亩产值 480 元，减去成本 330 元，每亩仅收入 150 元，还没有将交农业税、三提五统、村镇之间修桥铺路等钱算进去。如今中央政策好，农民种田收入毕竟从负数变成了正数。特别是对于种田大户来说，效益就更可观。

二、对各方面的影响

（1）对农民生产积极性的影响：对于农业生产资料大幅度涨价，农民怨声载道，怨气冲天，但又无可奈何。不过，南陵县农民是勤劳的，没让农田荒废。反正青壮年劳动力都已经外出打工维持生计，家里剩下的基本是 45 岁以上的中老年人和部分妇女。他们不愿闲着，仍在坚持生产，不让农田荒废，并且大部分农民还坚持种植两季稻。早稻种植面积30万亩，比去年略少。预计双季晚稻有可能下降，种植面积30万亩，比上年少约5万亩，减少原因一是因为生产资料成本加大，二是管理成本加大。一季稻面积11万亩左右，持平略增。

（2）对种植业的影响：受市场经济影响，棉花种植面积比去年增加至少5 000亩。去年年末每百千克籽棉收入600元左右，比以前高60～100元。种得好，每亩籽棉产量可达约300 kg，毛收入1 800元左右。水稻种植面积下降。

（3）对农民收入的影响：如果单纯从种植业来看，农民收入上涨的幅度将被农业生产资料的上涨抵消相当大一部分。农民无可奈何，只好利用更多的时间外出打工，青壮年劳动力基本在外打工，那才是收入的主要来源。每年净收入12 000元，加上前面3 450元，合计15 450元，打工收入占75%以上。

（4）对农业生产方式的影响：农民尽可能采用轻简栽培技术，如直播、抛秧等，加上农技部门推广优良高产品种和成熟技术，产量不减反增。耗费体力较大的病虫害防治和农作物收获基本上用的是农业机械，所以说农业机械化是功不可没。

三、农民的疑问

现在能源价格上涨，所以国产农资产品价格大幅度上涨，就算价格上涨有理，但涨价幅度不合理。而加拿大钾肥产自加拿大，俄罗斯复合肥产自俄罗斯。这两个国家能源不紧张，按说出厂价格不会高，但现在到了国内，他们的产品涨价幅度最高。今年6月份价格比去年上涨一倍多或将近一倍。

本县西部5个镇有20多万亩农田，需钾肥至少2 000 t，但5月下旬调查结果表明，在销售商那里实际连20 t都不到。因为价格太高，农民不愿买，销售商自然也不敢进货。

四、种田大户的心声

现在国家给农民的补贴通过“一卡通”直接发放到农民账户上，有些将田地出租的农民也照样能得到，而那些通过土地流转和租地的种田大户却得不到应有的种田补贴，另外还要向田主交50 kg的粮食，使这些大户觉得不公平。能否调整发放方式？谁实际在种田就发放到谁手中？当然，这样农村基层干部就要多做一些工作了。

五、建　议

考虑到如果国家将粮食价格上涨一分，其他产品价格就要上涨三分的规律，因此，国家不能将粮食价格提高暂时是对的，但要相应给农民以更多的优惠。如：

（1）将现行的粮食直补13.57元/亩给予大幅度提高，比如增加1～2倍，因为这13.57元对农民来说实在是太少。

（2）将农资综合补贴给予适当提高，如增加50%左右。

（3）给予农机户柴油补贴，并在政策、具体措施方面予以保障，不给黑市以可乘之机，对黑市予以严厉打击和重罚。

（4）补贴不如加价。每年根据情况适当提高收购价格，农民预期心理和种粮兴趣便会提高，更有利于发展。

（成文于2008年6月14日）

南陵县粮食增产潜力与对策

南陵县有耕地49.2万亩，其中水田面积45.75万亩（以下数据除有特别说明的，均来自县统计局），水田面积和水稻总产均占总耕地面积和粮食总产量的93%左右，可以说，抓住了水稻生产，就抓住了粮食生产的“牛鼻子”。

本县粮食总产2009年突破40万t，自食自用仅11.5万t左右，其余外调。可以说，一个南陵县所生产的粮食，可以供3个南陵县的人数吃饱饭！2010年的粮食总产达40.88万t，每亩农田生产粮食达830.9 kg，这是一个了不起的成就！

另外一个可喜现象是，冬小麦种植面积连年扩大，总产连年增加。2003年20 655亩，亩产198 kg，总产4 084 t；2011年40 755亩，亩产339.2 kg，总产13 824 t。小麦种植面积从2003年的2.06万亩发展到2011年的4.07万亩，增长97.57%；单产从2003年的亩产198 kg发展到2011年的亩产339.2 kg，总产从2003年的4 084 t增长到2011年的13 824 t，增长幅度为228.5%。

个中表象，是面积增加，是单产的提高，深层次原因在于科学技术的进步：品种的增产特性显著提高，抗性增强，适宜于轻简栽培技术提高，适用的机械较齐备。农民只需撒撒种子，正确使用一到两次除草剂和适时防治一到两次病虫草害，到小麦成熟时使用收割机收获就行了。

那么，本县粮食生产能否继续保持增长势头？潜力在哪里？潜力有多大？下面就粮食增产潜力与对策谈谈看法。

首先应该肯定的是本县粮食生产能够继续保持增长，还有增长点，还有潜力可挖。

一、南陵县粮食增产的限制因子

（1）农民科技素质不高。现在在农村的大部分劳动者是妇女、老人和儿童，即所谓“三八九九六一部队”。这些人或者文化科学素质不高，或者还没有受到较高水平的教育，对于整套农业技术难以很好应用。播错种，施错肥，打错药的情况时有发生。

（2）农业生产规模不大。现在农村基本上是平均每一个农业人口摊一亩田，农业生产大部分仍是一家一户几亩田，有些行之有效的增产技术，即使每亩能增收几十斤稻谷，也因规模效益低，农民对此兴趣不大；若实现“一村一品”，农民可增收，企业能增效，二者都有好处，但因生产规模不大难以实施。有些农业机械，也难以发挥作用。

(3) 农技队伍情况不佳。本县农业技术人员年龄偏大，后继乏人。有些农业技术人员敬业精神比较差，或长期懒于钻研新的农业技术。

(4) 某些农机不太适应。如直播机对种子的要求是只能破胸露白，芽长了就难以播出。抛秧机抛出的秧是斜着落在田里，立苗难，即农民常说的“眠秧棵”，影响生长。插秧机要求田面“绝对”平整，否则不是插深了难以分蘖，就是插浅了“漂棵”。简而言之，就是这些农业机械没有达到“模糊化”“数字化”水平。而且插秧机普及面不广。

(5) 缺乏突破性技术。水稻直播面积约占60%以上，近年来，直播稻因扎根不深引起大面积倒伏的情况时有发生，如2010年7月13日早稻因大风倒伏10多万亩，2011年7月中旬因连续9天阴雨倒伏约7万亩；因缺乏先进施肥技术、滥施氮肥导致倒伏的水稻每年都有。因农村青壮年劳动力缺乏，轻简栽培普遍采用，面对这一现实，如何抗御倒伏是一大难题。

(6) 不愿投入。部分土地流转种粮大户，怕时间长了政策改变，因而只顾眼前利益，不做长远打算，对土地重用轻养或不养，缺乏保护；为增加农作物产量，大量施用化肥，导致土壤板结，理化性状恶化，造成耕地质量的下降。

总的来说，还是种粮效益没有在外打工经商赚钱来得快，有些领导也不重视才导致粮食增产受到限制。

二、夺取粮食丰产的有利因素

(1) 劳动力的素质易于提高。近年来的民生工程培训效果表明，只要加强技术培训和指导，坚持长期种田的农民对科学技术的接受能力还是比较高的。

(2) 耕地质量较好。根据有关农田质量等级划分的指标，水稻土有机质含量达25 g/kg以上即达“丰”的标准，而根据近几年测土配方施肥化验结果，本县这样的稻田面积占总面积的80%以上，比20多年前的土壤更加肥沃，氮、磷、钾和微量元素的比例比以前协调多了，而且由于种植紫云英和秸秆还田这两项措施得力，土壤肥力还在不断提高。

(3) 农田水利条件在不断改善。自本世纪初开始，国家就不断加大对水利建设的投入，县水利设施不断得到改善，不仅破圩溃坝的现象没有再出现，而且渠道沿线“跑、冒、漏”的现象也基本杜绝，提高了用水效率。

(4) 机械化水平不断提高。如今不仅农民农田灌溉、喷洒农药、收割等普遍用上了机械，播种、插秧、施肥等的机械应用也在不断普及。

(5) 科技服务的手段和水平在不断提高。农业科技人员不但深入田间地头，而且还可以通过电视、广播、报纸、上课培训、分村公示牌、手机短信等手段指导农民科学种田。

(6) 有实施项目的基础。2006 年以来，本县陆续实施了“粮食提升行动”“水稻万亩高产创建”“土壤有机质提升行动”等旨在提高粮食产量的项目。项目实施区域集中在籍山、许镇、弋江这三个有一定基础的镇村。

三、粮食增产挖潜增长点

(1) 中低产田有增产潜力。由近年来测土配方施肥项目对耕地地力评价的结果可知，本县 49.2 万亩农田中，一、二级高产农田约 20.22 万亩，被评为三～五级的中低产农田面积约有 28.98 万亩，占总面积的 58.9%。见下表。

南陵县耕地地力评价结果统计表

等级	一级地	二级地	三级地	四级地	五级地	总计
面积（亩）	68 808.15	133 424.7	130 696.4	101 304.6	577 90.95	492 024.9
面积百分比（%）	14	27.1	26.6	20.6	11.7	100

中低产农田的主要障碍因子是：土地瘠薄，水源没有保证，耕作比较困难。除了有机质含量较高外，氮、磷、钾、锌、硼不仅比例不协调，而且含量还都比较缺乏。按障碍因子又可分为：干旱灌溉型、瘠薄培肥型、障碍层次型、潜育渍涝型。

对策：如果采用测土配方施肥技术、增强地力培肥措施、改善水利条件，将目前的耕地地力等级上升一个等级，南陵县的粮食还有很大的上升空间。如果全县的粮食生产都以提高一个等级的粮食生产水平为目标，即使二级地、三级地、四级地、五级地分别提高一个等级，可实现粮食增产分别为 1.33 万 t、1.3 万 t、1 万 t、0.5 万 t，因此本县通过土壤改良方式，粮食每年可增产空间为 4.13 万 t。

(2) 提高栽培技术。实践证明，育苗移栽的单产确实比直播要高大约 10% 以上，但面对农村劳动力较弱这一些现实，笔者认为应采取工厂化集中育秧、机械栽插、甚至全程代管的方式来破解这一难题。

(3) 适当增加种植密度。现在农村的水稻种植因缺乏强壮劳动力，大部分人采用的是直播或抛秧，最明显的缺点是密度不够，但密度不够却各有原因：直播稻播种密度其实并不低，农民播种时亩用种往往高达 7.5～10 kg，以千粒重 25 g 计，每亩密度 30 万～40 万粒，但实际存活率只有约 20%，每亩只有 6 万～8 万种子苗。损失的部分，70% 被麻雀吃掉，因天气原因损籽烂芽 20%，还有部分被老鼠等损害。抛秧的密度低，是因为大部分农民播种时秧盘根本没有播满。以每张盘 434 孔为例，每亩 70～80 张秧盘就可以了（每亩达 3 万穴），但有不少农户连 70% 的密度都播不满，每亩用了 120～150 张盘子还不够，导致抛秧时缺乏足够的秧苗，每亩实际只有 2 万～2.2 万穴，这样怎么能够取得高产？

对策一：最大限度地减少水稻直播面积，采用育苗移栽的方式种植。30 万亩直播稻改为移栽后，总产可增加 1.5 万 t，节省种子 0.15 万 t。

对策二：对于抛秧的农户，引导他们合理密播。既节省了秧盘，减少浪费，又可增加产量。20 万亩抛秧面积可增产 0.6 万 t。

（南陵县农业技术中心：宋卫兵　叶尔青　王泽松）

2010 年双季晚稻直播需要注意的几个问题

一、2010 年是一个异常气候年

2010 年的气候极不平常。与正常年份相比，气温稳定通过 12 ℃的时间是从 4 月 17 日开始。4 月 9 日至 16 日早晨的气温在 4 ~ 9 ℃，16 日早晨最低气温 2.1 ℃，出现了重霜，这些为多年来所没有，从 4 月 17 日至 5 月 14 日共 27 天，一直表现为温度低光照少，比 2002 年还要差。

二、早稻生育进程情况

一般年份的早稻播种期在 4 月 10 日前后，早稻（中熟）品种的抽穗时间一般在 6 月 20 日前后，收割期在 7 月 15 日前后。今年的早稻播种期一般在 4 月 16 日至 20 日，早稻（中熟）品种的抽穗时间在 6 月 26 日至 30 日，预计中熟品种收割期在 7 月 24 日前后（若气温高，成熟期会提前），比正常年份推迟 10 天左右。

三、双晚直播栽培面临的问题与对策

1. 直播晚稻最佳播种期

南陵县双季晚稻大面积直播栽培始于 2007 年。用于晚稻直播的主要品种有：皖稻 143 号、嘉兴 8 号、双直 6181，占双晚播种面积的 80% 以上，亩产量能够稳定在 450 kg 左右。而上述品种晚季直播获得高产、稳产的前提是在最佳播种期内播种。通过多年研究证明，皖稻 143 号晚季最佳播种期是 7 月 20 日前后 2 天，嘉兴 8 号与双直 6181 晚季最佳播种期是 7 月 22 日前后 2 天。它们在最佳播种期内播种，齐穗时间大约在 9 月 20 日之前，这在本地气候条件下是安全的。

2. 直播晚稻播种期延缓方法的利与弊

俗话说："春争日，夏争时。"在不影响安全齐穗的情况下，能够延缓播种期的方法还很有限。目前研究表明，长芽播种可推迟 2 ~ 3 天左右；提前催芽后再晒干稻芽能起到推迟播种的作用，推迟的具体时间还不清楚。但有一点已经清楚：晒干后的稻芽成苗率与放置时间的长短成反比，最长时间不宜超过 15 天，否则成苗率低于

30%。晚稻直播采用均衡施肥的办法可以推迟2天左右。

3. 延缓直播晚稻抽穗的因素

最主要的因素是播种期延迟。在最佳播种期内，播种期每推迟1天，则抽穗期推迟约2天；在最佳播种期之后，每延缓1天，抽穗时间推迟2~3天以上。

需要指出的是，上年的老稻种与当年早稻收获的种子（新稻种）在同期播种的情况下，新稻种的齐穗期比老稻种要推迟7~10天。直播晚稻在生长期间若出现缺肥同样会推迟抽穗期。

针对今年早稻收获期推迟的问题，对部分晚稻田采用直播的农户提出几点意见供参考：

（1）如果选用7月20日之前收获的早稻田作为晚稻直播田前茬，在农事操作上做到早收获、快整田、抢播种（下午3时以后播种）。

（2）如果选用7月22日之前收获的早稻田作为晚稻直播田前茬，除在农事操作上做到早收获、快整田、抢播种（下午3时以后播种）外，一定要做到长芽播种。

（3）在直播晚稻栽培上一定要做到均衡施肥，具体为基肥氮、磷、钾配合，施肥量占总施肥量的60%以上，追肥早，一般在播种后7~10天追第一次分蘖肥，不能推迟。

（4）对于7月22日以后才能收获的早稻田，如果已经确定为晚稻直播的田块，建议在7月15日至18日，用直播的品种进行育秧抛植，秧龄在15~18天，不宜超过20天。施肥情况同上述直播稻。

（本文系作者2010年7月11日代南陵县农业委员会撰写。）

水灾后农作物补种改种和田管意见

一、农作物补种改种预案

（一）因灾绝收地区，农作物补种改种预案

（1）7月中旬（或大暑）前退水地区。重点补种水稻“早还早”或改种玉米、山芋、花生、西瓜、胡萝卜、马铃薯、速生叶类蔬菜等适应性强的作物。

（2）8月上旬（或立秋）前退水地区。重点改种绿豆、玉米（用作青饲料）和蔬菜。适宜的蔬菜种类为黄瓜、番茄、莱豆、空心菜、大白菜、小白菜、早花菜、秋萝卜等。如果这一阶段气温较高，水田可以考虑种植“早还早”。南陵县1996年8月立秋后曾有此经验，秋后种植“早还早”，亩产曾达到300 kg以上。农技部门要

切实加强苗情监测，及时给予技术指导，发现问题及时解决。

（二）短期水淹后，作物尚能恢复生长的地区，灾后田管主要措施

（1）清沟排水，除涝保苗。立即开机或人工排涝，抓紧清沟除渍，旱地力争在24小时排除田间积水，水田争取在72小时内现苗，确保作物正常生长。旱地及时开好田头沟、围沟和腰沟，排除田间积水，促进根系生长，做到雨停田干。

（2）查苗补苗，中耕培土。对缺苗断垄的田块，通过移稠补稀或补种补栽等措施及时补苗，确保全苗。旱地适时开展中耕培土，散去土壤多余水份，提高土壤通透性，保持根系活力。受涝后处于分蘖期的水稻有缺株的，要立即采取分株、移苗等方法补齐。对于受水不均匀、造成部分缺苗断垄的夏玉米、大豆等作物，可以采取带土移苗的办法，移稠补稀进行补种。棉花应及时扶苗、培土，清洗叶面上的淤泥。

（3）增施速效肥，促进苗情转化。分蘖期的水稻每亩可追施尿素5～10 kg、氯化钾3 kg。孕穗期水稻在破口前3～5天，每亩补施尿素2.5 kg。抽穗前后进行1～2次根外喷施磷、钾肥等叶面肥。旱地作物要结合中耕，及早追肥。大豆要及早追施花粒肥，玉米要早追施攻穗肥，花生要追施花荚肥，棉花要及时施用当家肥。追肥量一般以每亩尿素5～10 kg左右、过磷酸钙10～15 kg、氯化钾5 kg混合追施为好。有条件的地方，结合防治病虫害，用磷酸二氢钾和尿素混合溶液（另加防治不同种类病虫害的药剂）喷施作物叶片，隔7～10天喷一次，连喷2～3次。

（4）及时防病治虫。雨情会加重病虫害，作物受涝渍后会导致植株素质下降，易受病害侵染。水稻白叶枯病、纹枯病和“两迁”害虫等病虫害发生程度加重。应加强病虫测报，抓好病虫害防治，防止病虫害暴发成灾。

二、蔬菜生产救灾预案

（1）抢抓清沟排水。千方百计排除积水，减少蔬菜受淹时间。

（2）抓紧补种。对短期受淹沙壤土菜地可马上整地起畦抢播抢种或移植菜苗，黏土菜地待水退后稍干再整地起畦播种或移植菜苗。

（3）抓紧抢收受灾瓜菜。内涝较重的菜地要加快抢收尚未完全淹死的番茄、辣椒、西瓜、豇豆、毛豆等蔬菜，以尽量减少因灾歉收造成的损失，加大市场供应量平抑菜价。

（4）及早改种。短期水淹的城郊菜园要抓紧直播一批速生早熟叶菜类蔬菜，如小白菜、大白菜、棵白菜、伏萝卜、苋菜、菠菜、芫荽、空心菜、马齿苋、木耳菜等。

（5）提早做好秋种准备工作。露地育苗可培育抗旱、耐热、耐涝的蔬菜品种，如早熟大白菜、莴笋、豇豆、丝条、甜椒、甜糯玉米、芹菜、青花菜、萝卜、胡萝卜、甘蓝等。同时积极准备适宜作秋延大棚栽培的蔬菜育苗工作，可选择的品种如

福椒二号、江淮一号、汴椒一号辣椒，皖粉 2 号、西粉 903、红灯笼番茄，苏崎茄、杭茄一号茄子，津杂、津优系列黄瓜等。积极做好秋季食用菌生产准备。

（6）加强肥水管理，促进菜苗转化。种植瓜类、茄果类、豆类蔬菜应该氮、磷、钾肥配合使用。对于受淹时间不长，长势差的辣椒、番茄、茄子、豇豆、丝瓜、青花菜、芹菜等品种应在晴天后抓紧补施尿素和复合肥，在植株恢复生机后，及时喷施一次叶面肥，促使作物全面恢复生长。对小白菜、空心菜、木耳菜等绿叶蔬菜，主要以施氮肥为主，薄施勤施。

（7）使用防虫网和遮阳网，防暴雨、热害、病虫。遮阳网有遮强光、降温、保湿和防暴雨的作用，防虫网防虫效果明显，是种植夏秋反季节蔬菜的先进技术。可采用播种后及时覆盖、移植菜苗时覆盖、阳光强烈时覆盖和暴雨来临前覆盖等方式。

（8）要及时防病治虫，严防灾后病虫害蔓延。暴雨、水渍对蔬菜的损害极易引发病虫害，对受淹的瓜菜要及时清除病株、病叶，降低田间湿度，减少病源，严防病虫害传播。严格执行蔬菜农药使用安全间隔期，切实做好高毒高残农药禁销禁用工作，严查重罚违禁农药流入菜园。加强在地菜和市场农药残留监测，从源头把住质量安全关。

（9）做好救灾菜种供应调剂和种源信息发布工作。组织专家和生产技术人员深入抗灾第一线指导灾区生产自救，及时摸清种源，发布有关供种信息，备齐灾区所需叶菜类、果菜类、瓜豆类和菜用玉米等菜种，供退水后菜农补种和抢种恢复生产，确保不误农时，为灾后补改种作准备。

三、灾后主要农作物病虫害防治意见

（1）强化监测，掌握受灾田块病虫发生动态。植保部门要进一步加强监测，安排专人按照测报调查规范，密切监测受灾田块的病虫害发生动态，及时准确发布病虫情报，为科学指导病虫害防治工作提供可靠依据。

（2）受淹水稻田要及时预防细菌性病害。暴雨和洪涝天气易造成水稻叶片伤口，有利于病菌侵入，容易引起水稻细菌性条斑病、水稻白叶枯病流行。因此，水稻细菌性条斑病、白叶枯病常发区要及时开展预防，尤其是淹水和过水稻田，在退水后要及时预防。每亩可选用 20% 叶枯唑可湿性粉剂 125 ~ 150 g，或 20% 噻菌铜悬浮剂 100 ~ 125 g，兑水均匀喷雾。施药时，要先防治未发病区域再防治已发病田块，防止人为传病。

（3）及时查治水稻赤枯病和水稻细菌性基腐病。水稻长期浸水易引发赤枯病，叶片自下而上呈赤褐色枯死，严重时整株死亡。同时由于长期浸水，病菌易从水稻的根部和茎基部伤口侵入，引发细菌性基腐病。各地要及时查治水稻赤枯病和细菌性基腐病。发病田块要立即排干水，撒施生石灰中和土壤酸性抑制病菌。防治药剂参照上述细菌性条斑病和白叶枯病。

（4）适期防治稻飞虱、稻纵卷叶螟和棉田斜纹夜蛾、甜菜夜蛾。目前，“两迁”

害虫稻飞虱、稻纵卷叶螟已陆续迁入安徽省，部分地区白背飞虱已达防治指标。植保部门要密切监测稻飞虱、稻纵卷叶螟发生动态，适时开展防治。防治稻飞虱，在卵孵盛期至低龄若虫高峰期，每亩可选用有效成分吡虫啉 4 g 或噻嗪酮 25 g 或乙虫腈 4 ~ 5 g 或噻虫嗪 0.5 ~ 1 g 或醚菊酯 5 ~ 7 g，兑水 30 ~ 45 kg，对准稻株中下部粗点喷雾。防治稻纵卷叶螟，应掌握在卵孵始盛期，每亩可选用有效成分阿维菌素 1 ~ 1.5 g 或氯虫苯甲酰胺 2 g 或丙溴磷 50 g 或甲维盐 0.5 g，兑水 30 ~ 45 kg，对准稻株中上部叶片均匀喷雾。同时要切实做好棉田斜纹夜蛾、甜菜夜蛾的防治工作。

（这是笔者 2010 年 7 月 16 日与宋卫兵、叶尔青合作代县农委写的指导意见。）

雪灾后致市、县领导的信

尊敬的领导：

您好！

我是南陵县农业技术中心的职工，名叫王泽松，职称是农技推广研究员。前几天突如其来的大雪给我县农业生产造成了很大损失，特别是即将收获的双季晚稻，有十多万亩被大雪压倒。如不及时收获，损失将是上亿元。农民为此着急，领导也在为此奔波，这我们都能深切感受到。为了将我县的双季晚稻损失减少到最低限度，我想提一些建议，供领导参考。

（1）尽量动员农民手工收割。被雪压倒的水稻，向各个方向倒伏的都有，收割机难以收获（有人试过，收割机收过的稻子因过于潮湿，成了“浆糊”），只有人工收割最好，损耗最小。恐怕一要向农民继续发号召，二要政府部门恐怕还需让企业配合，给农民工人“放假”回家抢收。另外能否给予割稻的农民每亩补助二三十元？十多万亩需要二三百万元。

（2）号召农民将收割的稻子放在田埂上“晾晒”，因田间稻子太湿，直接放在田间一时难以晾干，也就无法打稻。

（3）建议各级政府出资补贴，让灾区农民修理“滚筒打稻机”。这几年，农民依靠收割机依靠惯了，家中原来的打稻机很多已经坏了，需要修理才能使用。十多万亩田，以每户 5 亩计，约有 2 万多台，每台补贴 100 元，就是 200 多万元。市、县、镇按 5∶3∶2的比例筹集（或其他比例），由村委会统计上报，镇政府监管。

（4）对于实在没有体力而用收割机收割稻子的农户，每亩补贴三四十元。因为对于收割倒伏的稻子，机手要价比未倒伏稻子高几乎一倍，可能达到 100 ~ 120 元。若以大约 3 万亩计，需补贴 100 多万元。也可由村委会统计上报，镇政府监管。

也许领导会说，你提的建议，怎么净是让政府出钱啊？可是我觉得这些是鼓励农民抢收稻子尽快、尽量减少损失的良策。以数百万元挽回上亿元的经济损失，值。后面还有十多万亩油菜、数万亩小麦等待种植呢！

本信同时寄给杨敬农市长、王沧江副市长、凤剑锋书记、徐昌华县长、方忠副县长。

此致

敬礼！

南陵县农业技术中心职工：王泽松

2009年11月23日

“激 活”

由省科技厅等单位安排的“粮食丰产工程”于2005—2006年实施，南陵县水稻实施的是“沿江江南水稻轻简化栽培的研究与示范”子项目。两年来，在上级主管部门和县党政部门的正确领导下，项目取得了实质性的效果。本文想从一个农业科技人员的角度谈谈对“粮食丰产工程”的看法，可简单概括为三个“激活”。

一、“激活”了队伍

前几年，由于某些原因，农业生产状况有所滑坡；2003年年末，本县实行乡镇合并，原有的21个乡镇合并为8个镇，各乡镇的农技人员也归并为8个农业综合服务中心。干哪些工作？如何干？大家心中无底，基层农业科技队伍有些“不知所措”。“粮食丰产工程”项目实施后，这支队伍正在被“激活”。因为“粮食丰产工程”是一项系统工程，它需要自上而下的整体行动，要有“团队精神”。县成立了项目领导组指挥行动，各相关部门团结协作，作为实施单位的县农技推广中心和各镇农业综合服务中心的全体农技人员都被调动起来了。原来学栽培的、学土肥的、学植保的、学农经的，甚至学其他专业的都因工作需要，积极投身到项目中来了。大家互相合作，相互协调，上请专家当老师，下到基层去“传经”，指导农民科学种田，精神状态高涨，整个队伍处于一种被“激活”的状态。形成了“县有中心、镇有站，村有农技服务人员，组有科技示范户”的农技推广体系，形成了以县农委及其下属农技推广中心、农机局为主导，各镇农业综合服务中心为依托，全县科技示范户、水稻种植大户及致富带头人为补充的种植业服务体系。两年来，全县农业技术人员深入田间地头服务约1万人次，各镇农业综合服务中心、科技示范户、水稻种植大户及水稻生产龙头企业的技术人员全部实行包村包片服务。通过广泛开展培训、现场指导、示范带动，使新品种推广、轻型栽培、平衡配方施肥技术、病虫害防治技术等重大增产技术入户率达 100%。

二、"激活"了知识

既然"粮食丰产工程"是一项系统工程，它所需要的知识也就是系统的，这应该也是项目研究"技术集成"的初衷。在项目实施前，为有效实施水稻产业提升行动，结合实施"农业科技入户工程"、世界银行水稻有害生物综合防治 IPM 项目，县农业部门成立了水稻生产讲师团，先后请省农委、省农科院等单位和本地有丰富知识的同志当老师，对广大农技人员进行系统培训。10 年未进人，多年书本很少摸，现在的培训，一下子"激活"了学员们的学习欲望，原来的知识得到了更新。如水稻良种知识、大田直播稻及其杂草的防除、抛秧技术、测土配方施肥技术、病虫害综合防治技术等知识的学习，使大家原来沉睡的知识得到了"激活"，原来分散的知识梳理成了系统，使上面的"技术集成"到基层变成了"集成技术"，在指导农民时可以系统地、全面地应用。

工程不仅"激活"了农技人员的知识，而且还"激活"了农民的求知欲望。农业讲师团安排了农业科技下乡报告月活动，两年共安排科技下乡活动 20 多场次，现场咨询 8 万多人次，发放水稻生产科技图书、资料 20 万余份。在实施项目过程中，农业科技人员与农民实行互动，提高了农民的科技文化素质。做到了"农技人员直接到户，良种良法直接到田，关键技术直接到人"的"三直接"要求，将水稻生产的各项实用技术送到农民手中，成功解决了农技推广"最后一公里"，科技成果转化"最后一道坎"的难题。据不完全统计，项目实施以来，全县举办各类培训班 500 余次，受训农民 10 万余人次。基本做到了每户都有 1 个明白人、每种作物生产技术都有 1 张明白纸的要求。在培训班上，很多农民不再只是用耳朵听，用眼睛看，还用笔将所学的内容记下来，并且随时提问，一问一答，学习气氛十分热烈。

三、"激活"了成果

先进的科技之花必然结出丰硕的科技成果。两年来，本县项目实施面积 60. 4 万亩，连作两季稻平均亩产达到 916. 9 kg，比前三年全县平均亩产 799. 8 kg 增产稻谷 117. 1 kg，累计增产稻谷 70 739. 34 t，增幅 14. 65%，创直接经济效益 10 508. 38 万元；同时也使本县的粮食生产取得了空前的大丰收。

项目应用还节省种子 181. 2 万 kg，价值 724. 82 万元；每亩节省人工费用 90 元，60. 402 万亩节省人工价值 5 436. 18 万元，相当于 7 500 多名在外打工的农民工全年劳动所得；节省化肥 1 087. 2 万 kg，折款 1 401. 28 万元。合计节支 7 562. 28 万元。

以上共计增收节支 18 070. 66 万元。很大程度上解放了农村劳动力，使在外务工、经商的农民不必回乡，在家的妇女、中老年人和暑期放假的学生也能从事这些劳动，并且社会效益、生态效益也很可观。

"接天莲叶无穷碧，映日荷花别样红。"回顾这些成就的取得，笔者很有感触：

这是中央1号文件的威力，这是科学技术的威力，是人民群众运用科技结出的丰硕成果！

（成文于2007年9月1日）

让科技春风吹遍大地

——科技特派员王泽松事迹材料

王泽松，南陵县农业技术推广中心土壤肥料工作站站长，中共党员，大学学历，研究员职称，是南陵县目前唯一具有正高职称的技术人员，2008年年初受聘担任科技特派员。自从踏上南陵土地到现在的20多年的时间里，他先后工作于县土壤普查队、何湾区农技站、石铺乡政府和县农技推广中心。不辜负党和人民的培养，王泽松同志一直勤勤恳恳、兢兢业业、踏踏实实地从事农技推广工作。在基层，一直受到农民赞誉，并获得农业部和省、市、县各级政府及主管部门表彰奖励40多次。现就该同志先进事迹做一简单介绍。

一、情系“三农”，深入基层

南陵县面积1263.7 km^2，耕地面积50多万亩，盛产稻谷、小麦、油菜、紫云英、食用菌等。王泽松同志自1982年毕业来到南陵县后，先是从事土壤普查工作，后又承担省级水稻试验多年；多次调动工作，走遍了全县的山山水水、千家万户，对“农业、农村、农民”充满感情，全身心地投入到农技推广工作中去。他对每一片土地，对早稻、单季稻、双季晚稻及其他农作物都十分了解，因此，能够得心应手地运用农业科技知识指导我县农业生产。

20世纪80年代初，在何湾区农技站工作期间，他经常在2天内步行50多千米，走遍10多个行政村指导农民及时防治田间病虫害。在乡政府工作期间，计划生育、粮油征购、水利兴修等工作不一而足，他利用自己所掌握的农业科技知识指导群众的生产实践，征服了群众的心，使那些本不属于他本职范围内的工作进展得比其他小组还顺利。至今那些农民和基层干部见到他还对此津津乐道。

近年来，水稻“两迁”害虫（稻褐飞虱、稻纵卷叶螟）十分猖獗，指导农民防治，本不属于他的工作范围，但他心系群众，经常骑着自行车走村串户或打电话、发短信，指导农民及时防治。

二、运用科技，彰显威力

王泽松同志曾下放农村10年，深知农民种田的苦处，迫切希望改变这一状况。

1994 年，水稻旱育稀植技术刚刚兴起，他全力以赴推广、传授这项技术。南起烟墩，北到奎湖，西起丫山，东至弋江，跑遍了全县 21 个乡镇，可喜的是，南陵县水稻旱育稀植工作连续 5 年名列全市第一，也因此受到市政府表彰。1994 年 3 月，他曾在一个星期内，三到烟墩镇，联系当地农技人员给农民上培训课，到田间地头亲自操作指导，使农民很快掌握了水稻旱育稀植技术。经过全县人民的共同努力，到 1997 年，南陵县稻谷总产彻底改变了连续 10 年徘徊在 26 万 t 左右的局面，首次超过 30 万 t，达到 30. 97 万 t。接着他又大力推广水稻抛秧、水稻直播等轻简栽培技术，极大减轻了农民的劳动强度，使广大农民从祖祖辈辈“面朝黄土背朝天，弯腰驼背数千年”的繁重体力劳动中解放出来，从事务工、经商等，大大增加了农民的经济收入，他本人也因此荣获安徽省农业科技进步特等奖。

近年来，王泽松是南陵县科技入户、测土配方施肥、袁隆平超级稻“种三产四”推广等项目的首席专家，2008 年又担任科技特派员。为了做好这些工作，推广、普及先进农业科技，他全身心地投入到工作中来。

在刚担任科技特派员之初，恰逢南陵县遭遇数十年罕见的暴风雪灾害。为了最大限度减少灾害带来的损失，他 1 月份两次在《芜湖日报·南陵周刊》上撰文介绍抗灾救灾措施。2 月份与省农科院领导深入镇村传授抗灾救灾技术，并向市科技局多次发送科技救灾短信。3 月份又与省农委负责科技减灾工作的领导、专家组成专家组，到芜湖县指导抗灾救灾工作，并汇报了南陵县的灾情和采取的应对措施，得到专家组成员的好评。

在推广袁隆平超级稻“种三产四”项目工作中，他从 3 月初就开始深入项目镇村培训指导，先后培训 30 多期次，培训农民 1 600 多人次。今年 6 月中旬，他在 10 天内，到烟墩镇 4 个村上培训课，多次到家发镇百亩高产攻关点、三里镇千亩示范片和其他项目镇，不厌其烦地向农民传授技术，指导农民晒田、施肥、防治病虫害。

在科技入户工作中，他牢记“科技人员直接到户，良种良法直接到田，技术要点传授到位”的原则，解决了以往科技知识在普及过程中“最后一公里”和科技成果转化“最后一道坎”的难题，深入浅出地讲授农业科技知识。农民们对他的课听得仔细，记得认真。农民对他传授的科技知识的评价是：“一听就懂，一用就灵。”一位名叫陈昌松的农民不但将他讲的内容记在科技示范户手册上，甚至将关键要点写在了大腿上！

今年 7 月，有些农户反映田间杂交稻出现杂稻，有些人反应还很激烈。他深入田间地头，仔细查看苗情；采取策略，化解农民的强硬态度，然后告诉农民解决问题的相关措施，并向农民保证：“你们采取了我推荐的技术措施后，每亩可多收一担多稻谷，比你们找哪个都强！”农民十分信服。通过传授技术，解决了问题，平息了事态。

从 2007 年起，南陵县成为国家测土配方施肥项目县，他指挥 4 个小分队并亲自带领其中一个小分队到全县各个村民组采集土样，按照与农业部签订的合同要求，于2007年12月31日前完成4 000个采样任务，于2008年3月底以前完成土壤养分化验任务。2008年10月8日，台风“罗莎”裹携暴雨肆虐我县。在第二天风刚过去，地面还很泥泞的情况下，他就带着一个小分队到何湾绿岭采集土样，向农民详细了解施肥状况等生产细节并认真记载。

通过化验和在大田做试验示范，他初步得出南陵县当前大部分土壤肥力状况是“缺氮缺钾不缺磷”，提出了水稻生产“增氮增钾少施磷”的施肥指导方针。制定了给化肥生产合作企业生产配方肥的配方4个，生产配方肥6 000 t，配方肥施用面积12万余亩。针对全县8个镇每镇土壤肥力状况不同的现状，提出指导农民配方施肥的配方24个（每镇分早稻、双季晚稻和单季稻各1个），发放配方施肥“明白纸”10万份。指导农民配方施肥2007年为20.2万亩，2008年为60.6万亩。

通过实施测土配方施肥项目，2007年县每亩化肥施用量下降5.3 kg（指氮磷钾纯养分含量，下同），每亩节省20元，每亩增产稻谷42 kg，价值67.2元，合计增收节支87.2元。早稻、双晚两季稻增收节支合计3 488万元，获得上级领导好评和基层农民的一致称赞。2008年，氮、磷、钾等化肥价格比上年猛涨了一倍多，农民叫苦不迭。此时，测土配方施肥技术在早稻生产中发挥了它的威力，每亩比习惯施肥区增收节支123.7元，比上年同期增收22.9元。20.2万亩早稻合计增收节支2 496.74万元。

2008年4月至5月，通过调研、与农民交流谈心他发现一个问题，即由于农民的错误认识和肥料价格上涨等因素的共同影响，南陵县西部几乎无人购买钾肥！他遂于5月25日向县政府呈交了《关于我县西部5镇施用钾肥的情况调查》报告，引起县政府高度重视，特安排县供销系统调进数百吨钾肥。此事还在省电视台《安徽新闻联播》、芜湖电视台、南陵电视台播放，引起强烈反响。

三、勤于钻研，论文丰富

王泽松同志在传播农业科技方面有强烈的责任心，在农业科技理论方面也同样有较高的造诣，至今已发表论文40余篇。

1987年3月，在乡政府工作期间，他的《荸荠两段育苗及高产栽培技术》就发表在《江苏农业科技报》上。

1988年，他与同学毕业时合写的论文《油菜强弱雄蕊花药诱导率的差异》，由指导老师领衔发表在《安徽农业科学》第3期上，这一问题至今未见进一步研究。

1993年，他的《论长江中下游地区早稻优质化问题》入选中国农学会和农业部科学技术委员会主编的《我国高产优质高效农业问题研究》一书，全国县级入选仅3篇。该文后被省科协、省政协科教文委评为优秀论文并被省科协评为三等奖。当时的安徽省科协主席对他的评价是：“县级论文获奖，你是‘凤毛麟角’！我对你投了赞成票。”

2001年，他的论文《复配杀虫剂的使用》发表在《安徽农学通报》第6期上。

主编陆艾武的评价是："对复混配杀虫剂使用技术探索之细微，至今你是第一篇。"

2002 年，论文《高稳系数法在品种区试中的应用研究》发表在《种子科技》第 20 卷第 6 期上，该文后被其他作者引用。之后，他的研究又跨上了新的台阶，撰写了《四种统计分析方法在水稻区试中的应用与探讨》，将"高稳系数法"列为其中之一。该文刊登在 2004 年《种子科技》第 22 卷第 2 期上。

按照省政府有关文件通知，由省、市农委安排，他撰写了《安徽省优势农产品区域布局规划》之"南陵大米"和"食用菌"部分。

在县地方志办公室、县农委安排下，他分别于 20 世纪 90 年代和 21 世纪初两次撰写了《南陵县志农业志》中的"种植业"部分。

四、成果丰硕，应用广泛

20 多年的辛勤工作，刻苦钻研，使王泽松的农业科研取得了丰硕成果。

1989 年，农作物新型调控剂"多效唑"刚刚开始推广，他就在本县双季晚稻上大面积推广应用并取得了明显效果。该成果于 1990 年被评为县科技进步四等奖，1998 年被芜湖市科委列为"科技成果"。同时获奖的还有其农业气象论文《浅析厄尔尼诺现象对南陵县农业生产的影响》。

在推广水稻旱育稀植技术之初，田鼠危害十分猖獗。有时候待移植秧苗在揭膜后，一夜之间被田鼠几乎全部咬断，农户欲哭无泪。为了解决这个难题，他做了许多试验，从中挑选最佳方法，对抑制鼠害十分有效。他将研究成果撰写成论文《水稻旱育秧防鼠试验效果初报》发表在 1997 年第 4 期《中国稻米》杂志上，引起很大反响。该技术得到广泛推广，创造了很大的社会效益，并于 1999 年由市科委颁发了科技成果证书。

1997 年起，他与全国劳动模范程太平进行"水稻半旱式直播技术研究"，3 年推广 45 万亩，增产稻谷 1 800 多万千克，增创效益 1 400 多万元，获 1999 年度芜湖市科技进步三等奖。为了规范南陵县的水稻直播高产生产技术，他主持制定了《早稻半旱式直播高产优质种植技术规程》，由南陵县质量技术监督局发布。

1997 年，他主持制定了《优质水稻马坝小占生产技术规范》作为地方标准，1998—2002 年共推广应用面积 75 万亩以上，创效益近 1 亿元，因此获 2003 年度芜湖市科技进步二等奖。

1998 年，在参与巢湖农科所"优质晚粳新品种皖稻 28 选育与应用"项目中，南陵县推广 10 万亩，获巢湖科技进步二等奖。

为了更好地发展芜湖市稻米生产，他受市农委委托编写了《安徽省地方标准：芜湖大米》中的生产技术规范部分，由安徽省质量技术监督局于 2003 年发布。

南陵县是双孢蘑菇生产大县。为了生产出安全食品，他主持制定了《无公害食品双孢蘑菇生产技术规程》，后又升格为《绿色食品双孢蘑菇生产技术规程》，先后由南陵县质量技术监督局于 2003 年和 2008 年发布，并到各镇对菇农进行了培训。

2005年，在组织安排下，编写了《南陵县“十一五”农业和农村经济发展规划》种植业部分。

“接天莲叶无穷碧，映日荷花别样红。”王泽松同志在农技推广战线上取得的每一点进步，获得的每一项成果，都与党和人民的培养分不开。他决心在党的领导下，继续努力，在农技推广战线上为党和人民做出更大贡献！

（这是笔者向安徽省科技厅写的汇报材料。）

浅析厄尔尼诺现象对南陵县农业生产的影响

一、绪　言

从1986年年底开始，世界各地气候异常，厄尔尼诺现象再次出现。所谓厄尔尼诺现象是指厄瓜多尔和秘鲁沿岸每隔几年出现的海面异常增温的现象。厄尔尼诺现象开始和结束时间的划分标准主要参考赤道东太平洋范围（0°~10°S，180°~90°W）春季平均海温的年际变率值，定义“厄尔尼诺”现象或“反厄尔尼诺现象”选取了上述海域月平均海温距平是否≥0.5℃或≤-0.5℃作为指标。厄尔尼诺现象产生的原因主要是由于太平洋的热带海洋和大气发生异常，导致整个世界气候模式发生变化。

据统计，厄尔尼诺现象在1791—1931年，约发生过12次，平均每12年发生一次。此后出现频繁，平均每7~8年出现一次。进入20世纪50年代后，每隔3~4年即出现一次（详见表1），其中尤以1972、1983、1987年危害最重。

表1　历次厄尔尼诺现象的起迄时间及强度

起始年月（年/月）	结束年月（年/月）	持续月数	ΔTmax及出现时间（年/月）	等级	厄尔尼诺年（年）
1951/8	1952/4	9	0.9（1952/4）	弱	1952
1953/4	1953/10	7	0.9（1953/4）	最弱	1953
1957/4	1958/8	17	1.2（1957/12）	强	1957
1963/4	1964/1	10	0.5（1963/11）	最弱	1963
1965/5	1966/3	11	1.5（1965/12）	中等	1965
1968/10	1970/1	16	1.1（1969/12）	中等	1969
1972/6	1973/3	10	1.1（1972/11）	强	1972
1976/6	1977/3	10	1.1（1976/10）	弱	1976
1982/9	1983/9	13	1.9（1983/2）	最强	1983
1986/10	1988/3	18	1.5（1987/10）	强	1987

1986年底厄尔尼诺现象开始出现，随之导致了地球上气候的“神经失常”。1987年1月，地处热带的沙特阿拉伯下起了鹅毛大雪，而美国和加拿大一些地方冬暖异常。苏联莫斯科和高加索地区1月份最低气温降到-76 ℃，汽车的发动机因酷寒而难以发动。地处喜马拉雅山南麓的印度，因突如其来的寒流，冻死了数十人。在中国，黑龙江省1月上旬日平均气温下降至-39.6 ℃，创35年来最低值；与此相反，时值“三九”“四九”节气的长江中下游及南方地区却见不到隆冬的影子。早春2月，长江中下游地区出现了历史上罕见的“奇暖”天气，2月10日，南京最高气温猛升到25.8 ℃，创1905年有气象记录以来的最高值。南京、苏州、杭州春梅竞相怒放，比常年提早20天左右开花。真是“南风送错三春信，六九翻同五月天”。至3月中旬，全国有一半以上的省市出现干旱，受旱面积达2亿多亩，一贯温暖多雨的贵州、广西旱情最为严重。5月份，广东、广西，6月份，河西走廊均暴雨成灾。与此同时，一向少雨的乌鲁木齐，6月份竟出现了“梅雨”天气。7月希腊雅典持续高温43～45 ℃，热死了300多人，南斯拉夫一辆汽车里装的鸡蛋竟然热成了熟蛋。与此同时，中国长江中下游地区暑天不暑，阴雨连绵。进入8月，却又持续高温。

二、厄尔尼诺现象对南陵县农业生产的影响

厄尔尼诺现象对整个世界的影响是巨大的。限于见闻，现只谈该现象对南陵县农业生产（主要是农作物）的影响。查阅了南陵县气象站自1957年建站以来的历史资料，厄尔尼诺现象与本地的灾害性天气呈现较明显的正相关，强厄尔尼诺年份表现尤为突出。如1957年，年降水量比正常年份偏多17%，且主要降水集中在7月上旬，降水量达413.1 mm，旬内出现3次暴雨；1972年降水量比正常年份偏少21%，而且出现了比较严重的倒春寒天气和暑天不暑的现象；1983年出现历史上罕见的洪涝灾害；1987年亦是多灾多难，下面就1987年情况予以讨论。

（一）数九隆冬暖如春

1987年1月份极端最低气温为-4.7 ℃，极端最高气温为16.6 ℃。南陵县自有气象记录以来，以该年的1月均温为最高：4.4 ℃。春节（1月29日）前后，气温逐渐上升，2月7日至10日连续4天“高温”，2月9日最高气温达26.5 ℃。顺便提一件巧合的趣事：21年前的同一天，1966年2月9日的最高气温竟然也达到25.8 ℃，且较高气温均持续到3月6日。由于受晴暖天气较高气温的影响，白菜型油菜从2月12日起初花，17日普遍进入盛花期；麦类也从此时返青并迅速拔节；紫云英及部分蔬菜也同时出现早花。

关于这段时间的气温变化情况见表2。

表2　1987年1月至2月与历年同期气温状况的比较

气温单位:℃

项目	平均气温		极端最高气温及日期		极端最低气温及日期		旬平均气温					
							1月			2月		
年度＼月份	1月	2月	1月	2月	1月	2月	上	中	下	上	中	下
1961—1970年	2.7	4.1					2.5	2.7	3.1	3.1	4.9	4.6
1971—1980年	2.9	4.5					3.1	2.7	2.9	2.8	5.0	6.1
1957—1980年	2.8	4.2	1972/1/22 23.0	1966/2/9 25.8	1977/1/31 -14.4	1969/2/6 -16.7	2.9	2.7	3.0	2.9	4.9	5.4
1987年	4.4	5.9	1/8 16.6	2/9 26.5	1/14 -4.7	2/4 -6.0	5.1	4.3	4.4	6.9	6.8	3.8

（二）冰雹及连阴雨对午季作物的危害

3月6日的冰雹及以后至4月14日上午连续一个多月的阴雨天气对南陵县午季作物的生长造成了十分严重的后果，对某些乡镇甚至是毁灭性的灾害。

1. 冰雹袭击及其影响

3月6日17时许至18时30分，本县自西向东遭受冰雹袭击。据气象站观测结果，冰雹的最大直径为15 mm，平均重量有2 g。据测站以外的农民反映：大的冰雹尤如鹅蛋。葛林乡一位村书记当时称了一个最大冰雹约有350～400 g，实属罕见。此次冰雹造成午季作物100%受害，受害最重的农作物是白菜型油菜，至少有30%的花落地，20%的叶萎地，严重的只剩下光杆。

三里、峨岭、五里、戴镇、葛林等乡镇受灾油菜面积占油菜种植面积的70%～80%，许多田块绝收。这是造成午季作物减产的第一个原因。

2. 阴雨连绵对午季作物的影响

从3月6日至4月14日这40天中，只有5天是晴到多云，其余都是阴雨天气。这对农作物，尤其是白菜型油菜和紫云英等早已开花的作物授粉、受精及结实非常不利。根据植物学知识我们知道，异花授粉植物（包括油菜、紫云英等），主要是通过花的绚丽色彩或散发出特殊的气味或二者兼而有之，来吸引某些动物媒介为之传播花粉。阴雨天气使花的色泽丽度有一定程度的降低，香气浓度则大幅度下降，空气湿度大也不利于昆虫飞行，很少招来蜂蝶为之传粉。异花授粉植物还有自交不亲和性。如果说冰雹是造成这类作物减产的第一个原因，那么，阴雨则是造成减产的第二个原因。

不过，由于3月6日前的持续晴暖天气使这类作物已经开花且花期长达1.5～2个月，因而白菜型油菜和紫云英等作物减产而未绝产。

甘蓝型油菜因是农业技术部门推广的优良品种，种子纯度高，抗逆性强，因而在不利的天气条件下，仍能按正常的日期开花结实并获得高产，一般亩产150～

200 kg。而白菜型油菜基本上是农民自己留用的当地品种，混杂退化现象严重，有收获的田块亩产仅30～50 kg，只有正常年份的60%左右。1981—1985年，本县油菜平均亩产85.5 kg，平均年总产7 320 t。1987年仅为59 kg，总产6 289.3 t，减产幅度为14.1%，总产减少1 030.7 t，折合损失人民币108万余元；比1986年的7 855.9 t减少1 566.6 t，减产幅度20%，折合损失人民币164万余元。参见表3。

表3　部分受灾乡镇油菜子生产情况

项目	油菜种植面积		亩产		总产		1987年比1986年减产	
年份 产地	1987年（亩）	1986年（亩）	1987年（kg）	1986年（kg）	1987年（t）	1986年（t）	绝对数（t）	相对数（%）
全县合计	105 805	107 024	59	74	6 289.3	7 855.9	1 566.6	19.94
三里镇	4 810	4 795	46	76	223.3	326.1	102.8	31.52
峨岭乡	3 970	4 830	31	46	124.1	309.6	185.5	59.92
五里乡	3 936	3 550	43	77	167.3	275.1	107.8	39.17
戴镇乡	4 235	4 782	42	78	176.9	371.9	195.0	52.43
葛林乡	2 888	3 650	36	83	103.6	303.0	199.4	65.81
绿岭乡	2 770	2 892	30	53	83.1	152.9	69.8	39.81

小麦是自花授粉植物，扬花期约为20天。在一天中，扬花授粉时间大致在上午9时至11时，下午3时至6时，一日之中有2个高峰，且以晴朗温暖天气最利授粉。如果天阴而气温降低，则开花集中在中午前后，只有一个高峰。从表面看来，小麦的扬花授粉时间不短，但对单个花来说，从其扬花开始到授粉结束，连20分钟都不到，比昙花一现的时间（约30分钟）还短。只是麦花没有昙花的色彩艳丽，没有昙花花型大而那么引人注目罢了。如果这一段时间出现低温阴雨，则小麦的颖花受精就会受到阻碍甚至停止。3月6日至4月14日的连绵阴雨是使小麦授粉受精率降低的主要原因。

小麦开花受精率降低成为定局后，再加上气温低，昼夜温差小，不利于光合物质的制造和积累，因而这一年的小麦亩产呈较大幅度下降趋势。1981—1985年小麦平均亩产156.4 kg，1987年亩产147 kg，下降了6.01%，占全县乡镇总数三分之一的9个乡镇亩产未超过100 kg，如葛林乡64 kg、麻桥乡100 kg、峨岭乡100 kg、丫山镇87 kg等。该年度5.4万亩的种植面积少收小麦507 t，折合损失人民币25万余元。

（三）连续性冷害对早稻的危害

本文之所以将早稻单列一节，是因为这一年早稻从播种到收获，多灾多难，不利的气象因素接踵而至，对水稻从生长发育至收获的干扰极大。

1. 第一次冷害——连续性低温、阴雨

前面已述，3月6日至4月14日上午以阴雨低温为主。这一灾害性天气在最后

几天造成的最后一个大的危害便是水稻秧田烂芽。以往几年，本县早稻播种期一般在4月5日前后，可是1987年却迟至4月9日至14日才播种。4月12日至14日播种的，由于天气状况良好，基本齐苗。4月9日播种的，连续遇到10日大雨1天（降水量28.5 mm），11日小雨，12日至14日阴冷天气。在本县东部和北部圩畈区，广大农民已习惯于做合式秧田，湿润育秧，因而基本齐苗，而西南部丘陵地区不少农户沿用陈习，做平板秧田灌深水育秧，其稻芽大部烂掉，只好翻耕重新补播早稻中、迟熟品种或改种中籼、单晚粳稻品种。地处丘陵的三个区（工山、何湾、峨岭）秧田面积大约有11 430亩，烂秧面积约为3 430亩，以亩播量100 kg计，即损失稻种343 t，折合损失人民币20.58万元。

2. 第二次冷害——连续三天低温、阴雨

4月24日至26日，早稻秧苗大部分处在三叶期，此时秧苗由异养阶段向自养阶段转变（即从消耗自身营养向进行光合作用转变），抗寒力最弱，却遇到连续3天低温、阴雨天气，并伴有较大风力，日均温和最低气温都下降了10 ℃（见表4），使秧苗大面积遭受冷害，细胞脱水，稻叶卷曲、发红或出现枯斑，如火烧状，迟至5月3日才恢复正常生长。秧苗遭受冷害的结果是使栽秧期推迟7~10天。以往一般是在5月5日立夏开始栽秧，早的5月1日即有开始栽秧的，但这次一般在5月12日以后才开始栽秧。有些早熟早籼品种如二九青，因等候叶龄迟至5月18日才栽。

表4　4月24日至26日天气状况（附记4月23日）

日期（月/日）	降水量（mm）	日平均风速（m/s）	最高气温（℃）	最低气温（℃）	日平均气温（℃）	常年均温（℃）
4/24	14.1	1.4	23.5	19.4	20.7	17.4
4/25	20.3	2.3	23.4	15.7	19.5	17.3
4/26	12.6	4.1	16.0	9.7	10.7	17.1
4/23			27.6	14.5	20.6	18.1

3. 第三次冷害

5月22日至25日气温较高，该4日均温为28.3 ℃，变幅为35.9~22.0 ℃，26日至27日遇连续较大强度降雨，26日10.9 mm，27日25.6 mm，气温亦显著下降。28日转晴后，早晨最低气温为14.2 ℃。

表5　5月24日至28日天气变化状况

月/日	5/24	5/25	5/26	5/27	5/28
天气状况	晴到多云	多云到阴	阴有雷阵雨	阴有雨	阴转晴
降水量（mm）		0.0	10.9	25.6	0.1
最高气温（℃）	35.9	33.9	26.9	19.5	25.4
最低气温（℃）	23.9	26.2	19.4	13.6	14.2
平均气温（℃）	29.5	29.2	22.2	15.5	19.7

移栽早的秧苗，此时处于分蘖期；移栽迟的，此时处于返青—分蘖期。移栽时重施氮肥（包括紫云英田）、适施磷肥但未施钾肥、长势嫩绿的稻田普遍遭受冷害。主要表现为上二叶枯焦卷曲，大部分主茎和有效分蘖萎蔫，实为多年来罕见，这对水稻中、后期生长影响很大。虽转为对植物生长有利后，水稻的原无效分蘖纷纷成为有效分蘖（群众称之为“重新发棵”），但产量损失估计仍在8%～12%。

4. 连绵阴雨空壳多

夏至前后正是早稻抽穗扬花期。早稻抽穗扬花授粉的适宜条件是气温22～30 ℃，空气相对湿度70%～80%，天气晴朗—多云，风力不大于3级，尤其对上午9时至下午3时这段时间更要求如此。而这年的6月19日至24日出现连绵阴雨天气，光照时数仅39小时，气温平均22.1 ℃（小于早稻扬花所需要的连续3天日平均温度23 ℃），空气湿度平均为92%（见表6），对早稻扬花授粉影响极大，空壳率增加，从而使早稻减产成为最后定局。

表6　6月19日至24日天气状况

日期（日）	6/19	6/20	6/21	6/22	6/23	6/24
降水量（mm）	0.2	0.0	4.1	30.8	15.2	1.3
相对湿度（%）	92	88	89	92	97	92
最高气温（℃）	26.2	25.5	25.3	25.4	22.4	24.5
最低气温（℃）	21.6	21.3	21.9	20.4	19.8	19.7
平均气温（℃）	23.3	22.5	22.9	21.2	20.6	21.4

5. 雨再连绵收获迟

在早稻收割之前及收割期间，7月12日至30日却再度出现了连阴雨天气。这19天中，14天阴有雨，4天多云，仅21日晴天，但18时过后却又下起雷阵雨。农民为了等候较好的割、晒稻天气，普遍推迟了收割期，又在迫不得已的情况下开镰收割，否则田间稻株倒伏引起稻粒发芽会使损失更大。但在早稻收割后，终因缺乏晾晒天气，堆放稻场的稻谷因湿热和泥泞而出现芽稻与泥稻，使大约5%的稻谷只好用于饲喂家禽家畜，以每亩损失16 kg稻谷计，全县损失稻谷5 800 t，折合人民币348万元，这是有形的损失。

概括清明至大暑这一段时间，积温比历年平均值要低98.1 ℃（历年平均值2 441 ℃，1987年为2 342.9 ℃），使早稻的成熟期和双季晚稻的移栽期普遍推迟3～5天。值得庆幸的是，几经挣扎，姗姗来迟的太平洋副热带高压终于在8月初控制沿江江南地区。从8月3日至6日的持续晴热高温天气，对双季晚稻生长非常有利。8月14日至16日和21日至29日，出现了历年少见的“夜间下雨白天晴”的反常现象。当然，这样对双季晚稻生长更有利。至此，1987年的重大灾害性天气基本结束。

三、结束语

1. 掌握规律，趋利避害

厄尔尼诺现象作为一种全球性大气活动，每次出现既有其规律性，又有其特殊表现。虽然其与灾害性天气本质的内在联系人们还尚未搞清，但其与灾害性天气呈正相关是可以肯定的。笔者的写作目的就是提醒人们在厄尔尼诺年，尤其是强厄尔尼诺年，更应警惕灾害性天气的出现。要立足当前，放眼未来，掌握规律，趋利避害。

2. 农业方面的抗御措施

（1）首先抓好农田水利基本建设。筑堤修坝，以抵御大的洪涝灾害。梳理沟渠，遇涝能排，遇旱能灌，排灌结合；加强植树造林，防止水土流失。否则一旦遇到大的旱涝灾害，其他措施也无从谈起。

（2）改变耕作制度，实行多种作物合理轮作。

（3）优化栽培技术，推广纯度高、抗逆性强、高产、早熟、优质良种；优化施肥技术，实施配方施肥；发扬人民抗御自然灾害、搞好生产的先进经验，推广现代化生产技术等。

（本文是笔者与南陵县气象局罗少平合写，1988 年获安徽省人民政府气象局论文优秀奖，1990 年获南陵县科技进步三等奖。）

厄尔尼诺现象与秋种对策

1991 年午季秋种工作将于 9 月份开始。据海洋和气象专家分析，厄尔尼诺现象已经出现，7 月至 10 月进入发展阶段。

所谓厄尔尼诺现象是指赤道太平洋水温升高而引起的全球性气候异常现象。厄尔尼诺现象一旦出现，便会对一些地区造成或旱、或涝、或风、或雪、或雹等自然灾害，直接影响农作物和畜禽的正常生长，给人们的生产、生活及生命财产带来巨大危胁。海湾战争中数百口被伊拉克军队点燃的科威特油井冒出的滚滚浓烟，菲律宾火山爆发飘散的大量火山灰，无疑更是“雪上加霜”。

厄尔尼诺现象对南陵县的影响，远的不说，单是对 1983—1984 年、1987—1988 年以及 1991 年夏季都造成了极大的影响，粮油产量比正常年景陡降 3 ~ 5 成。该现象将于今后数月乃至一年多，对我县农业生产造成不利影响。因此，我们在 1991 年的秋种中，要认真做好排涝、抗旱、防寒、防风准备，把厄尔尼诺的不良影响降低到最低限度。现对 1991 年秋种工作提出如下建议和对策，请各级领导和农民群众考虑安排。

总体对策是：季节上立足于一个“早”字，质量上狠抓一个“好”字。

一、强调适期早播

农谚说：“寒露早，立冬迟，霜降点麦正当时”，“霜打油菜荚，到老都不发”，都强调适当的“早”。

油菜应提倡育苗移栽，可抢早、抗寒、夺高产。“秦油2号”可在9月20日前后播种育苗，10月中下旬移栽，以利“秋种冬壮”。早中熟甘蓝型油菜可在9月下旬至10月初播种。若是直播，“秦油2号”宜在10月上旬至中旬初播种育苗，其余在10月中旬，白菜型油菜应在10月底播种结束。

小麦应在10月下旬播种。

二、选用优良品种

即推广种子纯度高、抗逆性强、高产、早熟兼优质的良种。油菜应大力提倡种植甘蓝型品种，双季稻区可种植镇油1号、兴选1号、609、滁油3号、杂油151、中油821等，单季稻区可种植秦油2号和广德068等。当地白菜型油菜种子已极度混杂退化，易感病，产量低，应压缩种植面积。

小麦仍应推广扬麦5号，引进扬麦6号。红花草应推广能够冬发的闽紫1号，压缩冬季不发的弋江子。

三、整地开好“三沟”

田间开好“三沟”，即畦沟、腰沟和围沟是一项不要花钱，只需出力的抗灾增产措施。但有许多农户怕出力开深沟，结果返青后田间渍水严重，病害严重，减产严重。假定其他生产措施不变，只需开好“三沟”单产至少可增产20%以上。沟深要求：畦沟（20cm）、腰沟（25cm）、围沟（30cm），横直相通，雨住田干。

四、推广适用技术

午季作物施肥要做到“三配合”：即有机肥与无机肥，基肥与追肥，氮、磷、钾、硼肥配合施用。播后芽前使用除草剂丁草胺。油菜苗床三叶期喷施15%多效唑，每亩50 g兑水50 kg，可防止“高脚苗”，增加分枝，使油菜易活、抗冻、增产。大田直播和移栽油菜在冬至前喷施多效唑，可安全越冬。要改变以往种午季“一尺挂两头，凼稀穴内稠”的作法，实行“打满凼、少留苗”。栽种规格20～27 cm，每亩一万凼。移栽油菜每凼1苗，直播留2～3苗，点麦8～10粒即可。

（本文刊登于《南陵农技推广》1991年9月9日第3版。）

秸秆禁烧建议

前几天从电视上看到因烟雾造成的车祸，真是“惨不忍睹”！5 月 24 日，简直成了许多司机和乘客的“忌日”了。这主要是由于农民焚烧秸秆产生烟雾造成的，以前四川盆地更甚。这几天农民收油菜，过几天收小麦，大量秸秆未能及时处理。合肥市千方百计地组织人员阻止农民焚烧，十分辛苦，但收效甚微。笔者有几点想法提出来，供参考。

一、堵不如疏

与其派人死看硬守，不如让农民放开烧！让他们下午烧。如果白天阻止，农民晚上偷着烧，造成的危害更严重！让农民白天烧，至少在目前利大于弊。

这是因为到了傍晚日落以后，在低空往往形成一个“逆温层”。逆温层中，轻暖空气位于冷重空气之上，形成极其稳定的空气层，就像锅盖一样，笼罩在地面上，严重阻碍了空气的对流。虽然白天和夜晚到处巡逻不让农民焚烧秸秆，但农民“躲猫猫”，在晚上偷着烧。烟雾升到逆温层之后，只有飘浮在逆温层下面形成云雾，不但降低了能见度，给交通运输带来直接的麻烦，还加重了大气污染，给人们的健康和生命财产带来危害，最起码比白天敞开烧的危害重。

农民一般是上午露水干后请收割机收割庄稼，到下午两三点钟结束。如果这时允许农民焚烧，一般两个小时能燃烧结束，烟雾不会被逆温层挡住，形成烟雾的几率就大大减小了。虽不是什么“高招”，但在目前来说可行，比起派人到处折腾，劳民伤财、死看硬守却又吃力不讨好来说好多了。

二、加大机械收获力度

现在收割机后面一般都有粉碎装置，政府要劝导农民使用机械收割，暂时还可给予使用机械收割（特别是油菜）的农民经济补贴，比如每亩 10 元。秸秆粉碎后及时翻压入土。

三、加大推广应用秸秆速腐剂力度

可利用 6 月 2 日前后和 6 月 10 日雨天，在秸秆受到雨淋后喷洒秸秆速腐剂，田间虽还未上水，但秸秆很快就变软腐烂了；如是干田也很好处理，每亩只需 5 g。这种速腐剂在合肥就有的卖。

（本文写于 2009 年 5 月 29 日，笔者将以上建议同时寄给了时任安徽省人民政府副省长赵树丛同志，时任合肥市市长吴存荣同志、合肥市农委何杰主任。）

应防患于初“然”

最近，关于加拿大一枝黄花防除的报道甚是热闹，广播、电视、报纸等一涌而上，行动也很积极，有派人拔除的，有志愿者行动的。在电视上还看到安徽大学的何家庆教授接受采访，从他的讲话中才知道，原来直接参与防治加拿大一枝黄花的竟然还有那么多部门，如农业部门、检验检疫部门、环保部门等，并且都有各自的“程序”，都是些什么程序，却不知道。笔者是从事农业技术工作的，一贯认为“加拿大一枝黄花”虽属生命力最强的菊科植物，但对它的防治也不至于那么难，需要各个部门大动干戈。其实只要掌握它的生长规律，完全是可以消灭的，既不需要大动干戈，也不需要太多的经费——当然，目前另当别论，适当的经费还是需要的。这里，笔者提些建议，请有关部门考虑。

既然各部门已经十分重视加拿大一枝黄花的危害，并且似乎好像已经掌握了它们的分布地域，如铁路沿线、某些单位院内等，那么我们不妨现在先“圈定”它们，待适当时机“歼灭”它们——这适当时机便是在每年的春季。在已发现有加拿大一枝黄花生长的地方，春季可通过耕翻，清理根状茎，拿出地外烧毁使其不能萌发；对已萌发出土的幼苗，可喷施草甘膦等除草剂予以杀灭，这便是防患于初“然”——因为草甘膦只能通过植物的绿叶吸收并向根部传导杀死整株植物，而不能直接杀死地下部分，以植物长出两三片叶至五六片叶用药效果最好。一般一千克草甘膦水剂可喷施 600 ~ 10 00 m^2（视杂草密度而定），一个人工一天可喷 6 000 ~ 10 000 m^2，比秋冬季派人大动干戈省多了。当然也可于夏秋冬季在人工砍、拔后耕翻销毁或喷施草甘膦。由于菊科植物叶片多毛，所以草甘膦等除草剂效果很好，但植物长大了，用药量自然也要加大，所以，无论如何，夏秋冬季防治成本代价都太大。

（本文致芜湖日报社及有关部门。）

科技对水稻生产的贡献、被限制因子及解决对策

笔者是一位长期在基层工作的农业技术人员，1968 年下放插队到农村，种了 10 年田；1982 年大学毕业后又被分配到基层从事农业技术推广工作，可以说与农业、

农村、农民打了一辈子交道，深深体会到科学技术对农业生产的促进作用，特别是近年开展的农业科技入户工作，在解决农技推广工作“最后一公里”，科技成果转化“最后一道坎”方面已经并且继续发挥着巨大作用。笔者想就科学技术对南陵县水稻生产所起的作用、被限制因子及所应采取的对策谈一点粗浅的体会。

一、历史的回顾：科技对南陵县水稻生产的贡献

笔者所在的安徽省南陵县地处长江下游南岸，亚热带气候北部边缘，全县人口55.35万人，其中农民49.15万人。耕地面积49.2万亩，其中水田面积45.75万亩，占耕地面积的93%，这种比例数十年来基本未变。因实行双季稻和小麦/油菜/紫云英轮作栽培制度，常年农作物种植面积135万亩左右，其中粮食种植面积80～85万亩。2008年水稻播种面积77.57万亩，稻谷总产量37.17万t，平均亩产479 kg（若按水田面积计算，亩产为813 kg），较前三年平均值增加2.9万t，增长8.46%，增效4 930万元，农民此项人均增收100.3元。全县人均占有粮食761 kg。全县商品粮可达26.2万t，商品率70%，主要销往江苏、浙江、上海、新疆、云南以及珠江三角洲地区，对维护国家粮食安全、满足人民群众生活需要发挥了一定作用。

很早我们就体会到，每当我们正确运用科学技术时生产就发展，而当我们急于求成时就要遭受损失。从下面的南陵县历年水稻生产概况表中可以看到，新中国成立前，地处水乡的南陵县，堤防就像筛子，因而新中国成立时遭受了水灾，当年稻谷产量只有6万多吨。自1950年开始，人民政府积极恢复生产，推广合式（其实是“涸式”）秧田，稻种不是一直闷在水里，改为半旱式育秧，结果显著，主要有以下几个方面：一是每亩秧田播种量从以前的200～300 kg一下子降到了100～120 kg，节省种子一大半，每年单种子一项就节省近10 000 t；二是用水节省一大半；三是每亩大田用种量仅有10～12 kg（仍比现在多一倍），秧苗素质比以前好得多，产量自然也就上去了。自1952年起，水稻总产就超过了10万t，人均贡献量459 kg，有力地支援了国家建设。

1955年开始推广双季稻，当年双季稻面积有约3万亩，粮食产量总体比前几年上升。而到1956年，因急于求成，面积盲目扩大，而当时双晚品种生育期有的过长，因此当年双季晚稻吃了大亏，双季晚稻亩产只有59 kg，因而导致随后几年双季稻种植面积一直上不去。直到60年代，由于适宜品种的出现，双季稻面积才大幅度上升。1966年开始，双季稻面积开始超过60%，同时由于化肥施用量大幅度增加，粮食总产明显大幅度上升；另外，由于化肥中养分的转化速度比一般农家肥快得多，对水稻生长进度有刺激作用，也就明显缩短了水稻的全生育期，相对破除了气候因子对水稻生长期的制约；农作物亩产量开始超过240 kg，农业人口贡献量首次超过了500 kg。1968年总产达新高，但由于未实行计划生育，人口开始猛增，就像张贤亮在其小说《河的子孙》中所说的那样，人们过了饿饭的年代后，第一件事就是猛劲地生娃儿，稻谷人均贡献量却有所下降。1972年双季稻面积超过80万亩，并且抗

倒伏、耐肥的矮秆稻大面积普及，所以稻谷总产开始超过 20 万 t，亩均生产量开始超过 400 kg。

农谚说："水用得好是水稻的命，用不好要水稻的命。""白根有劲，黄根保命，黑根要命。"辩证地说明了水与稻生长的关系。1978 年是个大旱之年，从 6 月 27 日至 8 月几乎就没有下过雨，以后两个月也没有下过透雨。本县农民同全省农民一样，全力抗旱，漫山遍野找水。然而这一年粮食产量却出奇的高。除了人是第一位因素外，老天帮忙将稻田重重地烤了一下，将长年积累在田土中的甲烷、硫化氢等有毒气体释放殆尽。只要不干死，禾苗的白根拼命向土壤深处掘取营养，所以取得了高产。自那时起，本县农村和农业界流传着新的农谚："大旱大丰收，小旱小丰收。"广大农民也明白了一个道理，稻田不能总是关着水，要适时晒田。

20 世纪 70 年代末 80 年代初开始推广杂交稻，虽然水稻种植面积有所下降，但到了 1982 年，亩产开始超过 300 kg，总产继续创新高。

20 世纪 80 年代初开始的第二次全国土壤普查，使我们对全县土壤状况有了比较清晰的了解，在施肥方面除了强调重视农家肥，在化肥施用方面提出了"控氮增磷补钾"的施肥原则，滥施氮肥的现象得到了很大改变，配方施肥技术日益深入人心，配方施肥面积逐年增加。1986 年，水稻产量再达新高。此后，由于重视农业的力度有所削弱，粮食产量徘徊了近十年。

1993 年开始推广水稻旱育稀植，随后又开始推广软盘抛秧，所以到了 1997 年，粮食总产一举冲破了 30 万 t 大关。

其后，随着产业结构调整等因素，本县的粮食产量又开始下滑。通过工作和调研，笔者发现，这些稻田只适于水稻生长，其他作物难以在这黏重的土壤中生长。2004 年，中央关于农业问题的 1 号文件发表，农民科学种田的积极性像火山爆发一样释放出来，水稻种植面积从前一年的 65 万多亩猛增到 75 万多亩。与此相适应的是水稻配套集成技术得到广泛应用，总产则从前一年的 25. 5 万 t 上升到 33. 5 万 t，单产、总产均明显增加。

2006 年虽然发生了严重的干旱，稻褐飞虱发生严重，但由于农业科技入户工作的开展，将水稻配套集成技术充分运用到千家万户，所以水稻生产还是获得了空前大丰收！虽然水田面积减少了，但亩均生产量增加了；虽然人口比新中国成立初期增加了近一倍，但农民人均贡献量超过了 700 kg，对维系国家粮食安全做出了一定贡献！

南陵县历年水稻生产概况

年份(年)	播种面积(万亩)	亩产(kg)	总产(万t)	水田面积(万亩)	亩均生产量(kg)	农业人口(万人)	人均贡献量(kg)	简要说明
1949	36.28	185	6.71	51.0	131	24.6	272	当年水灾
1952	54.89	220	12.08	54.9	220	26.5	459	生产力恢复，推广合式秧田，苗壮，用种省，总产开始超过10万t
1955	55.41	205	11.38	55.0	207	28.0	406	双季稻开始推广，约3万亩
1972	82.29	249	20.45	47.7	428	38.1	537	双季稻面积扩大，总产开始超过20万t
1982	80.74	311	25.12	52.2	481	44.0	571	亩产始超过300 kg，杂交稻推广
1986	81.21	340	27.57	51.7	533	45.8	602	本年代最高产量，配方施肥大面积推广
1997	78.83	393	30.97	49.7	523	47.8	648	本年代最高产量，总产开始超过30万t
2001	62.58	410	25.63	47.7	538	48.1	533	亩产开始超过400 kg，因产业结构调整，粮食面积、总产下降
2004	75.60	443	33.50	46.5	720	48.3	694	中央关于农业问题的1号文件发表，配套技术得到广泛应用
2005	77.58	431	33.44	46.1	725	48.4	691	科学技术应用得当，大灾之年产量保持稳定
2006	76.38	460	35.14	45.7	774	48.6	725	九年来最高产量
2008	77.57	479	37.17	45.7	813	49.1	757	粮食创历史新高，总产突破40万t
2011	77.08	490	37.77	45.7	827	49.3	766	粮食总产40.275万t

二、农业科技入户的成效

在省有关部门确定南陵县实施农业科技入户项目开展之初，本县制定了一整套实施方案并全面贯彻，严格考核，取得了良好成效。充分调动了农业科技人员、技术指导员、科技示范户和广大农民的积极性，发挥科学技术的威力，在战胜了旱灾和稻飞虱之后，本县水稻生产取得了空前大丰收！

南陵县2008年水稻种植面积共77.57万亩，平均亩产479 kg，为历史最高单产，总产37.17万t，是历史最高产量，同时，粮食总产突破40万t。其中，早稻种植面积32.86万亩，亩产447 kg，总产14.63万t；单季稻种植面积10.68万亩，亩产555 kg，总产5.93万t；双季晚稻种植面积34.20万亩，亩产485 kg，总产16.59万t。均创历史最好水平。

更为可喜的是，全县科技示范户的产量水平明显高于一般农户，水稻超高产栽培、测土配方施肥、农作物病虫害绿色防控等主推技术在示范户入户率达95%以上，在项目区覆盖率达90%以上。经省、市农业科技入户专家组对早稻和双季晚稻抽样调查结果显示，示范户早稻平均亩产 472.7 kg，比辐射户增产 24.6 kg，增幅 5.49%；比非示范户增产 60.0 kg，增幅 14.54%；比全县前三年早稻平均亩产 439.0 kg增产 33.7 kg，增幅 7.68%。双季晚稻平均亩产 543.9 kg，比辐射户增产 68.1 kg，增幅 14.3%；比非示范户增产 78.1 kg，增幅 16.8%；比全县前三年双季晚稻平均亩产 435.6 kg 增产 108.4 kg，增幅 24.8%。

农业科技入户项目的实施，使全县项目区节种 594 t，节本 219.78 万元；节水 1 620 万 m^3，节本 162 万元；省工 32.4 万个，节本 1 728 万元；因品种质量提高，增效 158 万元；将科技入户与测土配方施肥工作相结合，大力推广种植红花草，推广早稻草秸秆还田，全县节省化肥约 4 000 t，价值 600 万元。

主推技术的推广应用，还减损增效 1 836 万元，累计节本增效 4 703.78 万元。项目的实施使示范户的观念发生了改变，素质有较大提高。改变了过去单纯施氮肥为测土配方施肥；改变了过去防治病虫害滥用剧毒农药为定期测报、生物农药防治；食品安全意识、规模生产、合作经营理念增强。同时使项目区的生态环境有一定的改善，项目实施效果显著。

近 3 年，本县实施了“水稻有害生物综合治理”项目，通过农业科技入户项目向全县推广。在单季稻生长后期和双季晚稻生长中后期水稻褐飞虱特大发生的情况下，进行综合防治，为农民节省农药费用 3 500 万元，减轻了农药对环境的污染。全县每亩节省农业成本 56.4 元。科技示范户每亩节本增效 234.3 元，全县 1 000 个示范户 8 000 亩农田节本增效合计 187.5 万元；辐射户每亩节本增效 187.6 元，2 万个辐射户 10 万亩农田节本增效合计 1 876 万元。

三、科技对水稻生产的贡献

综上所述，在南陵县只要不发生人力不可抗拒的灾害，科学技术对农业生产的贡献是显而易见的。特别是配套集成技术的应用，能在较为严重的灾害面前使农业生产仍然立于不败之地。

不过，在生产力发展的不同阶段，科学技术对生产所起的作用是不一样的。20 世纪 50 年代初至 80 年代的 40 年中，水稻单产和总产的提高一是靠单项技术的推广，例如 50 年代初推广的“涸式育秧”，80 年代初推广的杂交水稻，80 年代中期推广的配方施肥；二是单纯依靠面积的扩大，如 1955 年开始推广双季稻，60 年代大面积推广双季稻。当然，单项技术的推广离不开各项技术的综合应用，但在当时条件下，起主要作用的还是以单项技术为主。但当生产力发展到一定水平后，要想取得更大成就，就必须注重技术的各个环节，将技术集成配套应用。从 90 年代初开始实施的以项目为主体的各项“工程”，如吨粮田工程、商品粮基地建设等，则是在前期已经达到的产量水平基础上将水稻栽培技术整体配套应用并推广新的技术，如水稻旱育稀植技术、软盘抛秧技术等。近年本县实施的农业生产项目主要有农业科技入户、水稻产业提升行动、粮食丰产工程、IPM 项目（即水稻病虫害综合治理）等。通过项目的整合、资源的整合，将配套技术集成运用。

（1）在品种方面，选用高产优质良种，本县选用的早稻为皖稻 65、浙辐 991 和皖稻 143，双季晚稻为马坝小占、秀水 79、武运粳 7 号。

（2）在栽培模式方面，结合本县青壮年劳动力大部分外出打工的实际，采用轻简型栽培方式，即早稻以半旱式直播为主，双季晚稻以抛秧为主，部分地区采用两季稻连续直播。

（3）根据取土化验结果，提出施肥方针是“足氮稳磷增钾补微肥”。在施肥方面，首先是强调大面积种植红花草，在没有红花草的地方，前茬留高秆，施足其他农家肥；其次是施足基面肥，早施分蘖肥，适施穗粒肥，补施叶面肥。本县将此施肥技术总结为“四结合施肥法”：用地与养地相结合，农家肥与化肥相结合，基肥与追肥相结合，大量元素肥料与中微量元素肥料相结合。

（4）在用水方面，强调节水灌溉，总结为新农谚：“浅水栽秧寸水活，干干湿湿到收割。”

（5）在病虫害防治方面，强调“预防为主，综合治理”。其指导思想是：“加强监测预报，精心开展防治；推行预防控害，应用生态控害；预防秧田期，放宽分蘖期，保护成穗期。”防治螟虫时，坚持“一代普治，二代挑治，三代主治。”防治稻飞虱的策略是：“实施生态调控，保护利用天敌，科学使用药剂。”白背飞虱要主治当代；褐飞虱应严密监控，重点防治。水稻病害的防治策略是：“种植抗病品种，加强监测预报，把握病情动态，适期及时用药。”

2006 年秋季，水稻褐飞虱发生严重。笔者曾经做过调查，每百丛最高曾达 22 000头。但由于监控严密细致，预报准确及时，领导高度重视，技干深入基层，农民认真防治，因而大灾之年不见灾，并且还取得了特大丰收。

（6）在农业机械方面，实施了全程机械化。犁耖铲耙、喷洒农药、稻谷收割等都使用了农业机械。不仅减轻了劳动强度，节省了时间，还减少了稻谷损失。

四、科技贡献的限制因子

科学技术对农业生产发展的贡献作用是显而易见的，但由于某些因素，科学技术对农业生产的作用有时也受到种种限制。概括起来有“四不”：

（1）农民科技素质不高。现在在农村的大部分劳动者是妇女、老人和儿童，所谓“三八九九六一部队”。这些人或者文化科学素质不高，或者还没有受到较高的教育，对于整套农业技术难以很好应用。播错种、施错肥、打错药的情况时有发生。

（2）农业生产规模不大。现在本县农村基本上是平均每一个农业人口摊一亩田，农业生产基本上是一家一户几亩田，有些行之有效的增产技术，即使每亩能增收几十斤稻谷，也因规模效益低，农民对此兴趣不大；实现“一村一品”，农民可增收，企业能增效，二者都有好处，但因生产规模不大难以实施。有些农业机械也难以发挥作用。

（3）农技队伍情况不佳。

①年龄偏大。本县农业技术推广队伍已经10年没有接收新的农业技术人员，年龄最小的也有30多岁了，后继无人。

②易受歧视。近年来，某镇在机构改革中首先将参军服役的专业专职农技人员以“辞职”为名将其裁减。

③缺少骨干。2006年遴选50名农业科技指导员，栽培专业技术人员还不到30%。

④缺少培训。原有的农业技术人员也很少得到知识更新系统培训，知识单一，技术老化。

⑤懒于进取。有些农业技术人员敬业精神比较差，或长期懒于钻研新的农业技术。

（4）某些农机不太适应。如直播机对种子的要求是只能破胸露白，芽长了就难以播出。抛秧机抛出的秧是斜着落在田里，立苗难，即农民常说的“眠秧棵”，影响生长。插秧机要求田面“绝对”平整，否则不是插深了难以分蘖，就是插浅了“漂棵”。简而言之，就是这些农业机械没有达到“模糊化”“数字化”水平。

4. 发展对策

（1）加强队伍建设。“工欲善其事，必先利其器。”要想充分发挥科技在农业生产中的作用，强有力的农技队伍必不可少。因此，一要确保农技人员的工资发放，并适当开展经营服务。适当开展经营服务可使农技人员相应提高某些福利待遇；二可得到“练兵”的机会，发现“情况”及时解决，使书本知识与生产实际相结合；三可使农技人员与农民实行互动，交流经验，互传技术。当然，农技推广队伍也要实行改革，以事设岗，以事安人。

（2）狠抓关键技术。主要是统一技术路线，明确主推技术。要以高产、优质、高效的生态安全技术集成与推广为重点，整合各项目资源，利用广播、电视、报纸、网络等媒体手段，将农业科技知识宣传到农户人家、田间地头，努力解决技术推广“最后一公里”，科技成果转化“最后一道坎”的难题，努力提高科技入户率，真正使农民看得见、听得到、学得会、用得上、卖得出、有效益。

在栽培技术方面重点抓好两统一、两主攻。两统一是统一品种布局、统一栽培方式。在一个镇范围内确定1～2个主推品种和1～2种主栽方式，在目前阶段，以前面所介绍的品种和栽培方式为主。为了取得更高产量，我们应当选择生育期较长的晚稻品种，将播种期提前至6月20日前后为好。两主攻是主攻测土配方施肥、主攻病虫害防治。通过测土配方施肥项目的实施，开展按田配方，由企业按配方生产配方肥，农民施用配方肥，提高肥料利用率，提高投资回报率，切实改变重氮轻钾、重化肥轻视农家肥的现象。通过三虫两病（稻螟虫、稻纵卷叶螟、稻飞虱、稻瘟病、稻曲病）的防治，提高预报准确率；通过农业科技人员深入基层、加强媒体宣传等手段，指导农民加强生物防治，合理用药，杜绝高毒高残留农药的使用，杜绝在病虫害防治方面“马前炮”“马后炮”“乱放炮”的现象出现。

（3）发展规模种植。实践证明只有规模种植，才能产生规模效益，才能解决品种多杂乱和栽培方式多元化等难题，才能为做大做强品牌打好基础。本县目前百亩以上规模种植大户约有20户，应通过努力，争取规模种植户大幅度增加。可以利用国家现在开展新农村建设的机遇，将“工业向园区集中，养殖向小区集中，种田向能手集中”；政府也要为规模种植出台优惠政策，对全家离土离乡或子女离乡老人留家的家庭要做好土地流转协调工作，可采取返钱、返稻等办法，将土地集中到有种植能力的大户或由外来工承包，努力构建“规模基地+规模农户”的产销一体化新格局。

在种植业范围以外，还应抓好以下几方面工作，例如，一要加强农资市场管理，严厉打击制假售假的不法商贩。二要充分发挥稻米协会作用，对内加强联系，通报行情，整合资源；对外统一价格，联购联销，批量供应。三要政策倾斜，在税收、信贷、无公害基地认证、绿色通道证书发放等方面予以支持，对有突出贡献的稻米加工和销售企业予以表彰奖励，等等。

“问渠哪得清如许，为有源头活水来。”科技对农业生产的作用是无限的，但它也需要通过强有力的支撑来发挥作用。我们相信，随着深入学习实践科学发展观活动的开展，随着全党全国人民对农业、农村、农民的重视，科学技术在农业生产中必将发挥更大的作用，做出更多的贡献！

（成文于2009年5月24日）

南陵县粳稻生产因子探析

摘　要：探讨了南陵县粳稻生产的诸多因子，介绍了粳稻生产的近期状况，进一步探讨了促进粳稻生产的措施和建议。

关键词：粳稻生产；因子；探析

南陵县位于安徽省东南部，面积1 263.7 km^2，隶属于芜湖市管辖，下辖籍山、弋江、许镇、家发、工山、何湾、烟墩、三里8个镇。本县水稻种植具有悠久的历史。据中国农业出版社2007年出版的《安徽稻作学》正文第一页介绍：“1985年在南陵县葛林的葛林遗址13号土墩中，发现有西周晚期的稻谷。”[1] 南陵县种植粳稻则至少在清代就已经开始。在民国版《南陵县志》卷十六“食货志·物产”篇就有

〔1〕 李成荃. 安徽稻作学［M］. 北京：中国农业出版社，2007.

记载，当时写作“秔”（该字与“粳”同音，《辞海》上说是“粳”字的异体字），并注解说“不黏曰秔，俗作粳。”[1] 但本县城乡居民一直以籼米为主食，粳稻主要销往江浙一带，故种植面积不大，直到20世纪50年代中期开始，政府大力推广“单改双，籼改粳”以后，因交通条件有所改变，运输方便了，因此粳稻种植面积迅速扩大。特别是双季晚粳，因其比籼稻耐低温、耐寒，因而种植面积约占双季晚稻种植面积的85%左右。据南陵县统计局资料，2011年，全县双季晚稻种植面积21 984 hm^2，其中粳稻面积18 642 hm^2，占84.8%；双季晚稻总产165 946 t，其中粳稻总产134 748 t，占81.2%。因米质较好，所以本县粳稻深受江浙沪一带城乡居民喜爱。这从一个侧面说明本县是粳稻适宜种植区域。据安徽省农业委员会调查，南陵已是安徽省为数不多的双季稻种植县。下面分析本县粳稻生产的各种因子，以便为今后更好地发展粳稻生产提供依据。

一、粳稻种植区域的资源情况

粳稻种植区域分布于全县8个镇，其中以籍山、弋江、许镇这三个大镇为主要种植区。全县有关气候条件见表1（1957—2000年）。

1. 光照充足

从表1可以看出，5月、6月到11月的光照时间均较充足，而且从9月到12月光照比较均匀，对粳稻生产比较有利。

2. 气温适宜

5月、6月到11月的气温均适宜粳稻生长（粳稻最低生长温度为10 ℃），且7月至8月的较高温度有利于粳稻的分蘖和孕穗，而粳稻生长后期逐渐降低的气温，使籽粒灌浆充实饱满，蛋白质含量和支链淀粉含量稍有增加，煮熟后的饭粒柔韧爽口。

3. 降水丰沛

5月、6月至11月的降水量由高到低，与粳稻生长期间需水量基本同步。光照率为43.7%。

积温：

（1）≥12 ℃的初日4月8日，终日11月6日，积温4 824.3 ℃；

（2）≥12 ℃保证率为90%的初日4月13日，终日10月25日，积温4 464.9 ℃；

（3）≥12 ℃保证率为80%的初日4月10日，终日10月29日，积温4 689.9 ℃；

（4）≥10 ℃的初日3月30日，终日11月16日，积温5 037.4 ℃；

（5）≥10 ℃保证率为90%的初日4月8日，终日11月9日，积温4 899.0 ℃；

（6）≥10 ℃保证率为80%的初日4月4日，终日11月12日，积温4 992.2 ℃，

---

〔1〕 余谊密主修，徐乃昌总纂，南陵县地方志办公室整理．南陵县志（民国）［M］．合肥：黄山书社，2007.

完全可以满足粳稻生长需要。

表1　南陵县光、温、水等气象数据一览表

月份	1	2	3	4	5	6	7	8	9	10	11	12	全年
光照（小时）	129.4	118.4	129.0	145.1	161.0	176.0	228.1	230.0	160.0	171.0	150.2	140.2	（总光照）1938.5
气温（℃）	2.8	4.2	9.3	15.6	20.7	24.8	28.5	28.0	22.8	16.9	10.9	5.1	（平均气温）15.8
降水（mm）	57	68.6	120.5	133.9	156	230	190.4	153.1	110.9	78.5	66.8	38.4	（总降水）1 404.1

4. 土壤肥沃

南陵县现有耕地面积34 000 hm^2，其中水田面积31 500 hm^2，因实行复种，所以水稻常年播种面积50 000～53 800 hm^2。2011年，稻谷总产377 400 t。稻田实际耕地面积30 100 hm^2，按耕地面积计算，稻谷平均单产12 540 kg/hm^2；按复种面积53 800 hm^2计算，单产7 015 kg/hm^2。

在稻田土壤中，砂泥田土种有24 400 hm^2，占81.06%。这种土壤的土壤肥力水平处于中上，适耕性好，十分有利于水稻生长。其土壤肥力主要指标如下：

有机质含量平均30.0 g/kg（20.5～41.6 g/kg），属肥沃水平。与1983年第二次全国土壤普查化验结果相比（下同），增加了8.2 g/kg，增幅37.6%。

全氮1.62 g/kg（1.27～2.13 g/kg），增加了0.25 g/kg，增幅18.2%。

有效磷10.45 mg/kg（4.5～29.3 mg/kg），增加了5.45 mg/kg，增幅109%。

速效钾56.6 mg/kg（43～202 mg/kg），增加了7.4 mg/kg，增幅15.0%。部分乡镇下降，一是因为K^+活泼性强，易随水流失；二是因为种植杂交稻地区，杂交稻对钾的需求量大；三是因为这些地方复种指数较高，对钾的需求量大。

其他20%稻田土壤，肥力水平也较高，完全适宜种植粳稻。

表2　南陵县稻田土壤不同年份养分变化对照表

养分名称单位	有机质（g/kg）			全氮（g/kg）			有效磷（mg/kg）			速效钾（mg/kg）		
年份（年）	1983	2008	年均递增	1983	2008	年均递增	1983	2008	年均递增	1983	2008	年均递增
平均值	21.8	30.0	0.328	1.37	1.62	0.01	5.0	10.4	0.2	49.2	56.6	0.296

从表2可以看出，本县的土壤养分状况有了很大改善。这主要得益于早稻草还田，籍山、弋江、许镇等三镇还得益于广泛种植紫云英。特别值得一提的是，在籍山镇东部和北部，许镇全境，除了有大面积的砂泥田土种外，还有相当大面积的乌砂泥田、泥骨田等土种。这些土种耕作层深厚，营养物质丰富，犁底层及其下面的成土母质营养物质含量也比较丰富，对粳稻的生长后期仍有较强的供应强度，可延长谷粒的灌浆期，使米粒充实，米质变好。

二、粳稻生产发展现状

1. 面积逐年增加

南陵县粳稻种植面积逐年增加，2001 年种植面积 12 720 hm^2，2011 年 21 980 hm^2，10 年间面积增加 9 260 hm^2，增幅 72.8%。面积增加的主要原因是因为市场需求量逐年加大。

2. 单产逐年提高

南陵县粳稻单产逐年增加，2001 年单产 5 985 kg/ hm^2，2011 年 7 525 kg/hm^2，10 年单产增加 1 540 kg/hm^2，增幅 25.73%。单产逐年增加的原因是因为选用了增产潜力大、抗性较强的品种。

3. 品种不断更新

主要品种：10 年前种植的粳稻品种主要是皖稻 20（D9055）、秀水 664、丙 89－79、镇稻 88 等，近年种植的品种主要是武运粳 7 号、秀水 03、宁粳 2 号等。本县主要用于种植双季晚稻，比例约占 95.5%（21 000 hm^2），作中粳种植的比例约占 4.5%（980 hm^2）。

4. 全套技术全面推广

主要技术：培育壮秧（湿润育秧和软盘育秧），适期移栽或抛秧（仅有少量直播），配方施肥，病虫害综合防治，全程机械化技术等。

5. 总产不断提高

南陵县粳稻总产逐年增加，2001 年总产 76 200 t，2011 年 165 400 t，10 年增加 89 200 t，增幅 117.06%。总产增加的原因是以上诸多因素综合的结果。

6. 当前生产中存在的问题

主要是农村劳动力文化科学水平较低，土地经营规模大的还不是很多，一家一户生产经营的比例还比较高，新品种，特别是新技术、新材料的推广，在面对千家万户时，推广难度相对较大。现在实行土地流转的农村专业合作组织往往实行“一麦一稻制”，一季稻种植的基本上是杂交籼稻。

三、粳稻市场及消费情况

南陵县虽然是粳稻生产大县，但却基本不消费粳米，全部外销，主要销往江浙沪等长三角地区。即使少量消费（全年不过 100～200 t）也以东北大米居多，而且往往是卖早点的摊子煮稀饭用。这种趋势预计未来变化不大。

四、粳稻生产发展潜力

1. 面积仍有可能扩大

南陵县目前粳稻种植面积 22 000 hm^2，约占稻田面积的 70%。粳稻价格从 10 年前的 70 多元/50 kg 上涨到目前的 150 元/50 kg。只要市场需求量大，价格适当，仍有进一步扩大面积的可能。主要途径：一是在双晚稻田中扩大粳稻种植面积，二是在单季稻田中扩大粳稻种植面积。

2. 单产仍有增产空间

要想提高单产，主要靠引进高产、优质、抗性强的品种。杂交粳稻虽然增产潜力较大，但因种子价格较高，亩用种量较大（用种量 37.5 ~ 75 kg/hm^2），并且需年年购种，单位面积支出费用较高而难以推广。常规粳稻有很多品种的增产潜力也很大，在我县种植的品种很多单产可以达到 9 000 kg/hm^2 以上；农民在购种方面的支出相对较少，而且常规稻种在一次性购进后，农户自己留种还可以续用数年。

五、粳稻生产发展思路及目标任务

1. 发展思路

以科学发展观为指导，根据市场需求，适度扩大种植面积，通过引进新品种、推广新技术、应用新材料，实现提高粳稻单产和总产的目标。

2. 目标任务

（1）扩大面积：在南陵县除了将目前的 22 000 hm^2 双季晚粳稻田种植面积进一步扩大到 24 000 hm^2 外，还可以在一季稻田中扩种粳稻，最大可以扩种到 4 700 hm^2。粳稻种植总面积达 28 700 hm^2。

（2）提高单产：5 年内，通过引进新品种，推广新技术、新材料，将单产由目前的 7 000 kg/hm^2 增加到 7 500 ~ 8 250 kg/hm^2。

（3）增加总产：通过以上两项措施，5 年内，争取粳稻总产由目前的 16 万 t 增加到 24 万 t 以上。

六、促进粳稻生产发展的措施及建议

（1）培育和引进高产、优质、抗性强、价格为大多数种植户能够接受的粳稻品种。

（2）根据市场需要发展粳稻生产，在有条件的地方，多建设一些高产创建示范片，充分发挥新品种和配套技术的集成应用。

（3）改善生产条件，进一步加大推广新品种、新技术、新材料的力度，加大培训力度，努力提高农民科学种田水平。

（4）加大土地流转进度和规模，扩大生产和经营规模，将一家一户的小农经济生产转变为规模生产和经营；可以通过转让、流转或竞租等方式，将分散的农田集中到有生产经营能力的种植大户、农村专业合作组织，由他们生产经营。

（5）提高粳稻保护收购价格，进一步调动农民种植粳稻的积极性。

（本文为笔者与桂云波合著，刊登在《安徽农业科学》2014 年第 42 卷第 12 期总第 3516 -3517，3519 页。）

附：

南陵《农技推广》发刊词

《农技推广》从今天起与大家见面了。

《农技推广》是南陵县农业技术推广中心主办的不定期农业科普刊物，是直接为农业生产服务的。愿她既为宏观决策者提供情况当参谋，又为农业科技人员和广大农民提供农业科学知识，为农业生产作出贡献。

《农技推广》是在“治理经济环境，整顿经济秩序”，深化改革，农业“加温”这样一个极好机遇中诞生的，它必将受到各方面的重视、关怀、支持和欢迎。

《农技推广》将围绕适用技术的推广，设立“栽培技术”“良种介绍”“土壤肥料”“植检植保”“农技动态”“致富之路”“信息窗”“小知识小经验”“农业气象”等多项专栏，力求办成内容丰富、短小适用、准确及时、生动活泼、技术性强、指导性强，有一定可读性，受人欢迎的小刊物。

竭诚欢迎广大农业科技工作者、广大农村基层干部和广大农民，积极向《农技推广》投稿，做好发行和宣传工作，并经常提出宝贵意见，使之适合农民口味，充分发挥她在农业生产中的积极作用，为南陵农业生产迈上新台阶作出应有的贡献。

（本文系时任南陵县农技推广中心党支部书记的崔义新同志为该单位创办的《农技推广》撰写的发刊词，刊登在1989年3月10日第1期第1版上，文笔优美，言简意赅，特地保留。）